机械制图
与AutoCAD

陶素连　周钦河　主编

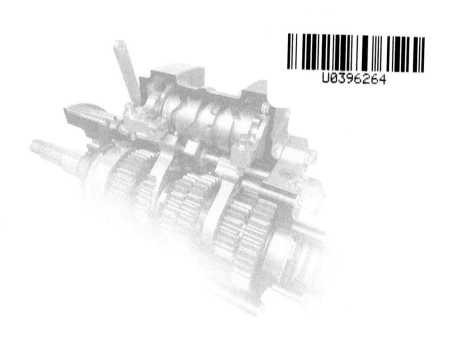

U0396264

华南理工大学出版社
SOUTH CHINA UNIVERSITY OF TECHNOLOGY PRESS
·广州·

图书在版编目（CIP）数据

机械制图与 AutoCAD/陶素连,周钦河主编 . —广州：华南理工大学出版社, 2013.8 (2018.12 重印)

ISBN 978 – 7 – 5623 – 4031 – 7

Ⅰ.①机…　Ⅱ.①陶…②周…　Ⅲ.①机械制图 – 计算机制图 – AutoCAD 软件 – 高等学校 – 教材　Ⅳ.①TH126

中国版本图书馆 CIP 数据核字（2013）第 208426 号

机械制图与 AutoCAD

陶素连　周钦河　主编

出 版 人：卢家明

出版发行：华南理工大学出版社

（广州五山华南理工大学 17 号楼，邮编 510640）

http://www. scutpress. com. cn　E-mail：scutc13@ scut. edu. cn

营销部电话：020 – 87113487　87111048（传真）

责任编辑：何小敏　周　芹

印 刷 者：虎彩印艺股份有限公司

开　　本：787mm×1092mm　1/16　印张：21　字数：511 千

版　　次：2013 年 8 月第 1 版　2018 年 12 月第 6 次印刷

定　　价：47.00 元

编辑委员会

前　言

　　本书是在高职高专院校普遍强化质量意识、全面加强内涵建设和积极突进教学改革的宏观背景下，由来自高职院校长期从事机械制图、AutoCAD 教学的骨干教师总结他们多年的教学改革实践经验的基础上编写而成。教材既凝聚了他们的宝贵经验，也反映了高职院校的教学改革实践成果。

　　本书注重突出教学基本要求规定的必学内容，做到主次分明、深入浅出、详略得当、循序渐进、图文并茂，使之既便于教师组织教学，又利于学生自学和复习。本书在教材体系上遵循教学规律，突出投影规律、形体分析、空间分析、作图方法、表达方式等主要内容，学生学习时易于理清思路，选准作图方法，找出解题规律。在内容上除了画法几何、制图基础、机械制图等内容外，还把 AutoCAD 绘图内容整合进来。本书的主要内容包括制图基本知识，点、直线和平面的投影，立体及立体表面交线，轴测图，组合体，机件的常用表达方法，标准件和常用件，零件图，装配图，AutoCAD 软件概述等。

　　本书在编写过程中，以必需、够用为度，做到内容精炼，概念清楚，注重实用性，反映高职高专的特色。全书文字精炼，语言通俗，图例丰富，插图清新，所选图例紧密结合专业需求，并力求结合生产实际。

　　本书由广东水利电力职业技术学院陶素连、周钦河主编，广东水利电力职业技术学院林庆文、孙立君、叶素云为副主编。绪论、第 1 章、第 2 章、第 3 章、第 4 章、第 8 章、第 9 章由陶素连编写，第 5 章由周钦河编写，第 6 章由林庆文编写，第 7 章由叶素云编写，第 10 章、11 章、12 章由孙立君编写。制图教学经验丰富的江厚祥总编认真审阅了全书，并提出了许多宝贵意见，在此表示感谢！

　　本书为高等职业技术学院、高等专科学校、电大、高级技工学校等机械类和近机械类专业机械制图与 AutoCAD 课程的教材，也可供工程技术人员阅读参考。与本书配套的《机械制图与 AutoCAD 习题集》（华南理工大学出版社，陶素连主编）同时出版。

　　本书编写中参阅了相关教材、资料和文献，得到了有关专家教授的支持和帮助，在此表示衷心的感谢！

　　由于编者水平有限，经验不足，书中难免存在不当或错误之处，恳请读者批评指正。

编　者

2013 年 6 月

目　　录

绪　论

一、工程制图的历史和现状

有史以来，人类就试图用图形来表达和交流思想，从远古的洞穴岩石上的石刻可以看出，在没有语言文字以前，图形就是一种有效的交流工具。

考古发现，早在公元前 2600 年刻在古尔迪亚泥板上一张神庙的地图，就可以称为工程图样。到 1500 年文艺复兴时期，出现了将平面图和其他多面图画在同一画面上的设计图。300 年之后，法国测量师古师塔夫·蒙日将各种表达方法总结归纳写出《画法几何》一书。画法几何在工业革命中起到重大作用，它使工程设计有了统一的表达方法，便于技术交流和批量生产。

我国在公元前 1059 年的《尚书》中，就有了工程中使用图样的记载。1977 年在河北省平山县出土的公元前 323—公元前 309 年的战国中山王墓中，发现了在青铜板上用金银线条和文字制成的建筑平面图，这也是世界上罕见的较早的工程图样，该图用 1∶500 正投影绘制并标注有尺寸。宋代（公元 1100 年）李诫所著的《营造法式》中有用各种方法画出的约 570 幅图，是世界上最早的一部关于建筑技术的著作。明代宋应星所著《天工开物》中的大量图例正确运用了轴测图表示工程结构。随着生产技术的不断发展，农业、交通、军事器械等日趋复杂和完善，图样的形式和内容也日益接近现代工程图样。如清代程大位所著《算法统筹》一书中的插图，有丈量步车的装配图和零件图。这些说明我国在图样发展上不仅有悠久的历史，而且有较高的水平。

从《画法几何》问世以来，工程制图的理论——画法几何没有大的变化，仅在绘图工具方面有不断的改进。近几十年来，计算机软硬件技术和外部设备的研制成功和不断发展，导致了制图技术的重大变化。计算机绘图和计算机辅助设计与制造技术大大地改变了设计的方式。早期的 CAD 是用计算机绘图代替手工绘制二维（平面）图形，用绘图机输出图纸，应用软件 AutoCAD 就是最普遍的例子。目前，国内较出名的自主产权的 CAD 软件有北京北航海尔软件有限公司的《CAXA 电子图板》，它拥有丰富的机械图库，包括大量的机械、电子标准图形、符号等，并具有三维实体造型功能。此外，华中科技大学的《开目 CAD》软件《T－FlexCAD》是一个非常特别的 CAD 软件，它具有由二维图形自动生成真三维图形的功能和方便的二次开发功能，所有图素（包括图线、标注、汉字等）全部参数化，即便是装配图都可通过改变设定参数或拖动鼠标去修改图形并保持原有的几何约束。所有国内自主产权的软件都具有符合中国国家标准的大量图库，因此，就应用于机械制图来说，比国外的软件更方便使用，出图也更快。近十几年来三维设计与制造软件的迅猛发展，试图从设计开始就从三维入手，直接产生三维实体，然后赋予各种属性

（如材料、力学特性等），再赋予加工刀具、加工路径等信息，直接到数控机床进行加工。这些软件有 UG、Pro/Engineer、Silidworks 等，AutoCAD 也经多次升级具有了丰富的三维功能。

中华人民共和国成立后，党和政府十分重视工程图学的发展。1956 年第一机械工业部颁布了第一个部颁标准《机械制图》，1959 年国家科学技术委员会颁布了第一个国家标准《机械制图》，使全国机械工程图样有了统一的标准，也成为其他工程图样标准制定的参考。科学技术的发展和工业水平的提高，要求对技术规定不断修改和完善，《机械制图》国家标准先后于 1970 年、1974 年、1984 年、1993 年、2002 年和 2003 年进行了修订，进一步向国际标准化组织（ISO）标准靠拢，为加强国际工程技术的交流打下坚实的基础。此外，广大科技、教育工作者在改进制图工具、图样复制方法、图学理论研究以及编写出版图学教材等方面，都取得了可喜的成绩。

科学技术的高速发展，对绘图的准确性和绘图的速度提出了更高的要求，计算机和绘图软件的出现满足了这些要求。目前计算机绘图技术已在很多领域中用于设计、生产、科研和管理工作，并显示出极大的优越性。在我国发展较快的地区，工程设计制图中用计算机绘图代替手工绘图已比较普遍，不少设计单位已经全部实现计算机出图。

二、学习本课程的目的和任务

根据投影原理、标准或有关规定表示的工程对象，并有必要的技术说明的"图"，称为"图样"。

在现代工业生产中，无论机械制造还是建筑工程，都是根据图样进行制造和施工的，工程图样比语言文字更直观、更形象。设计者通过图样来表达设计意图；制造者通过图样了解设计要求，组织制造和指导生产；使用者通过图样了解机器设备的结构和性能，进行操作、维修和保养。因此，图样是传递和交流技术信息和思想的媒介和工具，是工程界通用的技术语言。

本课程研究的图样主要是机械图样。本课程是学习识读和绘制机械图样的原理和方法的一门技术基础课。通过本课程的学习，可为学习后续的机械基础和专业课程以及发展自身的职业能力打下必要的基础。

三、本课程的主要内容和基本要求

针对识读和绘制机械图样涉及的内容，机械制图与技术测量课程的主要内容包括：机械制图基本知识和技能、正投影作图基础、机械图样的表示法、零件图与装配图的识读与绘制、机械图样中的技术要求、计算机辅助制图、零部件测绘等部分。

学完本课程应达到以下基本要求：

1. 通过学习机械制图基本知识与技能，应了解和熟悉国家标准《机械制图》的基本规定，学会正确使用绘图工具和仪器的方法，初步掌握绘图基本技能。

2. 正投影法基本原理是识读和绘制机械图样的理论基础，是本课程的核心内容。通过学习正投影作图基础，应掌握运用正投影法表达空间形体的图示方法，并具备一定的空间想象和思维能力。

3. 机械图样的表示法包括图样的基本表示法和常用机件及标准结构要素的特殊表示法。熟练掌握并正确运用各种表示法是识读和绘制机械图样的重要基础。

4. 机械图样技术要求包括极限与配合、表面粗糙度、形状和位置公差等内容，要求掌握零件图技术要求的标识，包括表面粗糙度、形位公差等的标注。

5. 计算机辅助制图部分主要介绍基本的计算机辅助制图知识，需掌握相关的命令及其调用方式，熟练使用 AutoCAD 进行计算机辅助制图。

6. 机械图样的识读和绘制是本课程的主干内容，也是学习本课程的主要目的。通过学习应了解各种技术要求的符号、代号和标记的含义，具备识读和绘制中等复杂程度的零件图和装配图的基本能力。

7. "零部件测绘"是本课程综合性的教学实践环节。通过 2 周的时间集中测绘，使本课程的基本知识、原理和技能得到综合运用和全面训练，使这一教学环节更加贴近工程应用和实际生产。

四、本课程的学习方法

1. 本课程是一门既有理论，又具有较强实践性的技术基础课，其核心内容是学习如何用二维平面图形来表达三维空间形体，以及由二维平面图形想象三维空间物体的形状。因此，学习本课程的重要方法是自始至终把物体的投影与物体的空间形状紧密联系，不断地"由物想图"和"由图想物"，既要想象构思物体的形状，又要思考作图的投影规律，使思维提升到形象思维和抽象思维相融合的境界，逐步提高空间想象和思维能力。

（教学中采用实物模型或者计算机制作的三维电子模型辅助同学进行"空间－平面－空间"思维的建立）

2. 学与练相结合。本课程采用模块化教学，新知识都是融于每个模块的实例中进行学习，且课后都有对应练习，所以课中、课后都要认真完成相应的练习项目，才能使所学知识得到巩固。虽然本课程的教学目标是以识图为主，但是"读图源于画图"，所以要"读画结合"，通过画图训练促进读图能力的培养。

3. 要重视实践，树立理论联系实际的学风。在零部件测绘阶段，应综合运用基础理论，表达和识读工程实际中的零、部件，既要用理论指导画图，又要通过实践加深对基础理论和作图理论的理解，以利于工程意识和工程素质的培养。

4. 工程图样不仅是我国工程界的技术语言，也是国际上通用的工程技术语言，不同国籍的工程技术人员都能看懂。工程图样之所以具有这个性质，是因为工程图样是按国际上共同遵守的若干规则绘制的。这些规则可归纳为两个方面，一方面是规律性的投影作图，另一方面是规范性的制图标准。学习本课程时，应遵循这两方面的规律和规定，不仅要熟练地掌握空间形体与平面图形的对应关系，具有丰富的空间想象能力以及识读和绘制图样的基本能力，同时还要了解熟悉《技术制图》、《机械制图》国家标准的相关内容，并严格遵守。

第1章　制图基本知识

【学习目标】

熟记国家标准中关于机械制图所必须遵循的一些基本规定，如图幅、比例、字体、线型和尺寸标注的规定等；学会基本的几何作图，如斜度、锥度和圆弧连接的画法等；掌握平面图形的尺寸分析和绘制方法及步骤，能徒手绘制平面图形。

【学习重点】

学会基本的几何作图，如斜度、锥度和圆弧连接的画法等；掌握平面图形的尺寸分析和绘制方法及步骤。

1.1　国标的基本规定

图样是现代工业生产中的主要技术文件，工程实践中设计思想的表达、技术交流的进行都离不开工程图样，工程图样也因此被称为工程界的技术语言。要使用好这种语言，在工程制图中就必须有统一的规范，这就是相关的国家标准《技术制图》及《机械制图》。其具体内容已与国际标准《技术制图》基本一致。

国家标准简称"国标"，代号为"GB"（GB/T）。例如 GB/T 14689—1993，其中 T 为推荐性标准，14689 为该标准的顺序编号，1993 表示该标准颁布的年号。下面介绍在国标中有关工程制图的一些基本规定。

1.1.1　图纸幅面和格式

1.1.1.1　图纸幅面

图纸幅面是指图纸本身的尺寸大小。绘制工程图样时，应优先采用表 1 - 1 所规定的基本幅面尺寸（GB/T 14689—1993）。

1.1.1.2　图框格式

图纸上必须用粗实线画出图框，图样必须绘制在图框线所限定的范围内。其格式分为留有装订边和不留装订边两种，分别如图 1 - 1 和图 1 - 2 所示，其尺寸按表 1 - 1 的规定。

但应注意，同一产品的图样只能采用一种格式。

为了使图样复制和缩微摄影时定位方便，可在图纸各边的中点画出对中符号。对中符号是从图纸边界线开始画入图框内约 5mm 的一段粗实线，如图 1 - 2a 所示。

表 1-1　图纸基本幅面尺寸　　　　　　　　　　　　　　　　mm

幅面代号	A0	A1	A2	A3	A4
$B \times L$	841×1189	594×841	420×594	297×420	210×297
e	20			10	
c	10			5	
a	25				

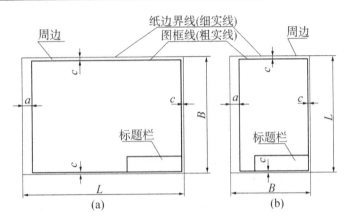

图 1-1　保留装订边的图纸格式

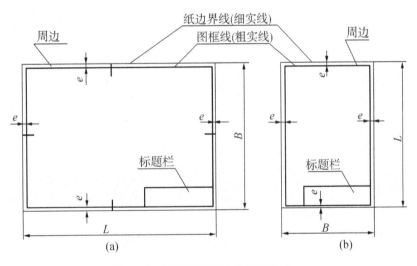

图 1-2　不保留装订边的图纸格式

1.1.1.3　标题栏

每张图纸上都必须画出标题栏,用来填写设计单位、设计者、审核者、图名编号、绘图比例等综合信息,它是图样的重要组成内容。标题栏应位于图纸的右下角,如图 1-1、图 1-2 所示。标题栏一般由更改区、签字区、其他区、名称及代号组成,也可按实际需要增加或减少,其格式和尺寸按 GB/T 10609.1—1989 的规定。为了简化学生的作业,在此推荐制图练习用的标题栏格式,如图 1-3 所示。

标题栏的长边置于水平方向并与图纸的长边平行时,则构成 X 型图纸(图 1-2a);

若标题栏的长边与图纸的长边垂直时，则构成 Y 型图纸（图 1 – 2b）。在此情况下，看图的方向与看标题栏的方向一致。

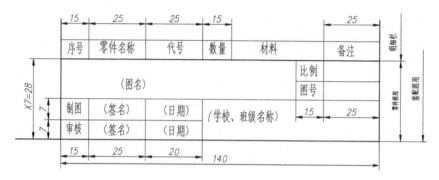

图 1 – 3 标题栏及明细栏格式

1.1.1.4 明细栏

装配图中一般应有明细栏，格式如图 1 – 3 所示。明细栏应配置在标题栏的上方，由下而上顺序填写，格数视需要而定。若往上延伸位置不够时，可紧靠标题栏左边再自下而上延续。当不能在装配图本页上方配置明细栏时，可作为装配图的续页按 A4 幅面单独给出，其顺序应由上而下延伸，但应在明细栏的下方配置标题栏，填写与装配图相一致的名称和代号，还可以连续加页。

明细栏一般由序号、名称、代号、数量、材料、重量等组成，也可按实际需要增减。更详细的要求可参照 GB/T 10609.2—1989。

1.1.2 制图比例

图样的比例是指图样中图形与其实物相应要素的线性尺寸之比。线性尺寸是指能用直线表达的尺寸，例如直线的长度。

图样比例分放大、原值、缩小三种。工程实践中应尽量按物体的实际大小即采用原值比例 1:1 画图，以便直接从图样上看出该物体的真实大小。若需要按放大、缩小比例绘制图样时，应由表 1 – 2 规定的优先采用的比例系列中选取适当的比例。必要时也可选用表 1 – 3 中的比例（GB/T 14690—1993）。

不论采用何种比例绘图，在标注尺寸时，仍应按物体的真实大小标注，与其比例无关。

表 1 – 2 优先采用的比例

种类	比 例		
原值比例	1:1		
放大比例	5:1	2:1	
	$5 \times 10^n:1$	$2 \times 10^n:1$	$1 \times 10^n:1$
缩小比例	1:2	1:5	1:10
	$1:2 \times 10^n$	$1:5 \times 10^n$	$1:1 \times 10^n$

注：n 为正整数。

表 1－3　允许选用的比例

种类	比 例				
放大比例	$4:1$ $4 \times 10^n : 1$		$2.5:1$ $2.5 \times 10^n : 1$		
缩小比例	$1:1.5$ $1:1.5 \times 10^n$	$1:2.5$ $1:2.5 \times 10^n$	$1:3$ $1:3 \times 10^n$	$1:4$ $1:4 \times 10^n$	$1:6$ $1:6 \times 10^n$

注：n 为正整数。

　　绘制同一物体的各个视图时，应尽可能采用相同的比例，并在标题栏的比例一栏中标明。当某个视图需要采用不同的比例时，可在视图名称的下方或右侧标注比例，如：

$$\frac{1}{2:1} \qquad \frac{A}{1:100} \qquad \frac{B-B}{2.5:1} \qquad \frac{\text{墙板位置图}}{1:2000} \qquad \text{平面图} 1:100$$

图 1－4 所示为以不同比例绘制的同一图形。

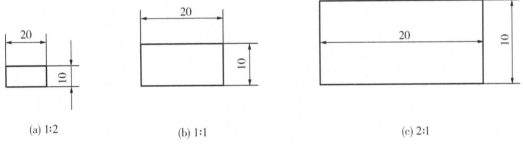

(a) 1:2　　　　　　　　(b) 1:1　　　　　　　　(c) 2:1

图 1－4　用不同比例画的同一图形

1.1.3　字体

　　工程图样上除了表达物体形状的图形外，还必须有一些文字（汉字或英文）、数字（阿拉伯数字或罗马数字），用以说明物体的大小、技术要求等。

　　图样上的字体（GB/T 14691—1993）书写必须做到：字体工整、笔画清楚、间隔均匀、排列整齐。

　　字体高度（用 h 表示）的公称尺寸系列为：1.8，2.5，3.5，5，7，10，14，20（单位：mm）共 8 种。如果要书写更大的字体，其字高应按 $\sqrt{2}$ 的比率递增。字体的号数代表字体的高度。

　　汉字应写成长仿宋体，并采用中华人民共和国国务院正式公布推行的《汉字简化方案》中规定的简化字。汉字的字高 h 不应小于 3.5 mm，其字宽一般为 $h/\sqrt{2}$。

　　字母和数字分 A 型和 B 型。A 型字体的笔画宽度（d）为字高（h）的 1/14；B 型字体的笔画宽度（d）为字高（h）的 1/10。同一图样上，只允许用一种型式的字体。

　　字母和数字可写成斜体和直体。斜体字字头向右倾斜，与水平基准线成 75°。

　　汉字、字母、数字等组合写时，其排列格式和间距都有规定，详细规定可参阅有关标准。

1.1.3.1 字体示例

汉字

字体端正 笔划清楚 排列整齐 间隔均匀

斜体大写字母

ABCDEFGHIJKLMNOPQRSTUVWXYZφ

直体大写字母

ABCDEFGHIJKLMNOPQRSTUVWXYZφ

斜体小写字母

abcdefghijklmnopqrstuvwxyzαβγ

斜体阿拉伯数字

0123456789

直体阿拉伯数字

0123456789

斜体罗马数字

I II III IV V VI VII VIII IX X

直体罗马数字

I II III IV V VI VII VIII IX X

1.1.3.2 综合应用规定

用作指数、分数、极限偏差、注脚等的数字及字母，一般应采用小一号的字体。图样中的数字符号、物理量符号、计量单位符号，以及其他符号、代号，应分别符合国家有关法令和标准的规定，例如：

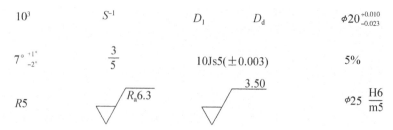

10^3 S^{-1} D_1 D_d $\phi 20^{+0.010}_{-0.023}$

$7^{\circ}{}^{+1^{\circ}}_{-2^{\circ}}$ $\dfrac{3}{5}$ $10Js5(\pm 0.003)$ 5%

$R5$ $R_a6.3$ 3.50 $\phi 25\ \dfrac{H6}{m5}$

1.1.4 图线

1.1.4.1 图线的型式及应用

图样中常用的图线有粗实线、细实线、细虚线、细点画线、细双点画线、波浪线等型式，它们的名称、型式、代号以及在图上的应用举例见表 1 - 4（GB/T 4457.4—2002）。

表 1 - 4　图线线型及应用举例

代码 NO.	图线名称及线型	一般应用	应用示例
01.1	细实线	过渡线、尺寸线、尺寸界线、指引线和基准线、剖面线、重合剖面的轮廓线、短中心线、底线、表示平面的对角线、零件成形前的弯折线、辅助线、投影线、网格线、重复要素表示线、齿轮的齿根线……	
	波浪线	断裂处的边界线 视图和剖视的分界线	
	双折线	断裂处的边界线 视图和剖视的分界线	
01.2	粗实线	可见棱边线、可见轮廓线、相贯线、螺纹牙顶线、螺纹长度终止线、齿顶圆（线）、剖切符号用线	
04.1	细点画线	轴线、对称中心线、分度圆（线）、孔系分布的中心线、剖切线	
02.1	细虚线	不可见棱边线 不可见轮廓线	
05.1	细双点画线	相邻辅助零件的轮廓线、可动零件的极限位置的轮廓线、重心线、延伸公差带表示线、轨迹线……	

　　绘图实践中尤其要注意细点画线的应用，它一般表示机件的对称中心线、轴线等，因此对称机件一般都要在其对称处画出细点画线；另外要注意粗实线一般表示机件上存在且可见的轮廓线，而细虚线表示的是机件上存在但不可见的轮廓线，只不过看不见而已。

1.1.4.2 图线的宽度

所有线型的图线宽度（d）应按图样的类型和尺寸大小在下列数系中选择，该数系的公比为 $1:\sqrt{2}$ $(\approx 1:1.4)$：

0.13 mm；0.18 mm；0.25 mm；0.35 mm；0.5 mm；0.7 mm；1 mm；1.4 mm；2 mm

工程图样中粗线、中粗线和细线线宽的比率为 4：2：1，在机械图样中采用粗细两种线宽，它们之间的比例为 2：1。在同一图样中，同类图线的宽度应一致。

在学校学生绘图练习中，粗实线线宽一般采用 0.5 mm 或 0.7 mm。

1.1.4.3 图线的画法和要求

手工绘图时，细虚线、细点画线、细双点画线的各段长度和间隔应各自大致相等，可采用图 1-5a 所示的规格。

细虚线、细点画线、细双点画线等线型应恰当地相交于画线处，如图 1-5b 所示。

画圆的中心线时，圆心应是长画的交点；细点画线用作对称中心线、轴线时，应超出机件最外轮廓线 3～5 mm；在较小的图形上绘细点画线、细双点画线有困难时，可用细实线代替，如图 1-5c 所示。

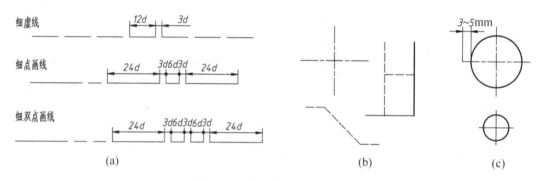

图 1-5　建议采用的图线规格

除非另有规定，两条平行线（包括剖面线）之间的最小间隙不得小于 0.7mm。

图线不得与文字、数字或符号重叠、相交。若不可避免时，图线应在重叠、相交处断开，以保证文字、数字或符号的清晰，因为机件制造时是以数字表示的尺寸、文字或符号表示的技术要求为准进行加工。

1.1.5 尺寸标注

在图样中，由图线绘制的图形只能表达机件的形状，而机件及其各部分的大小则要由标注的尺寸来确定。国家标准（GB/T 4458.4—2003）对尺寸标注的基本方法作了一系列的规定，在绘图过程中应严格遵守。

1.1.5.1 基本规则

① 机件的真实大小应以图样上所注的尺寸数值为依据，与图形大小及图形准确度无关。

② 图样中（包括技术要求和其他说明）的尺寸，以毫米为单位时，不需标注计量单位的代号或名称；如采用其他单位，则必须注明相应的计量单位的代码或名称。

③ 图样所标注尺寸为所示机件最后完工尺寸，否则应另加说明。

④ 机件的每一尺寸，在图样中一般只标注一次，并应标在该结构最清晰的视图上。

1.1.5.2　尺寸的组成

一个完整的尺寸包括尺寸线、尺寸界线和尺寸数字，如图 1-6 所示。

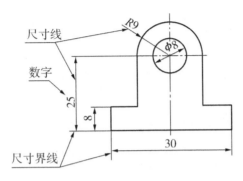

图 1-6　尺寸的组成

常见尺寸标注的规定和图样示例如表 1-5 所示。

1.1.5.3　标注尺寸的一般符号

标注尺寸时应尽可能用符号和缩写词（表 1-6）。

表 1-5　常见尺寸标注的规定和图样示例

基本规定	标注示例
尺寸界线用细实线绘制，并应由图形的轮廓线、轴线或对称中心线引出；也可以利用轮廓线、轴线或对称中心线作尺寸界线	
尺寸数字应按图例所示的方向注写，并尽可能避免在图示 30°范围内标注尺寸，当无法避免时可按图示的形式标注	

续表 1－5

基本规定	标注示例
线性尺寸的数字一般应注写在尺寸线的上方，也允许注写在尺寸线的中断处；对于非水平方向的数字，可水平地注写在尺寸线的中断处，但优先采用本表图示的形式；同一图样中尽可能用一种形式	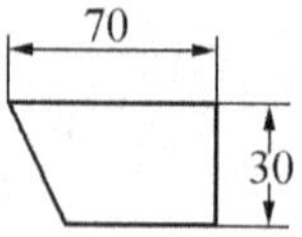 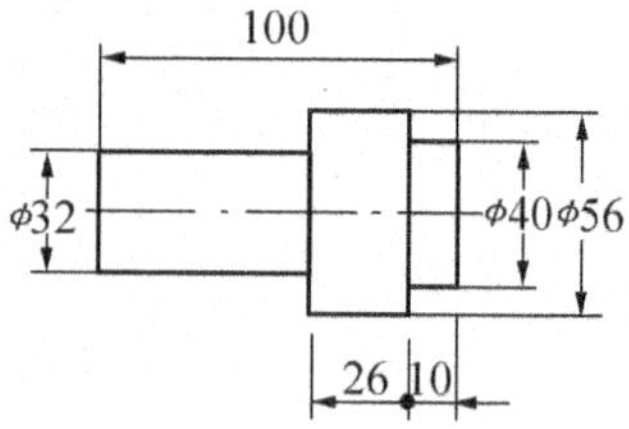
角度数字一律写成水平方向，一般写在尺寸线的中断处，当位置不够时也可写成图示形式；位置不够时，也可以用引出法标注	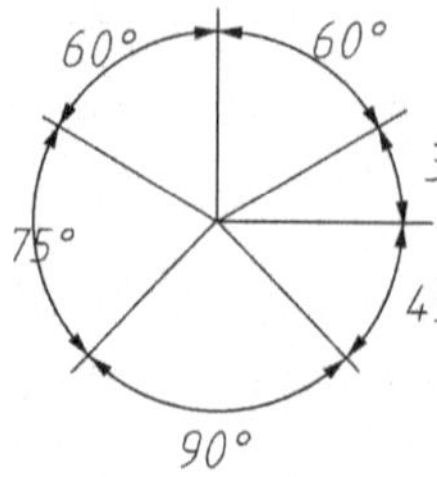 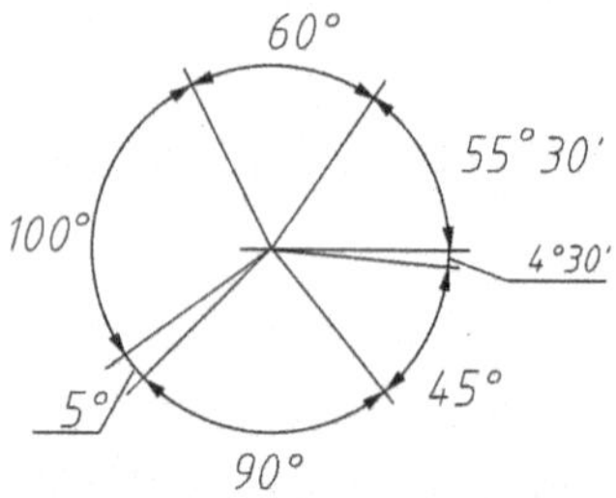
尺寸数字不可被任何图线通过，否则，必须将该图线断开	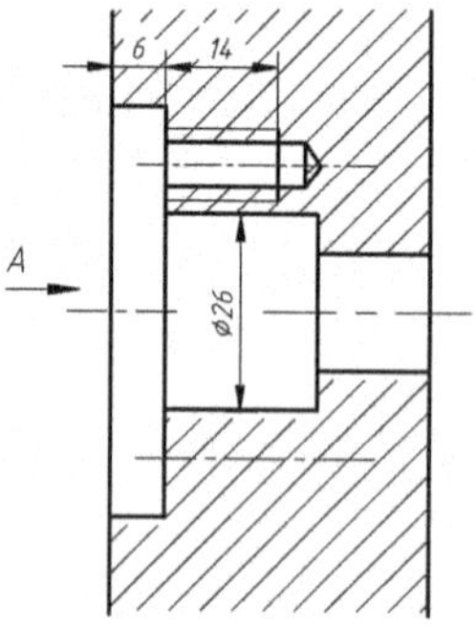 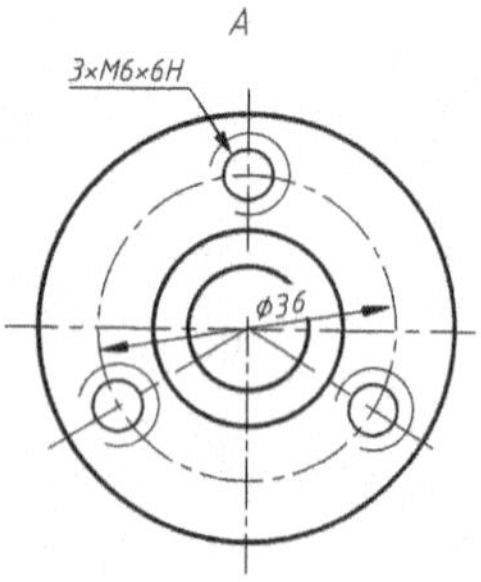
标注角度时，尺寸线应画成圆弧，其圆心是该角的顶点；当对称机件的圆形只画一半或略大于一半时，尺寸线应略超过对称中心线或断裂处的边界线，此时仅在尺寸线的一端画出箭头	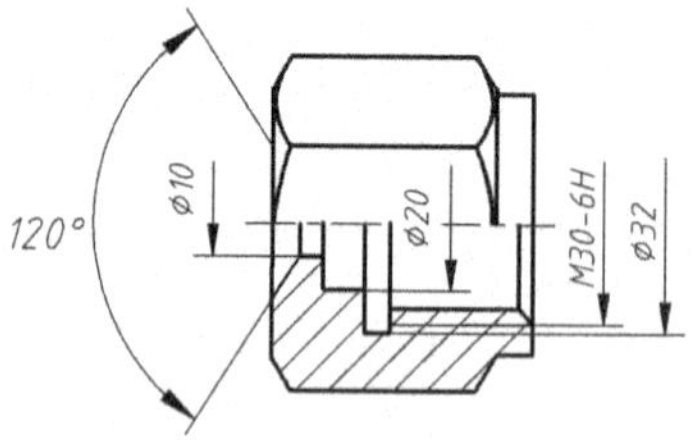 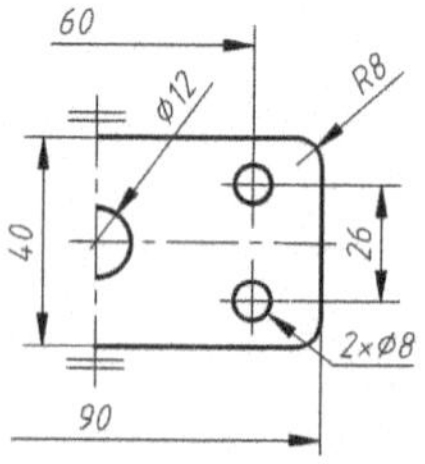
标线性尺寸时，尺寸线必须与所标线段平行；尺寸线不能用其他图线代替，一般也不得与其他图线重合或画在其延长线上	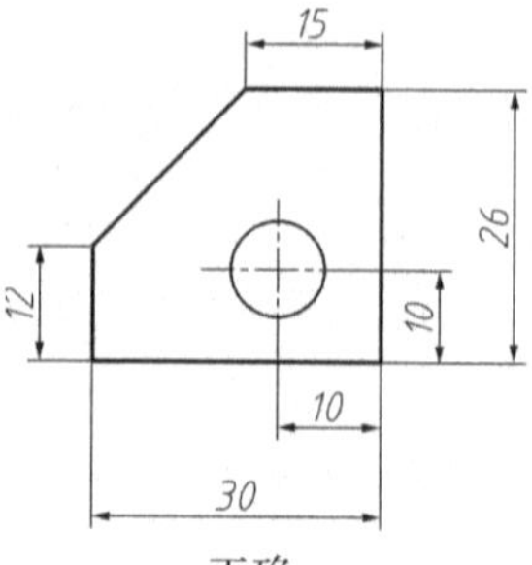 正确 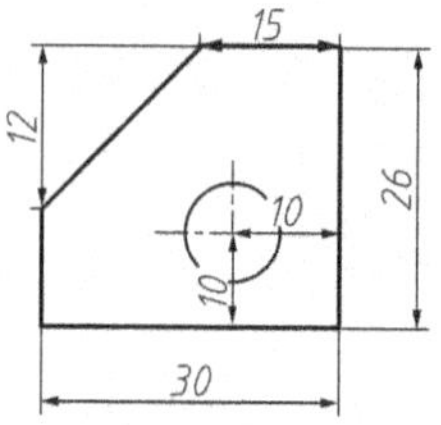 错误

基本规定	标注示例
应避免尺寸线相交	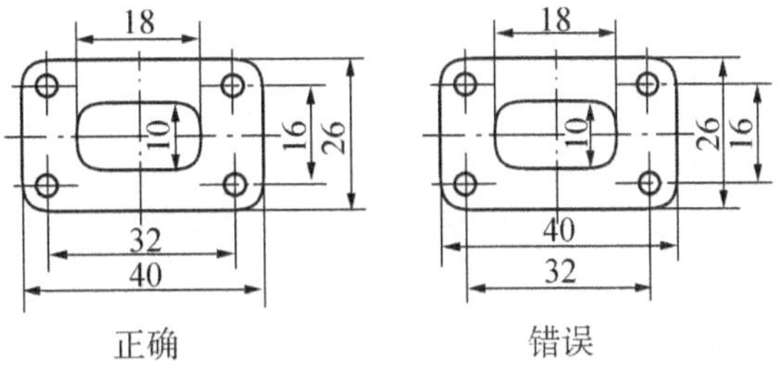 正确　　　　　　　错误
尺寸线用细实线绘制,其终端可以有以下两种形式:① 箭头:箭头的形式如示例左图所示,适用于各种类型的图样;② 斜线:斜线用细实线绘制,其方向和画法如示例右图所示。当尺寸线与尺寸界线相互垂直时,同一张图样只能采用一种尺寸终端的形式	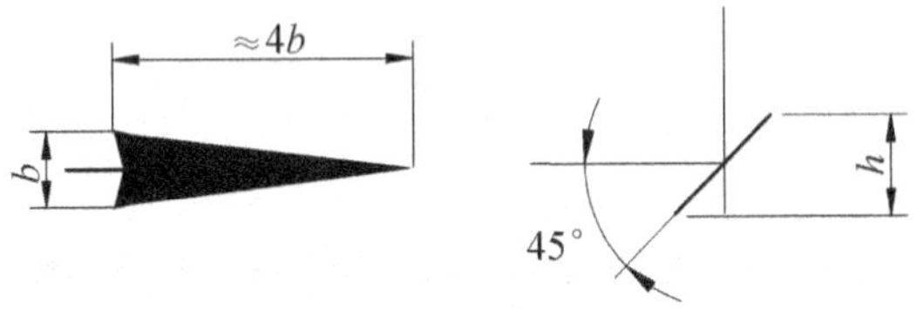
斜度和锥度的符号画法与标注如图示。符号的方向应与斜度和锥度的方向一致。符号的线宽 $d = h/10$,$h =$ 字体高度	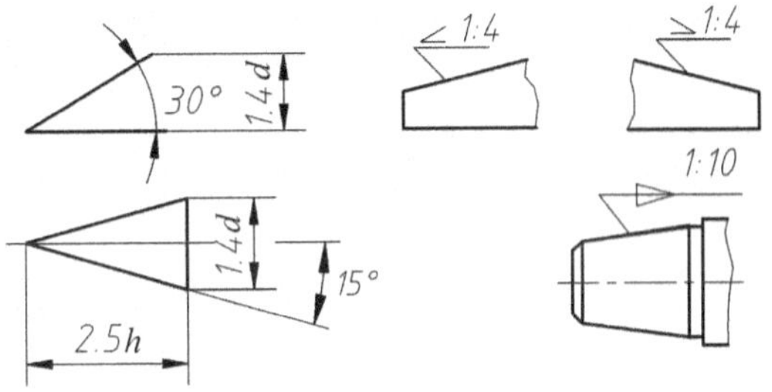

表 1 - 6　标注尺寸的一般符号

名称	直径	半径	球直径 球半径	厚度	正方形	45°倒角	深度	沉孔 或锪平	埋头孔	均布	弧度
符号或 缩写词	ϕ	R	$S\phi$ SR	t	$\square$	C	$\underline{\downarrow}$	$\sqcup$	$\vee$	EQS	$\frown$

1.2　制图工具及其使用方法

尽管计算机绘图已经普遍应用于工程设计等各个领域,然而手工绘图仍然是工程技术人员必须掌握的基本技能，而正确使用制图工具能有效提高手工绘图的质量和速度，所以熟练掌握制图工具的使用方法是每一名工程技术人员所必备的基本素质。下面介绍几种常用的制图工具及其使用方法。

1.2.1 铅笔

绘制工程图样时一般要选择专用的绘图铅笔。在绘图铅笔的一端印有 B、HB、H 等型号表示其铅芯的软、硬程度。B 前的数字越大表示铅芯越软，画出来的线就越黑；H 前的数字越大表示铅芯越硬，画出来的线就越淡；HB 表示铅芯软硬适中。绘图时根据不同使用要求，一般应备有以下几种硬度不同的铅笔：

H 或 2H——用于画底稿线；

HB 或 B——用于注写文字、画细实线、细点画线、虚线、细双点画线等；

B 或 2B——用于描深粗实线。

由于圆规画圆时不便用力，因此描深圆弧时使用的圆规上的铅芯，一般比描深直线时使用的铅笔上的铅芯要软一级。

画线前，描深直线用的铅笔和描深圆弧用的圆规上的铅芯都要磨成扁平状，并使其断面厚度和要画的粗实线宽度 b 大致相等，这样能使同一图面上所有可见轮廓线保持粗细均匀，以保证图纸质量；其余线型的铅芯则可磨成圆锥形，以便于写字和画细线，如图 1 - 7 所示。画线时，力量和速度要均匀，尽量一笔到底，切忌短距离来回涂画，以保证图线质量。

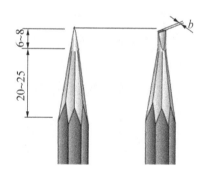

图 1 - 7 铅芯的形状

1.2.2 图板和丁字尺

图板是手工绘图时用来铺放图纸的垫板，其四周为硬木镶边，较短的两边为导向边，要求比较平直；而中间板面由比较平整、稍有弹性的软木材料制成。图板有不同大小的规格，可根据需要选用。

丁字尺由尺头和尺身组成，尺身正面上方那条边为工作边。

丁字尺主要用来画水平线，画图时，应用左手握住尺头，使其始终紧靠图板左侧的导向边作上下移动，右手握铅笔，沿丁字尺工作边自左向右画水平线，如图 1 - 8a 所示；丁字尺还可与三角板配合使用画铅垂线，画图时，应将三角板一直角边紧靠丁字尺工作边，自下向上画线，如图 1 - 8b 所示。

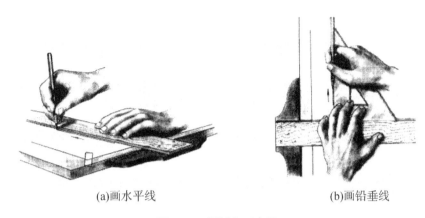

(a)画水平线　　　　　　　　　　(b)画铅垂线

图 1 - 8　图板和丁字尺

1.2.3　三角板

一副三角板有两块，一块是 45°三角板，另一块是 30°和 60°三角板。除了直接用它们来画直线外，也可配合丁字尺画与水平线成 15°倍角的各种倾斜线。用一块三角板能画与水平线成 30°、45°、60°的倾斜线；用两块三角板能画与水平线成 15°、75°、105°和 165°的倾斜线，如图 1 - 9 所示。

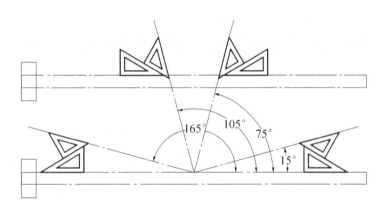

图 1 - 9　用两块三角板配合画倾斜线

1.2.4　圆规和分规

圆规是画圆和圆弧的工具。圆规的一个脚上装有钢针，称为针脚，用来定圆心；另一个脚可装铅芯，称为笔脚，用来画线。在使用前应先调整针脚，使针尖略长于铅芯，笔脚上的铅芯应削成楔形，以便画出粗细均匀的圆弧。画图时，应使圆规向前进方向稍微倾斜；画较大的圆时，应使圆规两脚都与纸面垂直；若要画更大直径的圆时，则要加装延长杆，如图 1 - 10 所示。

分规是用于等分和量取线段的工具，它两脚都为针脚。使用前，应检查分规两针脚的针尖在并拢后能否平齐；等分线段时，应以分规的两针脚交替为轴进行截取，如图1 - 11所示。

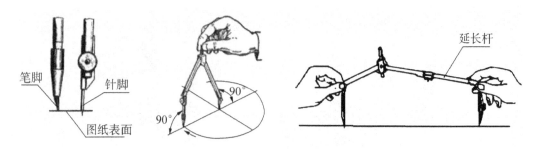

图 1－10　圆规的用法

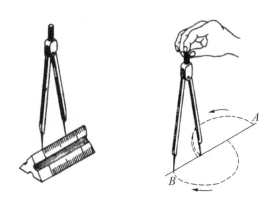

图 1－11　分规的用法

1.2.5　曲线板

曲线板是用来描绘非圆曲线的常用工具。描绘曲线时，应先用铅笔轻轻地把各点光滑地连接起来，然后在曲线板上选择曲率合适部分进行连接并描深。每次描绘曲线段不得少于三点，连接时应留出一小段不描，作为下段连接时光滑过渡之用，如图 1－12 所示。

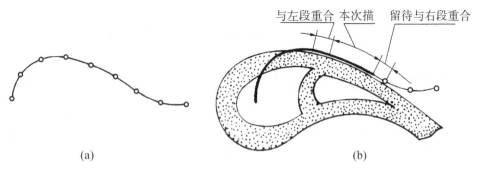

(a)　　　　　　　　　　　　　　　　　(b)

图 1－12　曲线板的用法

1.2.6　其他制图用品

除了上述工具之外，在绘图时，还需要准备削铅笔的小刀、橡皮、固定图纸用的胶带纸、测量角度的量角器、擦图片（修改图线时用它遮住不需要擦去的部分）、砂纸（磨铅笔用）等，如图 1 – 13 所示。

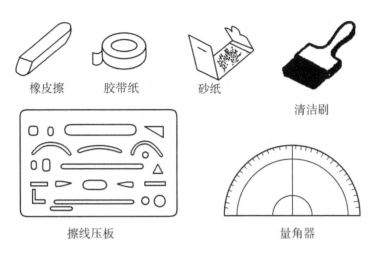

橡皮擦　　胶带纸　　　砂纸

清洁刷

擦线压板　　　　　　　　　　　量角器

图 1 – 13　其他绘图工具

1.3　几何作图

绘制机械图样时，常常用到一些平面几何的作图原理、方法以及图样与尺寸标注相关联的几何分析问题，在这里作为预备知识进行介绍。

1.3.1　斜度的画法与标注

斜度是指一直线或平面对另一直线或平面的倾斜程度，其大小用该两直线或两平面间夹角的正切来表示，如图 1 – 14 所示。在图样中一般将斜度值化为 $1:n$ 的形式进行标注。

$$斜度 = \tan\alpha = H/L = 1:n$$

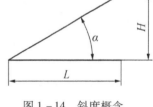

图 1 – 14　斜度概念

【应用实例 1 – 1】

过点 P 画斜度为 $1:5$ 的直线（如图 1 – 15a 所示）。

解答：

斜度的画法和标注过程如图 1 – 15 所示。

① 作出长 5 份、高 1 份的斜线（图 1 – 15b），确定斜度线上一点 P；

② 过点 P 作该斜线的平行线 AB（图 1 – 15c）；

③ 画圆角，擦去多余线条，按国标要求描深线型并标注（图 1 – 15d）。

在图样上用表 1 – 5 最后一栏所示的图形符号表示斜度，该符号应配置在基准线上方（图 1 – 15）。基准线应通过引出线与斜线相连。图形符号的方向应与斜线方向一致。

1.3.2　锥度的画法与标注

锥度是指正圆锥体的底面直径与其高度之比，或者是圆锥台的两底圆直径之差与其高

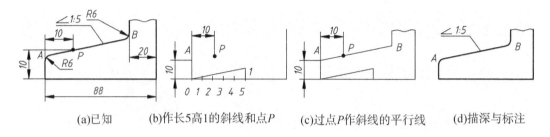

(a)已知   (b)作长5高1的斜线和点P   (c)过点P作斜线的平行线   (d)描深与标注

图 1 – 15   斜度的作图步骤与标注

度之比，如图 1 – 16 所示。在图样中一般将锥度值化为 1：n 的形式进行标注。

$$锥度 = D/L = (D - d)/l = 2\tan\frac{\alpha}{2} = 1：n$$

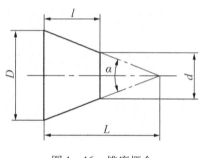

图 1 – 16   锥度概念

【应用实例 1 -2】

以线段 AB 为锥底画锥度为 1：6 的圆台。

解答：

锥度的作图方法和过程如图 1 – 17 所示。

① 作出锥底为 1 份、高为 6 份的圆锥（图 1 – 17b）；

② 分别过点 A 和点 B 作圆锥两边的平行线（图 1 – 17c）；

③ 擦去多余线条，按国标要求描深线型并标注（图 1 – 17d）。

在图样上用表 1 – 5 最后一栏所示的图形符号表示锥度，该符号应配置在基准线上（图 1 – 17）。表示圆锥的图形符号和锥度应靠近圆轮廓标注，基准线应通过引出线与圆台的轮廓素线相连。基准线应与圆台的轴线平行，图形符号的方向应与圆台方向一致。

1.3.3   圆弧连接

作圆弧连接的关键是求出连接弧的圆心和连接点（即切点）的位置，然后便可按指定的要求作出连接的圆弧。

典型圆弧连接的作图方法和步骤如表 1 – 7 所示。

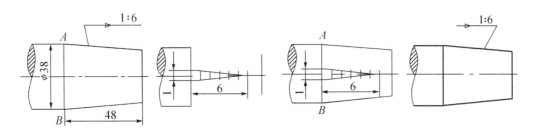

  (a) 已知   (b) 作长6高1的圆锥 (c) 过点 *A B* 作圆锥的平行线 (d) 描深与标注

图 1 - 17　锥度的作图步骤与标注

表 1 - 7　圆弧连接的作图方法和步骤

内容与步骤	1. 求连接弧的圆心 O	2. 分别求出两个切点 T_1、T_2	3. 以 O 为圆心，从 T_1 画弧到 T_2
作半径为 R 的圆弧内接两已知直线 L_1 和 L_2			
作半径为 R 的圆弧连接已知直线 L，并外切已知圆弧 O_1			
作半径为 R 的圆弧同时外切两已知圆弧 O_1 和圆弧 O_2			
作半径为 R 的圆弧与已知圆弧 O_1 外切，同时与圆弧 O_2 内切			

1.3.4 等分已知线段

【应用实例 1-3】

将直线段 AB 分成 n 等份。

解答:

等分已知线段的几何作图的方法和步骤如图 1-18 所示。

① 已知直线段 AB（图 1-18a）；

② 过点 A 作任意直线 AM，以适当整数长为单位，在 AM 上量取 $1\sim n$ 个等分点（图 1-18b），得另一端点 N；

③ 连接 NB，过 1,2,3，…，K 各点作 NB 的平行线，即可将 AB 分为 n 等份（图 1-18c）。

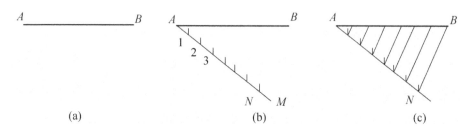

(a)　　　　　　　　　　(b)　　　　　　　　　　(c)

图 1-18　等分已知直线段 AB

1.3.5 等分圆周和作正多边形

已知外接圆直径，用丁字尺和三角板作其内接正六边形的方法和步骤如图 1-19 所示。

① 设定正六边形两顶点 A 和 D 在竖直中心线与圆的交点上（图 1-19a）；

② 依靠丁字尺用 30° 和 60° 三角板的斜边分别过点 A 和点 D 画线，与圆周交于点 B 和点 E（图 1-19b）；

③ 将 30° 和 60° 三角板反转，同理作图得点 C 和点 D（图 1-19c）；

④ 连接六个顶点即成正六边形（图 1-19d）。

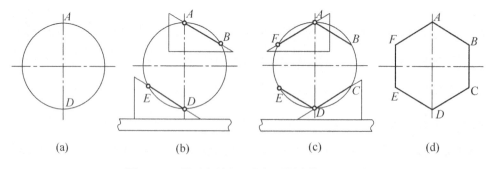

(a)　　　　　　(b)　　　　　　(c)　　　　　　(d)

图 1-19　用丁字尺和三角板画圆内接正六边形

已知外接圆直径，用圆规和直尺作其内接正五边形的方法和步骤如图 1-20 所示。

① 取外接圆半径 OA 的中点 B（图 1-20a）；

② 以 B 为圆心、BC 为半径画弧得点 D（图 1 – 20b）；

③ CD 即为五边形边长，用其等分圆周得五个顶点（图 1 – 20c）；

④ 连接五个顶点即成正五边形（图 1 – 20d）。

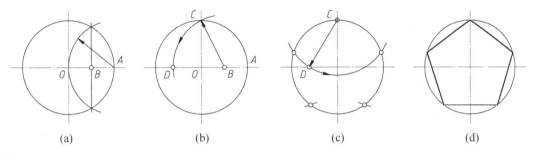

(a)　　　　　(b)　　　　　(c)　　　　　(d)

图 1 – 20　正五边形的画法

1.3.6　椭圆的画法

这里介绍椭圆的一种近似画法——四心圆法，其作图方法和步骤如图 1 – 21 所示。

① 已知椭圆的长轴 AB 和短轴 CD（图 1 – 21a）；

② 以 O 为圆心、OA 为半径画弧交短轴延长线于点 E，再以点 C 为圆心、CE 为半径画弧交 AC 于点 F（图 1 – 21b）；

③ 作线段 AF 的垂直平分线，与长、短轴分别相交于 O_1 和 O_2，再取 O_1 和 O_2 的对称点 O_3 和 O_4（图 1 – 21c）；

④ 分别以 O_1 和 O_3 为圆心、$O_1 A$ 为半径画圆弧；再分别以 O_2 和 O_4 为圆心、$O_2 C$ 为半径画圆弧，即得近似椭圆（图 1 – 21d）。

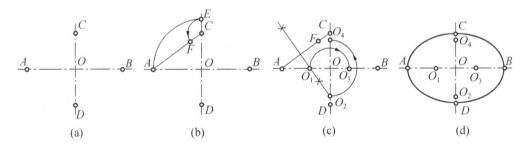

(a)　　　　　(b)　　　　　(c)　　　　　(d)

图 1 – 21　用四心圆法画近似椭圆

1.3.7　两圆外公切线的画法

作已知两圆外公切线的作图方法和步骤如图 1 – 22 所示。

① 以圆 R_1 与圆 R_2 的半径差为半径作出圆 $R_1 - R_2$（图 1 – 22a）；

② 以圆 R_1 与圆 R_2 的圆心距为直径作辅助圆，与圆 $R_1 - R_2$ 相交于点 A（图 1 – 22b）；

③ 连 $O_1 A$ 并延长交圆 R_1 于点 B，过 O_2 作 $O_1 B$ 的平行线交圆 R_2 于点 C，连 BC 即为圆 R_1 与圆 R_2 的一条外公切线（图 1 – 22c）；

④ 同理作下面另一条外公切线（图 1 - 22d）。

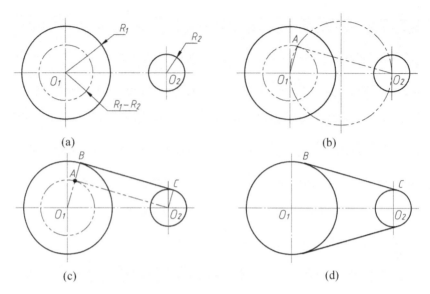

(a)　　　　　　　　　　　　(b)

(c)　　　　　　　　　　　　(d)

图 1 - 22　两圆外公切线的画法

1.3.8　平面图形作图方法及尺寸标注

平面图形由若干条线段（直线或曲线）连接而成，而每条线段都有各自的尺寸和位置。作图时我们需要分析该图形的组成及其线段的性质，从而确定作图的步骤。

1.3.8.1　平面图形的尺寸分析

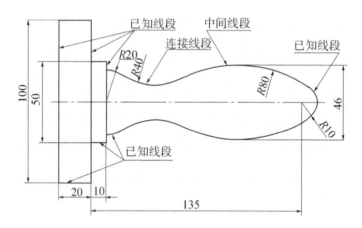

图 1 - 23　手柄平面图形的尺寸分析和线段分析

图形中的尺寸按其作用可分为定形尺寸和定位尺寸两种。

① 定形尺寸。确定图形中各部分几何形状大小的尺寸，称为定形尺寸。它的改变只引起形状大小的改变。例如直线段的长度、倾斜线的倾角、圆的直径，圆弧的半径等，如图 1 - 23 中的 100、20、50、10、$R20$、$R40$、$R80$、$R10$ 等均为定形尺寸。

② 定位尺寸。确定各几何形状之间相对位置的尺寸，称为定位尺寸。它的改变只引

起相对位置的改变。如图 1－23 中的 46 是确定 R80 圆心位置在 Y（竖直方向）的定位尺寸；135 是确定 R10 圆心位置在 X（水平方向）的定位尺寸。

必须指出，有时一个尺寸可以兼有定形和定位两种作用，如图 1－23 中的 10 既是 50×10 矩形框的定形尺寸，又是 R20 圆心在 X 水平方向的定位尺寸。

③ 尺寸基准。标注尺寸要有起点，即所谓尺寸基准。同一几何对象，其基准选择不同，定位尺寸也不同。平面图形的尺寸，一般用水平直线作竖直方向尺寸的基准，竖直线作水平方向尺寸的基准。对称轴、圆心也可以作尺寸基准，如图 1－23 所示的平面图形各部分主要以长 100 的竖直左边线作水平方向尺寸的基准，以上下对称的水平中心线作竖直方向尺寸的基准。

1.3.8.2　平面图形的线段分析

① 已知线段。具有完整的定形和定位尺寸的线段为已知线段。这些线段根据给定的尺寸就能直接画出。如知道圆心的定位尺寸和直径（半径），该圆（弧）就是已知线段。图 1－23 中 100、20、50、10 的直线段和半径为 R20、R10 的圆弧都是已知线段（圆弧）。

② 中间线段。只有定形尺寸，而定位尺寸不全的线段为中间线段。作图时，需根据它与一端相邻线段的连接关系，才能用作图方法确定其位置。如图 1－23 中的半径为 R80 的圆弧是中间线段。

③ 连接线段。只有定形尺寸，没有定位尺寸的线段为连接线段。作图时，需根据它与两端相邻线段的连接关系，才能用作图方法确定其位置。如图 1－23 中半径为 R40 的圆弧是连接线段。

【应用实例 1－4】

绘制图 1－23 平面图形并标注尺寸。

解答：

（一）平面图形的作图步骤

（1）绘图前的准备工作

备齐绘图工具和仪器，削好铅笔；选定图幅、比例，并固定图纸。

（2）画底稿

画底稿一般是用削尖的 H 或 2H 的铅笔轻轻地绘制，先画图框、标题栏，后画图形。如图 1－23 所示的平面图形的绘制可按以下顺序进行，并遵循先主体后细部的原则。

① 分析平面图形，确定已知线段、中间线段和连接线段（图 1－24）。

② 画出作图定位线：一般画出一条水平直线和一条竖直直线。作图定位线可以是尺寸基准，也可以是图中水平或竖直的其他直线段、对称中心线、中心线等。按一定的比例在图纸的适当位置画出定位线（图 1－24a）。

③ 画出已知线段：画出已知的直线段和圆弧 R20、R10（图 1－24b）。

④ 画出中间线段：按圆弧连接的作图方法，求出 R80 的圆心 O_1 和连接点 T_1，画出中间圆弧；用同样的方法画出与其对称的另一中间圆弧（图 1－24c）。

⑤ 画出连接线段：求出 R40 的圆心 O_2 和连接点 T_2 和 T_3，画出连接圆弧；用同样的方法画出与其对称的另一连接圆弧（图 1－24d）。

（3）描深线型

描深底稿前必须全面检查底稿，把错线、多余线、作图辅助线擦去。描深图线时，应

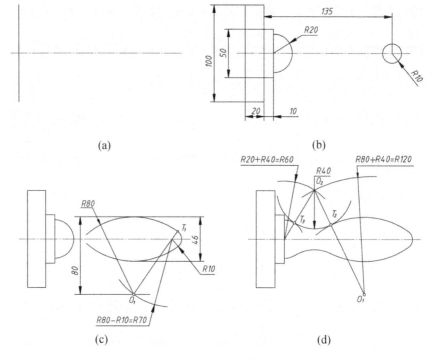

图 1-24 平面图形的作图步骤

将铅笔和圆规的铅芯削磨成扁平状。画线时用力要均匀，以保证图线粗细浓淡一致。并按"先粗后细，先实后虚，先小后大，先曲后直，先上后下，先左后右，先水平后垂直，最后描斜线"的顺序进行。

值得一提的是，在绘图前要擦干净绘图仪器，绘图时要尽量减少三角板等在已描深图线上的移动，以保持图面的清洁。

（二）平面图形的尺寸标注

平面图形的尺寸标注步骤如下：

① 分析平面图形，判断已知线段、中间线段和连接线段。

② 标注已知线段的定形尺寸和定位尺寸（图 1-24b）。

③ 标出中间线段（图 1-24c）、连接线段（图 1-24d）的尺寸。对于中间线段和连接线段，只标注必需的尺寸，尺寸不重复也不遗漏。

1.4 徒手图的画法

徒手图指的是不用绘图仪器，仅以目测物体形状大小而徒手绘制的图样。徒手图也叫草图，但是绝对没有潦草的意思，草图上的图线也要做到直线平直、曲线光滑、线型分明、比例恰当，图形要完整、清晰。

在进行零、部件测绘或作设计构思的最初阶段常先画出草图，经修改确认后再画成仪器图。在应用计算机绘图前，也应先画出徒手图，再上机绘画。所以，徒手图不但传统制图需要，在计算机绘图的今天也显得重要。作为工程技术人员，必须具备徒手作图的能力。

徒手画图时，要注意长和宽、整体和局部的比例，只有比例关系恰当，图形的真实感才强。有条件时，用方格纸比较好，因为有格子比较容易控制图样的大小比例，控制线条的方向，保证图面质量。

1.4.1　徒手画直线的方法

徒手画直线时，眼睛应看着线的末点，手腕放松，小指压住纸面，笔尖沿着直线方向画过去，如图 1 - 25 所示。画线时切不可为了加粗线型而来回地涂画。如果感到画直线的方向不够顺手，可将图纸转一适当的角度。

图 1 - 25　徒手画直线

30°、45°、60°等常用角度可利用直角三角形对应边的近似比例关系确定两边端点，然后连接画出，并可以目测等分为它们的 $\frac{1}{2}$、$\frac{1}{3}$ 的角度如图 1 - 26 所示。

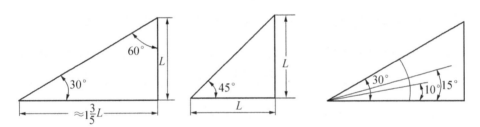

图 1 - 26　徒手画特殊角度

若在方格纸上画特殊倾角直线，可按图 1 - 27 所示的格子取向画出。

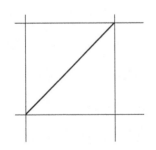

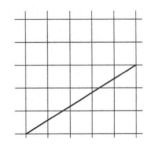

(a) 45° 线为正方形的对角线　　　　(b) 30° 线大致为长 5 个单位、宽 3 个
　　　　　　　　　　　　　　　　　　单位长方形的对角线

图 1 - 27　特殊倾角直线的徒手画法

1.4.2　徒手画圆的方法

确定了圆心后，可根据半径用目测方法在中心线定出四个点，再通过这四点画出徒手圆（图 1-28a）。对于较大的圆可通过圆心再作两条倾斜 45°和 135°的辅助线，同样目测另定四个点，然后过这八个点画圆（图 1-28b）。

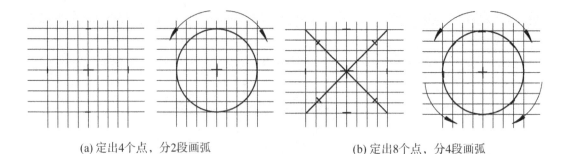

(a) 定出4个点，分2段画弧　　　　　　　(b) 定出8个点，分4段画弧

图 1-28　圆的徒手画法

对于椭圆，可利用其外接菱形画四段圆弧构成椭圆，如图 1-29 所示。

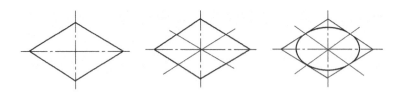

图 1-29　椭圆的徒手画法

1.4.3　徒手画平面图形举例

在画徒手图时应尽量利用方格纸上的线条和方格纸的对角点。图形的大小比例，特别是图形各几何元素的大小和位置，应做到大致符合比例，应有意识地培养目测的能力。

如图 1-30 所示的平面图形，其作图步骤如下：

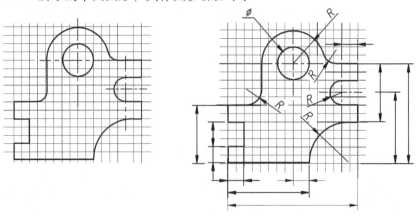

图 1-30　徒手绘画平面图形举例

① 利用方格纸的线条和对角点画出作图的基准线、圆的中心线及其他已知线段；

② 画出连接线；

③ 标注尺寸。

第 2 章　点、直线和平面的投影

【学习目标】

了解三面投影体系的建立，理解三视图的形成，掌握点、直线、平面的投影特性。

【学习重点】

三视图的形成；点、线和面的基本投影规律。

2.1　投影法的基本知识

2.1.1　投影法

物体在光线照射下，会在地面或墙面上留下影子。将这一自然现象作几何抽象，总结其中规律，就产生了投影法。如图 2-1 所示，设点 S 为投影中心，平面 P 为投影面，空间点 A、B、C 分别与 S 的连接直线 SA、SB、SC 在 P 的交点 a、b、c，称为对应点 A、B、C 在平面 P 上的投影。连线 SA、SB、SC 称为投射线。这种使物体在预定平面上产生图形的方法称为投影法。

2.1.2　投影法的分类

2.1.2.1　中心投影法

如图 2-1 所示，投影线汇聚于空间一点（投影中心）的投影方法，称为中心投影法。中心投影法不能反映物体的真实大小，所以机械图样上不采用中心投影法。

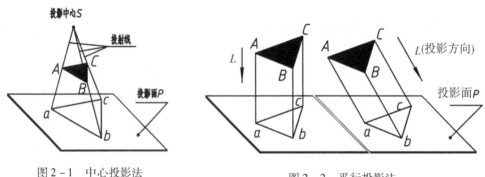

图 2-1　中心投影法　　　　　　　　　　图 2-2　平行投影法

2.1.2.2　平行投影法

投射线都互相平行的投影方法称为平行投影法（图 2-2），投射线的方向 L 称为投影方向。按照投影方向 L 与投影面 P 的夹角关系又可分为两种：

（1）斜投影法　投影方向倾斜于投影面。

（2）正投影法　投影方向垂直于投影面。正投影法作图方便，在工程图样中得到广泛的应用。本书主要叙述正投影法，以下称"投影"，如未另作声明，均指正投影法得到的投影。

2.1.3　正投影的基本性质

2.1.3.1　实形性

当直线或平面平行于投影面时，其投影反映原直线的实长或原平面的实形（图 2 - 3）。

2.1.3.2　积聚性

当直线或平面垂直于投影面时，其投影有积聚性，即直线的投影为一点，平面的投影为一直线段（图 2 - 4）。

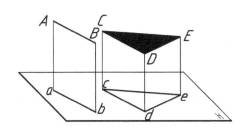

图 2 - 3　投影的实形性

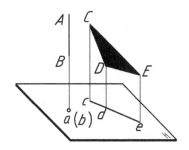

图 2 - 4　投影的积聚性

2.1.3.3　类似性

当直线或平面与投影面倾斜时，其投影为类似形，即直线的投影为缩短了的一段直线；平面的投影为原平面的类似形（图 2 - 5a、b）。

2.1.3.4　从属性

点 D 在直线 CE 上，则点 D 的投影 d 一定在直线的投影 ce 上（图 2 - 6）。

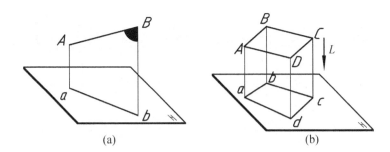

(a)　　　　　　　　　　　　(b)

图 2 - 5　投影的类似性

2.1.3.5　定比性

点分线段成定比，在其投影上，该比例保持不变的性质（图 2 - 6），即 $CD : DE = cd : de$。

2.1.3.6 平行性

空间两条直线平行，其投影仍保持平行，即 $AB /\!/ CD$，则 $ab /\!/ cd$（图 2-6）。

根据上述性质可知，正投影法绘制物体的投影图时，比较简便且度量性好，故在工程图样中得到广泛的应用。

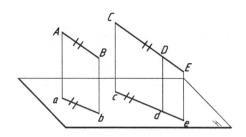

图 2-6　投影的平行性、定比性

2.2　三面投影体系与物体的三视图

2.2.1　三面投影体系与物体的三视图

2.2.1.1　单面投影

点的投影仍然为点，如图 2-7a 所示，S 为投射方向，空间点 A 在 H 投影面上有唯一的投影 a，但投影 a 不能唯一确定点 A 的空间的位置（也可以是 A_1、A_2 等），由此可见，点的一个投影不能确定点的空间位置。同样，仅有物体的单面投影也无法确定空间物体的真实形状，如图 2-7b 所示为某物体在 H 面的投影，该投影可能是不同物体的投影。为了唯一确定几何元素的空间位置及物体的真实形状，必须增加投影面及在该投影面上的投影，因此引入物体的多面投影。

2.2.1.2　三投影面体系

如图 2-8 所示，三个相互垂直的投影面 V、H 和 W 构成三投影面体系，正立放置的投影面 V 称为正立投影面，简称正立面或 V 面；水平放置的投影面 H 称为水平投影面，

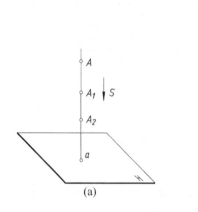

(a)

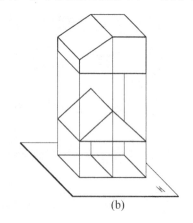

(b)

图 2-7　单面投影

简称水平面或 H 面；侧立放置的投影面 W 称为侧立投影面，简称侧立面或 W 面。投影面的交线称为投影轴即 OX、OY、OZ，三投影轴的交点 O 称为原点。

　　三投影面体系将空间分为八个区域，分别称第一、第二……第八分角。我国国家标准"图样画法"（GB/T 17451—1998）规定，技术图样优先采用第一角法，所以本书主要讨论物体在第一分角的投影。

　　物体分别对三个投影面投影，形成三面投影，如图 2 -9 所示。在画物体投影图时，需将三个投影面展开到同一平面上。展开的方法是 V 面保持不动，H 面绕 OX 轴向下旋转 $90°$ 与 V 面重合，W 面绕 OZ 轴向右旋转 $90°$ 与 V 面重合，得到物体的三面投影，如图 2 -9b 所示。其中 OY 轴随 H 面旋转时以 OY_H 表示，随 W 面旋转时以 OY_W 表示，在投影图上一般不画出投影面的边界，如图 2 -9c 所示。

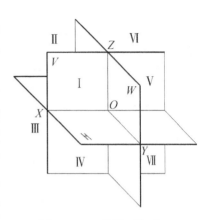

图 2 - 8　三投影面体系

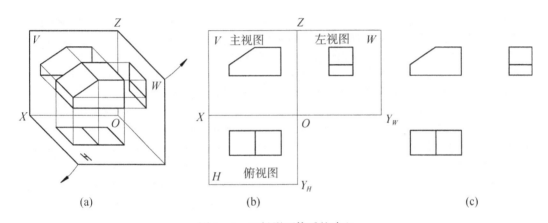

(a)　　　　　　　　(b)　　　　　　　　(c)

图 2 - 9　三投影面体系的建立

2.2.1.3　三视图的形成

　　物体的多面正投影也称为物体的视图。如图 2 -9a 所示，在三投影面体系中，物体向 V、H 和 W 面上的投影，通常称为物体的三视图，其中：

　　正面投影，即物体从前向后投射所得的投影，称为主视图；

　　水平投影，即物体从上向下投射所得的投影，称为俯视图；

　　侧面投影，即物体从左向右投射所得的投影，称为左视图。

　　如图 2 -9b 所示为投影面展开后三视图的配置关系：主视图保持不动，俯视图在主视图的正下方；左视图在主视图的正右方。

　　由于物体的三视图是按正投影绘制的，三视图的大小与物体相对于投影面的距离无关。即改变物体与投影面的相对距离，并不会引起视图的变化。工程上在作三视图时，可不画出投影轴和投影面边框线，如图 2 -9c 所示。

2.2.2 三视图的投影规律及方位对应关系

物体左右之间的距离称为长，上下之间的距离称为高，前后之间的距离称为宽，主视图反映物体的高度和长度，俯视图反映物体的长度与宽度，左视图反映物体的高度和宽度，如图 2 - 10 所示。由三投影面展开的结果可得出三视图之间的投影关系：

主、俯视图——共同反映物体的长度方向的尺寸，简称"长对正"；

主、左视图——共同反映物体的高度方向的尺寸，简称"高平齐"；

俯、左视图——共同反映物体的宽度方向的尺寸，简称"宽相等"。

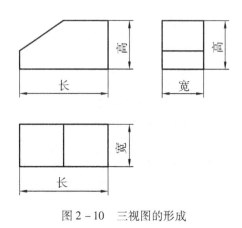

图 2 - 10　三视图的形成

2.3　点、直线和平面的投影

2.3.1　点的投影

2.3.1.1　点的三面投影

由空间点 A 分别向三个投影面 H、V 和 W 作投射线，其交点 a、a'、a'' 即为点 A 在 H 面、V 面和 W 面的投影，如图 2 - 11a 所示，a 称为点 A 的水平投影；a' 称为点 A 的正面投影；a'' 称为点 A 的侧面投影。规定空间点用大写字母如 A、B、C…表示，其水平投影用小写字母 a、b、c…表示，正面投影用 a'、b'、c'…表示，侧面投影用 a''、b''、c''…表示（也可用罗马数字表示空间点如 I，相应的阿拉伯数字表示其投影如 1、1′、1″）。图2 - 11b 所示为将点 A 的三面投影面展开到同一平面上，图 2 - 11c 所示为点的三面投影图。

2.3.1.2　点的三面投影规律

将三面投影图的投影轴视为空间直角坐标轴，则空间点 A 可标记为图 2 - 11a 中 A（x，y，z），它表示空间点 A 的直角坐标为 x、y、z，则点的水平投影 a 可确定点 A 的 x、y，正面投影 a' 可确定点 A 的 x、z，侧面投影 a'' 可确定点 A 的 y、z，即点 A 的三面投影可确定点 A 的坐标值，也就确定了其空间位置。由图 2 - 11a 可知，$aa_x \perp OX$，$a'a_x \perp OX$，$a'a_z \perp OZ$，$a''a_z \perp OZ$，$aa_y \perp OY$，$a''a_y \perp OY$。三投影面展开后这些垂直关系不变，即有 $aa' \perp OX$，$a'a'' \perp OZ$；又由于 OY 轴分为 OY_H 和 OY_W，故有 $aa_{yh} \perp OY_H$，$a''a_{yh} \perp OY_W$。它们称为投影连线，其中 aa_{yh} 与 a_{yw}（或作45°线画出正方形）保证它们的关系。因此，可以

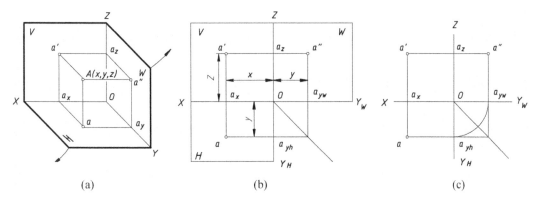

图 2 – 11　点的三面投影

得出点的投影规律：

（1）点的 H 面与 V 面的投影连线垂直于 OX 轴，即 $aa' \perp OX$，这两个投影都反映空间点 A 的 x 坐标，即 $a'a_z = aa_{yh} = x_A$。

（2）点的 V 面与 W 面的投影连线垂直于 OZ 轴，即 $a'a'' \perp OZ$，这两个投影都反映空间点 A 的 z 坐标，即 $a'a_x = a''a_{yw} = z_A$。

（3）点的 H 面投影到 OX 轴的距离等于点的 W 面投影到 OZ 轴的距离，这两个投影都反映空间点 A 的 y 坐标，即 $aa_x = a''a_z = y_A$。

作图时，为了表示 $aa_x = a''a_z$ 的关系，常用过原点 O 的 45°斜线或以 O 为圆心的圆弧把点 A 的 H 面与 W 面投影关系联系起来，如图 2 – 11c 所示。

根据点的投影规律，可由点 A 的三个坐标值（x，y，z）画出三面投影，而点的两个投影即可反映该点的三个坐标（x，y，z），因此也可根据点的两个投影作出第三投影。

【应用实例 2 – 1】

已知点 A 的两面投影和点 B 的坐标为（25，20，30），求点 A 的第三面投影及点 B 的三面投影（如图 2 – 12a 所示）。

解答：

①过原点 O 作 45°辅助线。

②过 a 作平行于 OX 轴的直线与 45°辅助线相交一点，过交点作垂直于 OY_W 的直线，该直线与过 a′且平行于 OX 轴的直线相交于一点即为 a″。

③在 OX 轴取 $Ob_x = 25$，过 b_x 作 OX 轴的垂线，取 $b'b_x = 30$，得 b′；取 $bb_x = 20$，得 b。

④过 b 作平行于 OX 轴的直线与 45°辅助线相交一点，由该点向上作 OY_W 轴的垂线，与过 b′作 OZ 轴的垂线相交，此交点即为点 B 的 W 面投影 b″。

2.3.1.3　点的相对位置及重影点

（1）点的相对位置

空间点的相对位置可以在三面投影中直接反映出来。如图 2 – 13a 所示，长方体上的两点 C、E，在三面投影（图 2 – 13b）中，其 V 面投影反映两点上下、左右的关系，其 H 面投影反映两点左右、前后的关系，其 W 面投影反映现点上下、前后的关系。

C、E 两点空间的相对位置是：点 C 在上，点 E 在下；点 C 在左，点 E 在右；点 C 在

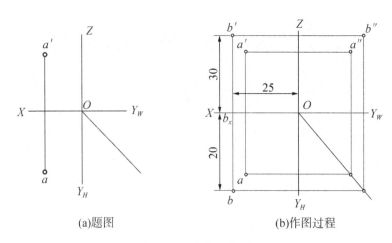

(a)题图　　　　　　　　　　　　(b)作图过程

图 2－12　求作点的投影

后，点 E 在前。

（2）重影点

若两点在某一投影面的投影重合在一起，则此两点称该投影面的重影点。如图 2－13 所示，两点 A、B 在 H 面上的投影为重影点。重影点的可见性由两点相对于投影面的位置判别。

点 A 的 Z 坐标大于点 B 的 Z 坐标，点 A 在上点 B 在下，点 A 挡住点 B，即点 A 的水平投影可见，而点 B 的水平投影不可见，这时点 B 在 H 面上的投影标记为（b）。

同理，点对 V 面、W 面的重影点也可以通过比较两点的 y 坐标和 x 坐标来判断其投影的可见性。不可见点的投影加括号表示，如图 2－13 c 所示。

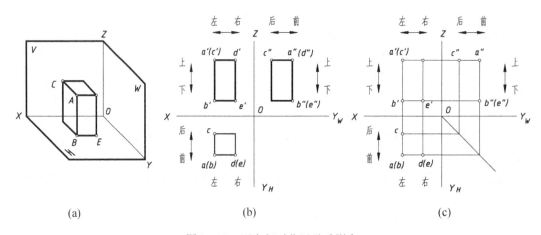

(a)　　　　　　　　　(b)　　　　　　　　　(c)

图 2－13　两点相对位置及重影点

2.3.2　直线的投影

2.3.2.1　各种位置直线的投影特点

根据直线在三投影面体系中的位置，可将直线分为三类：一般位置直线、投影面平行线、投影面垂直线。对三个面都倾斜的直线称为一般位置直线；平行于某一投影面，同时倾斜于另外两个投影面的直线称为投影面平行线；垂直于某一投影面（必平行于另外两个投影面）的直线称为投影面垂直线。

（1）一般位置直线

一般位置直线对三个投影面都倾斜，直线对 H、V、W 面的倾角分别用 α、β、γ 来表示。其三面投影仍为直线，反映其类似性，即有 $ab = AB\cos\alpha < AB$，$a'b' = AB\cos\beta < AB$，$a''b'' = AB\cos\gamma < AB$，如图 2-14 所示。

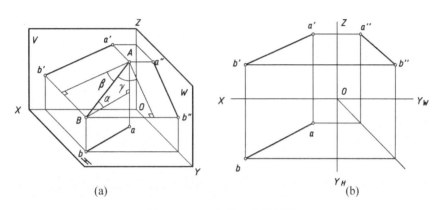

(a)　　　　　　　　　　　　　(b)

图 2-14　一般位置直线投影

（2）投影面平行线

平行于某一投影面的直线称投影面平行线，其投影特性见表 2-1。

表 2-1　投影面平行线的投影

名称	水平线（∥H 面，对 V、W 面倾斜）	正平线（∥V 面，对 H、W 面倾斜）	侧平线（∥W 面，对 H、V 面倾斜）
轴测图			
投影图			

35

名称	水平线（//H 面，对 V、W 面倾斜）	正平线（//V 面，对 H、W 面倾斜）	侧平线（//W 面，对 H、V 面倾斜）
投影特性	1. 水平投影 $ab = AB$； 2. 正面投影 $a'b'$ // OX，侧面投影 $a''b''$ // OY_W，都不反映实长； 3. ab 与 OX 夹角反映 β 实际大小，ab 与 OY 夹角反映 γ 实际大小	1. 正面投影 $a'b' = AB$； 2. 水平投影 ab // OX，侧面投影 $a''b''$ // OZ，都不反映实长； 3. $a'b'$ 与 OX 夹角反映 α 实际大小，$a'b'$ 与 OZ 夹角反映 γ 实际大小	1. 侧面投影 $a''b'' = AB$； 2. 水平投影 ab // OY_H，正面投影 $a'b'$ // OZ，都不反映实长； 3. $a''b''$ 与 OY_W 夹角反映 α 实际大小，$a''b''$ 与 OZ 夹角反映 β 实际大小

（3）投影面垂直线

垂直于某一投影面的直线称投影面垂直线，其投影特性见表 2－2。

表 2－2 投影面垂直线的投影

名称	铅垂线（⊥H 面，//V、W 面）	正垂线（⊥V 面，//H、W 面）	侧垂线（⊥W 面，//H、V 面）
轴测图			
投影图			
投影特性	1. 水平投影 $a(b)$ 积聚成一点； 2. 正面投影 $a'b' \perp OX$，侧面投影 $a''b'' \perp OY_W$，$a'b' = a''b'' = AB$	1. 正面投影 $a'(b')$ 积聚成一点； 2. 水平投影 $ab \perp OX$，侧面投影 $a''b'' \perp OZ$，$ab = a''b'' = AB$	1. 侧面投影 $a''(b'')$ 积聚成一点； 2. 水平投影 $ab \perp OY_H$，正面投影 $a'b' \perp OZ$，$ab = a'b' = AB$

2.3.2.2　属于直线上的点

（1）属于直线上的点

点在直线上，则点的投影必在直线的同面投影上；反之，若点的投影在直线的同面投影上，则点必在直线上，如图 2 - 15a、b 所示。

根据点在直线上这一属性就可以从它们的两面投影判断 C、D 两点是否在直线 AB 上。如图 2 - 15c 所示，由于 c' 不在 $a'b'$ 上，d 不在 ab 上，故 C、D 都不在直线 AB 上。

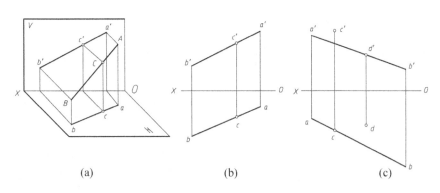

（a）　　　　　　　　（b）　　　　　　　　（c）

图 2 - 15　直线上的点

（2）点分直线成定比

直线上的点分直线为定比，该点的投影分直线的投影为空间相同的比例：$AC : CB = ac : cb = a'c' : c'b'$，如图 2 - 15a、b 所示。

2.3.3　平面的投影

2.3.3.1　各种位置平面的投影特点

空间平面可用下列任意一组几何元素来表示，如图 2 - 16 所示。一般可分为五种形式：不在同一直线上的三点（图 2 - 16a）、一直线和直线外一点（图 2 - 16b）、相交两直线（图 2 - 16c）、平行两直线（图 2 - 16d）、任意平面图形（图 2 - 16e）。

根据平面在三投影面体系中所处的位置，可将平面分为三类。

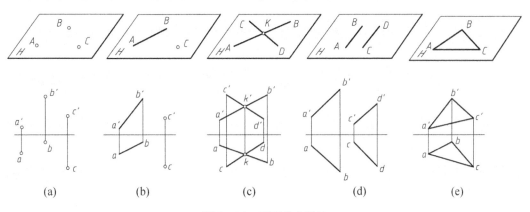

（a）　　　　　（b）　　　　　（c）　　　　　（d）　　　　　（e）

图 2 - 16　平面的表示法

（1）一般位置平面的投影

一般位置平面对三个投影面都是倾斜的，如图 2 - 17 所示。平面 $\triangle ABC$ 与 V、H、W 面倾斜，平面对 H、V、W 面的倾角分别用 α、β、γ 来表示，因此其三面投影均为三角形，且面积比原图形小，反映为类似形，即 $\triangle abc$、$\triangle a'b'c'$、$\triangle a''b''c''$ 均小于 $\triangle ABC$，如图 2 - 17 所示。

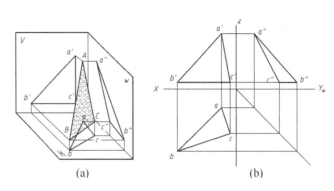

（a）　　　　　　　　　　（b）

图 2 - 17　一般位置平面的投影

（2）投影面垂直面的投影

垂直于一个投影面与另外两个投影面倾斜的平面称为投影面垂直面，垂直 H 面的平面称铅垂面；垂直 V 面的平面称正垂面；垂直 W 面的平面称侧垂面。投影面垂直面的投影特性见表 2 - 3。

表 2 - 3　投影面垂直面的投影

名称	铅垂面（H 面）	正垂面（V 面）	侧垂面（W 面）
轴测图			
投影图			
投影特性	1. 水平投影积聚成一直线； 2. 正面投影和侧面投影均为原形的类似形	1. 正面投影积聚成一直线； 2. 水平投影和侧面投影均为原形的类似形	1. 侧面投影积聚成一直线； 2. 水平投影和正面投影均为原形的类似形

（3）投影面平行面的投影

平行于一个投影面的平面称为投影面平行面，平行 H 面的平面称水平面；平行 V 面的平面称正平面；平行 W 面的平面称侧平面。投影面平行面的投影特性见表 2 - 4。

表 2 - 4　投影面平行面的投影

名称	水平面（∥H 面）	正平面（∥V 面）	侧平面（∥W 面）
轴测图	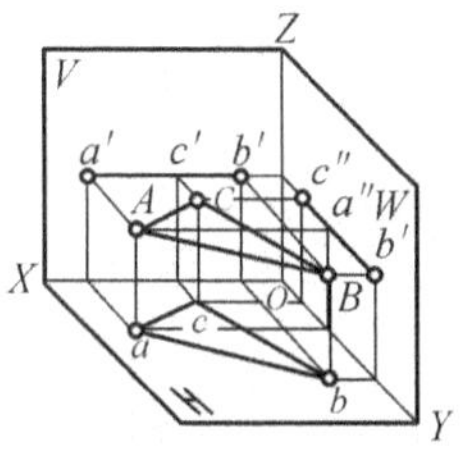	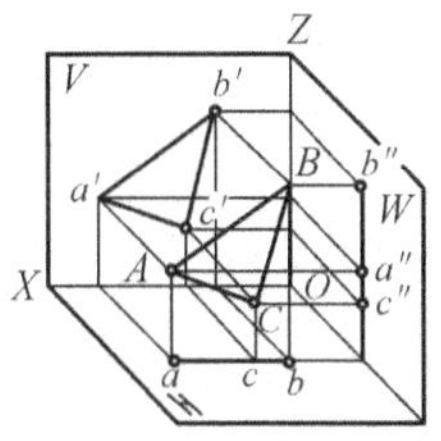	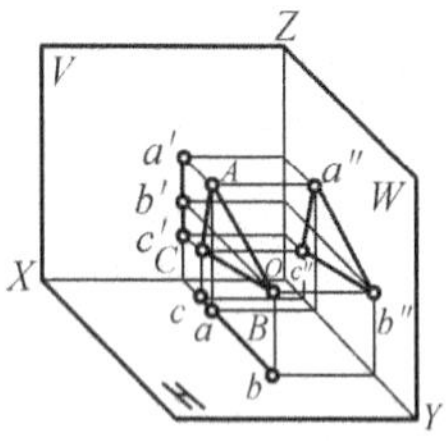
投影图	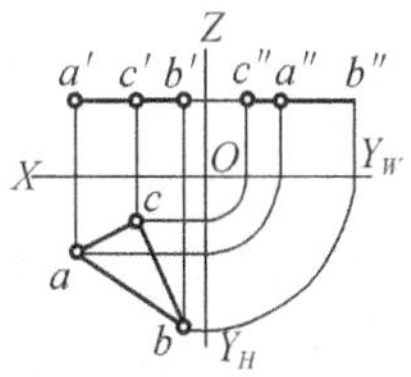	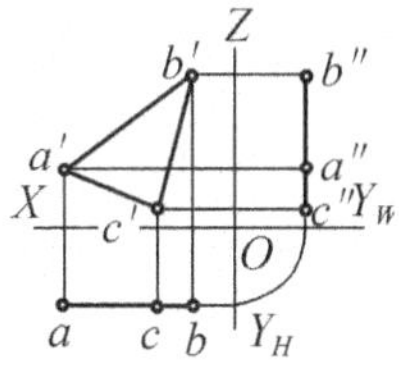	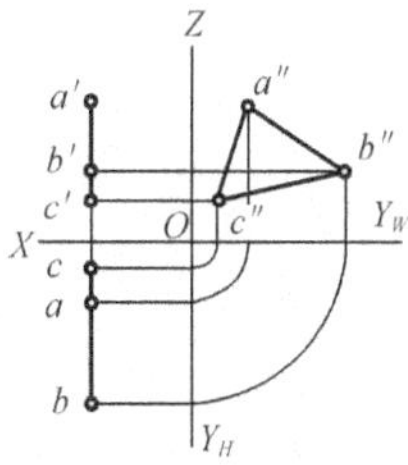
投影特性	1. 水平投影反映实形； 2. 正面投影积聚成一直线，并平行于 OX 轴； 3. 侧面投影积聚成一直线，并平行于 OY_W 轴	1. 正面投影反映实形； 2. 水平投影积聚成一直线，并平行于 OX 轴； 3. 侧面投影积聚成一直线，并平行于 OZ 轴	1. 侧面投影反映实形； 2. 水平投影积聚成一直线，并平行于 OY_H 轴； 3. 正面投影积聚成一直线，并平行于 OZ 轴

2.3.3.2　平面内的点和线、平面内的投影面平行线

（1）平面内的点和线

点在平面内的条件是：若点在平面内的任一已知直线上，则点在平面内。如图 2 - 18a 所示，点 M 和点 N 属于平面 H。

直线在平面内的条件是：

①若一直线通过平面内任意两已知点，则直线在平面内，如图 2 - 18b 所示。直线 MN 通过平面内两已知点 M、N，故直线 MN 在平面内。

②若一直线通过平面内任一已知点，且平行该平面内任一条不通过该点的已知直线，则直线在平面内，如图 2 - 18c 所示。直线 KL 通过平面内一个已知点 L，且平行于平面内的已知直线 BC，故 KL 在平面内（投影图中 kl∥bc，k'l'∥b'c'）。

（2）平面内的投影面平行线

属于平面且又平行于一个投影面的直线称为平面内的投影面平行线。

平面内平行于 H 面的直线称为平面内的水平线；平面内平行于 V 面的直线称为平面内的正平线；平面内平行于 W 面的直线称为平面内的侧平线。

如图 2 - 19a 所示，直线 AD 在△ABC 内，且 a'd'∥OX 轴，则 AD 为属于平面内的水

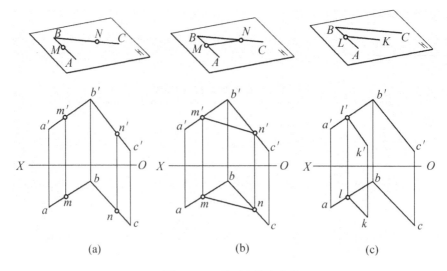

图 2 - 18　平面内的点和线

平线。同理直线 *CD* 为平面 △*ABC* 内的正平线，如图 2 - 19b 所示。

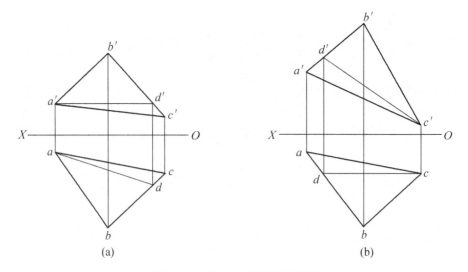

图 2 - 19　平面内的投影面平行线

第3章 立体及立体表面交线

【学习目标】

　　掌握基本平面立体和曲面立体的投影特性，以及表面取点线的方法；熟练掌握立体表面上常见交线的画法（截交线、相贯线）。

【学习重点】

　　掌握和熟练运用各种立体的投影特性求解表面取点线的方法；熟练求解立体表面上截交线和相贯线。

3.1　平面立体的投影及其表面交线

3.1.1　棱柱的投影及表面取点

　　图 3 – 1 为一正三棱柱，它由顶面、底面和三个侧棱面围成。正三棱柱铅垂放置时，其顶面、底面均为水平面，棱线垂直上下两底面。棱柱通常按它的底面边数命名，如底面边数为六边形，则称为六棱柱，且一般指正六棱柱。

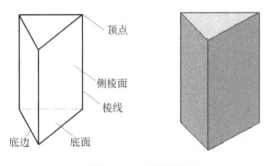

图 3 – 1　棱柱的形成

3.1.1.1　投影分析

　　如图 3 – 2 所示的六棱柱由上、下两个平行的正六边形平面和六个长方形侧面组成。它有六条互相平行且垂直于底面的侧棱。

　　如图 3 – 2a 所示，为了便于作图和读图，六棱柱在三投影面体系中的位置为：上底面和下底面与 H 面平行，为正六边形；V 面及 W 面投影积聚成水平直线。前后棱面为正平面，它们的正面投影反映实形，水平及侧面投影均积聚成直线。其他四个侧棱面均为铅垂面，它们的水平投影都积聚成直线，正面及侧面投影则为类似形。

　　画立体投影图时，可不画出投影轴。画六棱柱的三视图，一般先画出它的水平投影，

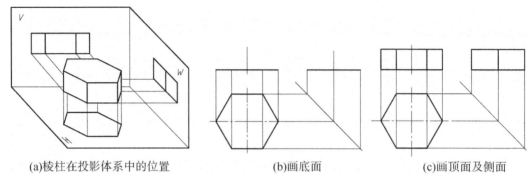

(a)棱柱在投影体系中的位置　　　　　(b)画底面　　　　　(c)画顶面及侧面

图 3-2　六棱柱的投影

即正六边形，然后再画它的正面投影和侧面投影，如图 3-2b、c 所示。作侧面投影时，可在适当位置画一条 45°线，然后按"宽相等"作图。

3.1.1.2　表面取点

【应用实例 3-1】

如图 3-3a 所示，已知点 M、N 在六棱柱表面上，并知点 M 的水平投影（m）和点 N 的正面投影 n'，求出点 M、N 的另外两个投影。

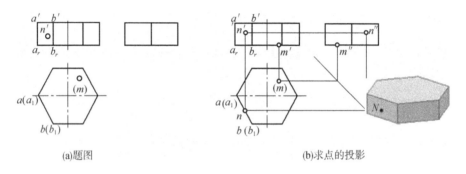

(a)题图　　　　　　　　　　　　(b)求点的投影

图 3-3　棱柱表面取点

解答：

如果立体表面的投影不可见，属于该平面的点的投影也不可见。已知点 M 的水平投影标记为（m），表示点 M 的水平投影不可见，故可判断点 M 必定在六棱柱下底面上，而下底面的正面和侧面投影都具有积聚性，因此 m'，m'' 必定各在下底面的同面投影上。由 n' 知，点 N 应在侧棱面 AA_1B_1B 上，这一棱面是铅垂面，其水平投影积聚成直线 $a(a_1)$ $(b_1)b$，点 N 的水平投影必然在此直线上，故由点 n' 向下引投影连线与直线 ab 相交得点 n，即为点 N 的水平投影。由 n'、n 可求出 n''，如图 3-3b 所示。

3.1.2　棱锥的投影及表面取点

如图 3-4 所示为一正四棱锥。正四棱锥由正方形的底面和四个相同的等腰三角形的侧棱面围成。

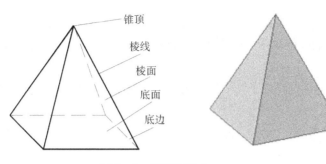

图 3 - 4　棱锥的形成

3.1.2.1　投影分析

为便于作图和读图，棱锥在三投影面体系中的位置一般使其底面平行于水平投影面，如图 3 - 5a 所示。这时三棱锥的底面 △ABC 是水平面，其水平投影为反映实形的 △abc；其正面投影和侧面投影积聚成水平直线。后侧棱面 △SAC 是侧垂面，其侧面投影积聚成直线，其余两个投影 △sac、△s'a'c' 为类似形。左右两个侧棱面为一般位置平面，它们的三个投影均为类似的三角形。锥顶 S 的三个投影分别是 s、s'、s"。

作图时，先画出底面 △ABC 的各个投影，再作出锥顶 S 的各个投影，然后连接各棱线即得正三棱锥的三面投影，如图 3 - 5b、c 所示。

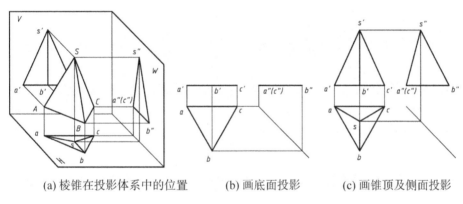

(a) 棱锥在投影体系中的位置　　(b) 画底面投影　　(c) 画锥顶及侧面投影

图 3 - 5　三棱锥的投影

3.1.2.2　表面取点

【应用实例 3 - 2】

如图 3 - 6a 所示，已知点 M、N 在三棱锥表面上，并知它们的正面投影 m'、n'，求出点 M、N 的另外两个投影。

解答：

根据上一章所述的点在平面内的条件，求解方法如图 3 - 6b 所示。要在三棱锥表面上取点，必须先在该平面上作一辅助线，然后在作出的辅助线上确定该点。具体作图步骤如下：

① 连 s'm' 并延长交 a'b' 于点 1'；

② 由 1' 向下作投影连线，交 ab 于点 1，连 s1；

③ 从 m' 向下作投影连线交 $s1$ 于点 m，再根据点的投影规律求出点 m''。

点 N 的投影也可以用上述方法求取，由于点 N 在侧棱面 $\triangle SBC$ 上，也可以过点 N 在 $\triangle SBC$ 上作 BC 的并行线 $N\mathrm{II}$，即作 $n'2'\,/\!/\,b'c'$，再作 $n2\,/\!/\,bc$，求出 n，再根据点的投影规律求出点 n''。

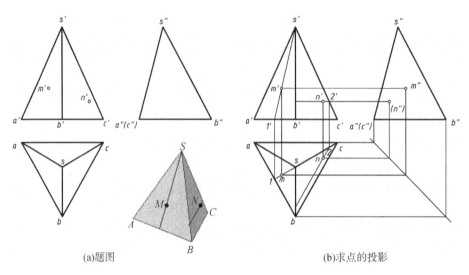

(a)题图 (b)求点的投影

图 3 - 6　棱锥表面取点

3.1.3　平面与平面立体相交

在机件上常有平面与立体相交（平面截切立体）而形成的交线，平面与立体表面相交的交线，称为截交线，这个平面称为截平面，立体上截交线所围成的平面图形称为截断面。被截切后的形体称为截断体，如图 3 - 7 所示。从图中可以看出，截交线既在截平面上，又在形体表面上，它具有如下性质：

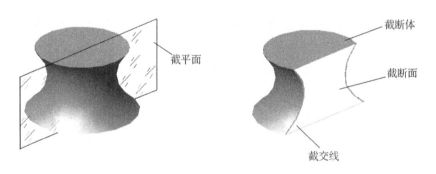

图 3 - 7　截交线的概念

（1）截交线上的每一点既是截平面上的点又是形体表面的点，是截平面与立体表面共有点的集合。

（2）因截交线是属于截平面上的线，所以截交线一般是封闭的平面图形。

【应用实例 3 – 3】

平面截切六棱柱，完成左视图投影（图 3 – 8a）。

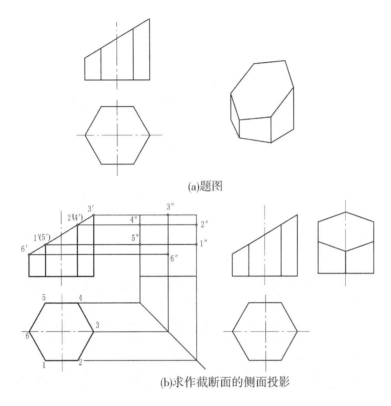

(a)题图

(b)求作截断面的侧面投影

图 3 – 8　平面截切六棱柱

解答：

求解方法如图 3 – 8b 所示。

① 先画出完整六棱柱的侧面投影图。

② 因截平面为正垂面，六棱柱的六条棱线与截平面的交点的正面投影 1′、2′、3′、4′、5′、6′可直接确定。

③ 六棱柱的水平投影有积聚性，各棱线与截平面交点的水平投影 1、2、3、4、5、6 可直接求出。

④ 根据直线上点的投影性质，在六棱柱的侧面投影上，求出相应点的侧面投影 1″、2″、3″、4″、5″、6″。

⑤ 将各点的侧面投影依次连接起来，即得到截交线的侧面投影，并判断其可见性。

⑥ 在图上将被截平面切去的顶面及各条棱线的相应部分去掉，并注意可能存在的不可见棱边线的投影，用虚线表示。

【应用实例 3 – 4】

完成切口六棱柱的投影（图 3 – 9）。

解答：

求解方法如图 3 – 9b。

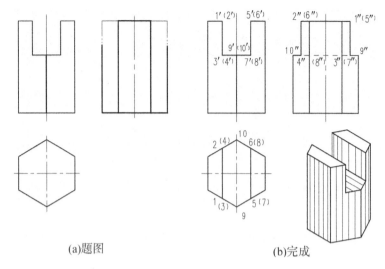

(a)题图　　　　　　　　　　　　　(b)完成

图 3 - 9　切口六棱柱

①由 1′、(2′)、3′、(4′) 求出 1、2、(3)、(4)，由 5′、(6′)、7′、(8′) 求出 5、6、(7)、(8)。然后根据投影关系求出 1″、2″、3″、4″和 (5″)、(6″)、(7″)、(8″) 矩形 Ⅰ Ⅱ Ⅳ Ⅲ 和矩形 Ⅴ Ⅵ Ⅷ Ⅶ 的侧面投影重合。

②由 9′、(10′) 求出 9、10，根据 9′、(10′) 和 9 、10 求出 9″、10″，则得到六边形 Ⅲ Ⅳ Ⅹ Ⅷ Ⅶ Ⅸ 的水平投影和侧面投影。由于是切口，因而自Ⅸ 、Ⅹ 以上两棱线被切去，其正面投影和侧面投影不应画出。3″4″、(7″) (8″) 重合且都不可见，应画成虚线。

③补全六棱柱被切割后各侧棱的投影。

【应用实例 3 - 5】

如图 3 - 10a 所示，三棱锥被一正垂面斜切，已知其正面投影，求水平投影。

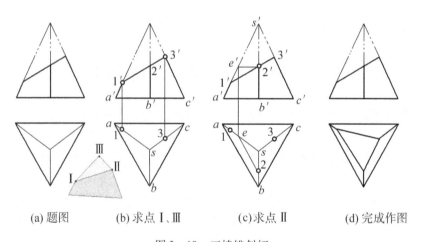

(a) 题图　　　(b) 求点 Ⅰ、Ⅲ　　　(c) 求点 Ⅱ　　　(d) 完成作图

图 3 - 10　三棱锥斜切

解答：

作图步骤：

①截交线各顶点的正面投影为 1′、2′、3′，如图 3 - 10b 所示。

② 由点 1′、3′引投影连线与水平投影中对应棱线的投影相交，即得截交线顶点Ⅰ、Ⅲ的水平投影 1、3。

③点Ⅱ的水平投影 2 是通过在三棱锥侧面△SAB 上作辅助线Ⅱ E∥AB 求出，如图 3 - 10c 所示。

④ 连接点 1、2、3 得截交线的水平投影，完成三棱锥的水平投影，如图 3 - 10c 所示。

3.2　曲面立体的投影及其表面交线

3.2.1　曲面立体的投影

曲面立体是由曲面或曲面与平面所围成。

曲面可分为规则曲面和不规则曲面两种。规则曲面可看作由一条线按一定的规律运动所形成，运动的线称为母线，而曲面上任一位置的母线称为素线。

母线绕轴线旋转则形成回转面。回转面的形状取决于母线的形状及母线与轴线的相对位置。母线任一点绕轴线回转一周所形成的轨迹称为纬圆。纬圆的半径是该点到轴线的距离，纬圆所在的平面垂直于轴线。

本节仅讨论由回转面组成的立体——回转体。作回转体的投影主要是画出回转面的转向线投影。回转面转向线是投射线与曲面切点的集合，它是曲面的可见与不可见部分的分界线。

3.2.1.1　圆柱体

（1）圆柱体的投影

圆柱是由一平行于轴线的母线绕轴线旋转一周形成的，如图 3 - 11a 所示。它有两个底面（圆形表面）和一个回转面（圆柱面），如图 3 - 11b 所示。

圆柱面的母线是与轴线平行的直线段，所以，圆柱面的素线都与轴线平行，所有纬圆的直径相同，如图 3 - 11c 所示。

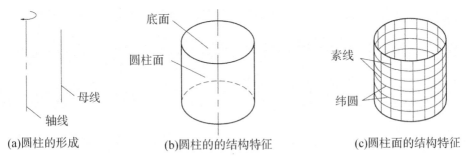

(a)圆柱的形成　　　(b)圆柱的的结构特征　　　(c)圆柱面的结构特征

图 3 - 11　圆柱的形成

（2）投影分析

如图 3 - 12a 所示，圆柱的轴线垂直于 H 面，其上、下底圆为水平面，水平投影反映实形，其正面和侧面投影积聚为一直线。圆柱面的水平投影积聚为圆周，与顶圆和底圆的水平投影重合。圆柱面正面投影轮廓线 $a'a'_1$、$b'b'_1$ 是最左、最右素线 AA_1、BB_1（转向线）的投影，AA_1、BB_1 将圆柱面分成可见的前半部分与不可见的后半部分。圆柱面的侧面投影轮廓线 $c''c''_1$、$d''d''_1$ 是最前、最后素线 CC_1、DD_1（转向线）的投影，CC_1、DD_1 将圆柱面分成可见的左半部分与不可见的右半部分。

作图时，先画出圆柱的轴线和圆的对称中心线，然后画出具有积聚性的水平投影（圆），再根据投影关系画出正面投影和侧面投影（两个一样大小的长方形）。由于 $a'a'_1$、$b'b'_1$ 仅是圆柱面正面投影的轮廓线，而不是圆柱面上真实存在的一条线的投影，因此不画出其相应的侧面投影（也可认为它们与轴线的投影重合），而它们的水平投影则为圆的水平中心线与圆周的交点，如图 3 - 12b 所示。同理，$c''c''_1$、$d''d''_1$ 也不画出其相应的正面投影（也可认为它们与轴线的投影重合），而它们的水平投影则为圆的竖直中心线与圆周的交点，如图 3 - 12 所示。

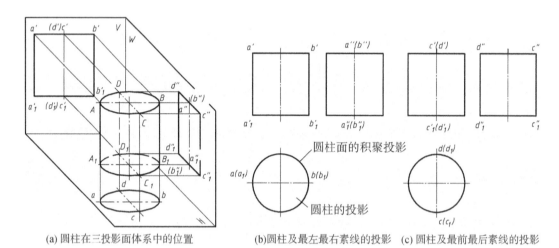

(a) 圆柱在三投影面体系中的位置　　(b)圆柱及最左最右素线的投影　(c) 圆柱及最前最后素线的投影

图 3 - 12　圆柱的投影

（3）圆柱表面找点

【应用实例 3 -6】

如图 3 -13a 所示，已知点 A、B、C 在圆柱表面上，并知它们的正面投影 a'、b'、(c')，求出 A、B、C 的另外两个投影。

解答：

根据点的已知投影来判断点在圆柱面的哪个位置：由 a' 得知点 A 应在圆柱面的最左素线上；由 b' 可知点 B 在圆柱面的最前素线上；又由 (c') 可知，点 C 应在后半部分圆柱面上。

由于圆柱面的水平投影积聚成圆周，故点 A、B、C 的水平投影必然在此圆上。由 a' 向下引投影连线交圆的最左点 a，由 a'、a 可求出 a''；因为点 A 在圆柱面的最左素线上，它的侧面投影可见。由 b' 向下引投影连线交圆的最前点 b，由 b'、b 可求出 b''；因为点 B 在圆柱面的最前素线上，它的侧面投影也可见。由 (c') 向下引投影连线交圆的后半圆于点 c，由 (c')、c 可求出 (c'')；因为点 C 在右半部分圆柱面上，它的侧面投影 (c'') 不可见。

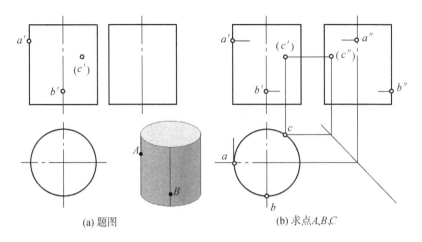

(a) 题图 (b) 求点 A,B,C

图 3 - 13 圆柱表面取点

3.2.1.2 圆锥体

如图 3 - 14a 所示，圆锥是由一条母线绕与它相交的轴线旋转一周形成的，它具有一个底面（圆形平面）和一个回转面（圆锥面），如图 3 - 14b 所示。母线与轴线的交点称为锥顶。圆锥面的所有素线都交于锥顶，并且与底面的倾角相等。圆锥面上的纬圆大小不等，越靠近锥顶，直径越小，如图 3 - 14c 所示。

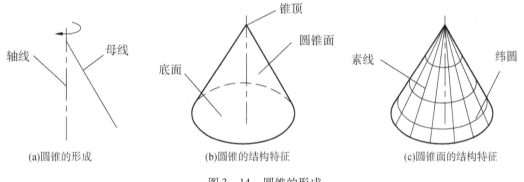

(a)圆锥的形成 (b)圆锥的结构特征 (c)圆锥面的结构特征

图 3 - 14 圆锥的形成

（1）投影分析

如图 3 - 15a 所示，圆锥在三投影面体系中的位置是圆锥的轴线垂直于 H 面。底面为水平面，水平投影反映实形（圆），其正面和侧面投影各积聚成水平直线。圆锥面的水平投影与底圆的投影重合。圆锥面的正面投影是最左、最右素线 SA、SB 的投影 $s'a'$、$s'b'$，SA、SB 将圆锥面分成可见的前半部分与不可见的后半部分。圆锥面的侧面投影是素线 SC、SD 的投影 $s''c''$、$s''d''$，SC、SD 将圆锥面分成可见的左半部分与不可见的右半部分。

作图时，先画出轴线和圆的对称中心线的投影，然后画出圆锥的水平投影（圆），再画它的正面和侧面投影（两个一样大小的三角形）。与圆柱类似，不画出 SA、SB 的侧面投影，其水平投影则是与圆的水平中心线重合的直线（不另画出），如图 3 - 15b 所示；也不画出 SC、SD 的正面投影，其水平投影则是与圆的竖直中心线重合的直线（不另画出），如图 3 - 15c 所示。

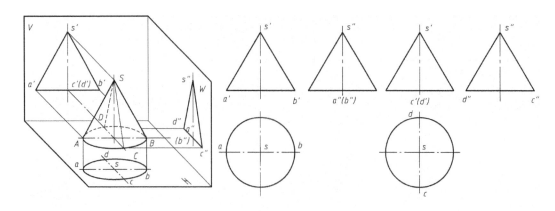

(a)圆锥在三投影面体系中的位置   (b)圆锥及其最左最右   (c)圆锥及其最前最后素线
                                          素线的投影   的投影

图 3 – 15   圆锥的投影

（2）表面取点

【应用实例 3 – 7】

如图 3 – 16a 所示，已知点 A 在圆锥表面上，并知它的正面投影 a'，可采用下列两种方法求出点 A 的水平投影 a 和侧面投影 a''。

解答：

方法一：辅助素线法。在锥面上过点 A 作素线 SA，并延长与底圆的前半周（因 a' 可见，点 A 应在前半圆锥面）交于点 E，画出直线 SE 的投影 se、$s'e'$ 和 $s''e''$，再根据点线的从属关系，求得点 A 的另外两个投影。因为点 A 在左半部分圆锥面上，它的侧面投影 a'' 可见，如图 3 – 16b 所示。

方法二：辅助纬圆法。过点 A 作一纬圆，它平行于底面，其正面投影为左右轮廓线间平行于底圆积聚投影的一段直线，长度反映纬圆的直径，水平投影反映纬圆的实形。因此可用这一段直线为直径作出辅助纬圆的水平投影，点 A 的水平投影在此纬圆的水平投影上；又因为 a' 可见且在左半部分圆锥面，故可在左前下角的圆周上求出 a。由 a 和 a' 可作出 a''，如图 3 – 16c 所示。

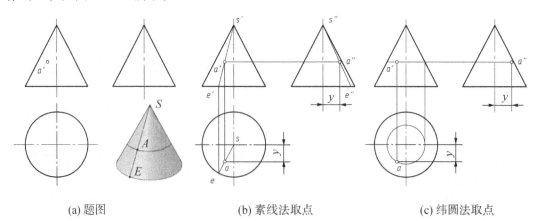

(a) 题图   (b) 素线法取点   (c) 纬圆法取点

图 3 – 16   圆锥表面取点

3.2.1.3　圆球体

如图 3 – 17 所示，一圆周绕自身的任一直径旋转一周即形成圆球面。若将圆周的轮廓线看成是一个圆母线，则形成的回转面称为圆面，简称球面。其实体称圆球体，简称球体、圆球或球。

（1）投影分析

如图 3 – 18a 所示的圆球，它的三个投影均为圆。这三个圆是圆球上三个不同方向的转向线的投影。平行于正面的转向线（圆周 *AECF*）将圆球分为可见前半球和不可见后半球；平行于水平面的转向线（圆周 *ABCD*）把圆球分为可见上半球和不可见下半球；平行于侧面的转向线（圆周 *BEDF*）将圆球分为可见左半球和不可见右半球。

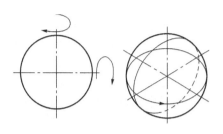

图 3 – 17　圆球的形成

作图时，先画出各圆的中心线，然后画出三个等直径的圆。

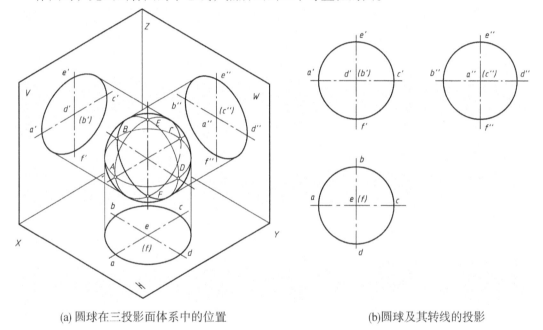

(a) 圆球在三投影面体系中的位置　　　　　　　　(b) 圆球及其转线的投影

图 3 – 18　圆球的投影

（2）表面取点

【应用实例 3 – 8】

如图 3 – 19a 所示，已知点 *A* 在球面上，并知它的正面投影 *a'*，求出点 *A* 的另外两个投影。

解答：

球面上无直线，需用纬圆法求取球面上点的投影。由 *a'* 可见，可知点 *A* 在左上前半部分球面上。过点 *A* 作平行于水平投影面的纬圆，它的水平投影反映纬圆的实形，如图 3 – 19b 所示，自 *a'* 引投影连线在此纬圆的水平投影得 *a*，由 *a*、*a'* 可求得 *a"*。由 *a'* 可知，

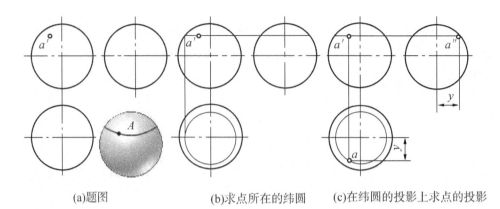

(a)题图　　　　　　(b)求点所在的纬圆　　(c)在纬圆的投影上求点的投影

图 3 – 19　圆球表面取点

点 A 在上半部分球面上，故 a 可见；又点 A 在左半部分球面上，故 a'' 也可见。

当然，也可作平行于 V 面或 W 面的辅助纬圆来作图。读者可自行分析。

3.2.2　曲面立体表面的交线

3.2.2.1　截交线

（1）截交线的画法

当平面与回转体相交时，所得的截交线是闭合的平面图形。截交线的形状取决于回转面的形状和截平面与回转面轴线的相对位置，一般为平面曲线。当截平面与回转面的轴线垂直时，任何回转面的截交线都是圆。求回转面截交线投影的一般步骤是：

① 分析截平面与回转体的相对位置，从而了解截交线的形状。

② 分析截平面与投影面的相对位置，以便充分利用投影特性（如积聚性、实形性）进行作图。

③ 当截交线的形状为非圆曲线时，应求出截平面与曲面的一系列共有点。先求出特殊点（大多数在回转体的转向线上），再求一般点，对回转体表面上的一般点可采用作辅助线的方法求得，然后光滑连接共有点，求得截交线投影。

（2）圆柱的截交线

平面截切圆柱，由于截平面与圆柱的相对位置不同，其截交线有三种情形：圆、椭圆、矩形（见表 3 – 1）。

注意：作图时，应特别留意轮廓线的投影；当截交线的投影为直线或圆时，可直接作图；当截交线为平面曲线时，应先作出所有特殊点的投影，再作出一定数量的一般点的投影，最后光滑连线并判断可见性，可见的线画成粗实线，不可见的线画成虚线。

表 3 – 1 平面与圆柱的截交线

截平面位置	垂直于轴线	倾斜于轴线	平行于轴线
截交线	圆	椭圆	平行二直线（连同与底面的交线为一矩形）
轴测图			
投影图			

【应用实例 3 – 9】

正垂面截切圆柱（图 3 – 20a），求圆柱截切后的另外两面投影。

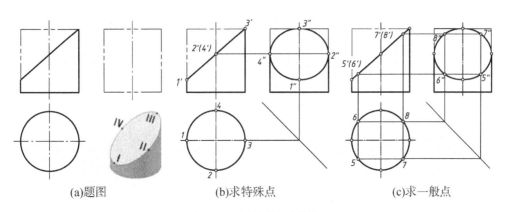

(a)题图   (b)求特殊点   (c)求一般点

图 3 – 20　圆柱截切为椭圆

解答：

作图步骤如图 3 – 20b 和 3 – 20c 所示。

①作特殊点　在已知的正面投影图上，各转向线投影（包括未画出的）与截平面积聚投影的交点 1′、2′、(3′)、4′为特殊点的投影，先作出它们的水平投影 1、2、3、4，由Ⅰ、Ⅱ、Ⅲ、Ⅳ四点的正面投影和水平投影可作出它们的侧面投影 1″、2″、3″、4″，并且其中点Ⅲ是最高点，点Ⅰ是最低点；点Ⅱ是最前点，点Ⅳ是最后点。根据对圆柱截交线椭圆的长、短轴分析，可以看出，垂直于正面的椭圆直径ⅡⅣ等于圆柱直径，是短轴，而与它垂直的直径ⅠⅢ是椭圆的长轴，长、短轴的侧面投影 1″3″，2″4″仍互相垂直，如图 3 –

20b 所示。

②作一般点　在截交线的积聚投影上取 5′(6′)、7′(8′)，其水平投影 5、6、7、8 在圆柱面积聚的投影（圆周）上。因此，可求出侧面投影 5″、6″、7″、8″，如图 3 - 20c 所示。一般点取点的多少可根据作图准确程度的要求而定。

③依次光滑连接 3″、8″、4″、6″、1″、5″、2″、7″、3″即得截交线的侧面投影。

实际中的机件，经常有圆柱切割的结构形式，在画这些零件的视图时经常遇到求截交线的问题。如图 3 - 21、图 3 - 22 所示的圆柱切割和中间开槽。

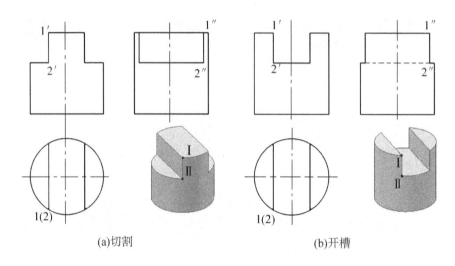

(a)切割　　　　　　　　　　　　(b)开槽

图 3 - 21　圆柱切割与开槽

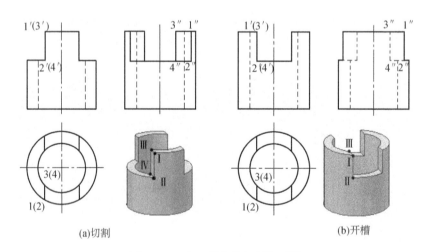

(a)切割　　　　　　　　　　　　(b)开槽

图 3 - 22　空心圆柱的切割与开槽

（3）圆锥的截交线

平面与圆锥相交，由于截平面与圆锥的相对位置不同，截交线有五种情况（见表 3 - 2）。

表 3-2　平面与圆锥的截交线

截平面位置	垂直于轴线 $\theta = 0°$	与所有素线相交 $\theta < \alpha$	平行于一条素线 $\theta = \alpha$	平行于轴线 $\theta = 90°$（或 $\theta > \alpha$）	通过锥顶
截交线	圆	椭圆	抛物线	双曲线	相交二直线（连同与锥底面的交线为一三角形）
轴测图	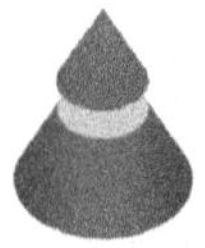				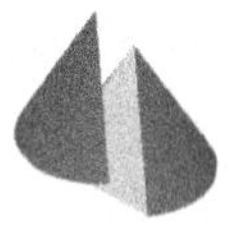
投影图	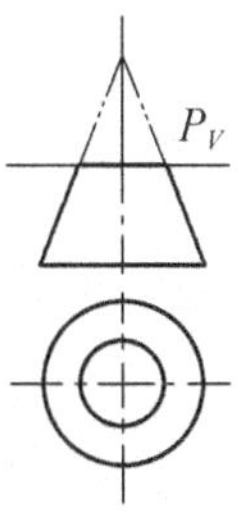	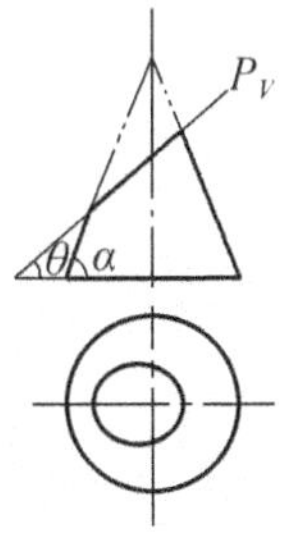	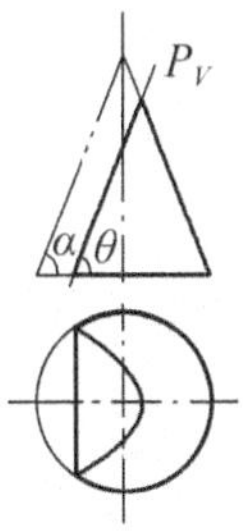	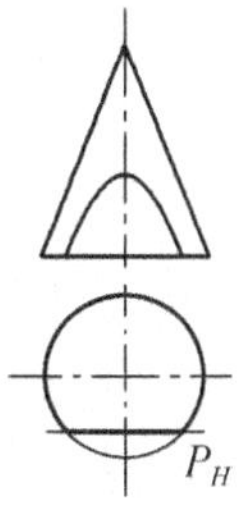	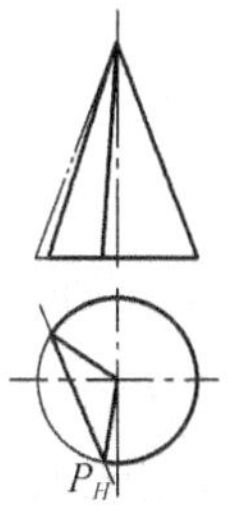

【应用实例 3-10】

求正垂面斜截圆锥的截交线（图 3-23a）。

解答：

作图步骤如图 3-23b 所示。

① 求特殊点。在正面投影轮廓线上得到 $1'$、$2'$，由 $1'$、$2'$ 求出 1、2 和 $1''$、$2''$，即是截交线椭圆长轴端点 Ⅰ、Ⅱ 的三面投影。取 $1'$、$2'$ 的中点，即为截交线椭圆短轴有积聚性的正面投影 $3'(4')$。过 $3'(4')$ 作纬圆求出 3、4 和 $3''$、$4''$，即为截交线椭圆短轴端点 Ⅲ、Ⅳ 的另两面投影。由正面投影轴线与截平面积聚投影的交点 $5'(6')$，求出 $5''$、$6''$ 和 5、6，$5''$、$6''$ 是截交线侧面投影与圆锥侧面投影轮廓线的交点。

② 求一般点。在截交线的正面投影上定出 $7'(8')$，同样应用纬圆法求出 7、8 和 $7''$、$8''$，必要时可再用同样的方法求出适当的截交线上点的投影。

③ 依次光滑连接各点的同面投影 1、7、3、5、2、6、4、8、1 和 $1''$、$7''$、$3''$、$5''$、$2''$、$6''$、$4''$、$8''$、$1''$，即得截交线的水平投影和侧面投影，且均可见。由图可见，1 2、3 4 分别为截交线水平投影椭圆的长、短轴，$3''4''$、$1''2''$ 分别为侧面投影椭圆的长、短轴。

④ 补全投影轮廓线，即完成全图。

（4）圆球的截交线

平面与圆球的截交线为圆。由于截平面相对投影面的位置不同，截交线的投影也不同。当截平面垂直、倾斜和平行于投影面时，截交线在该投影面上的投影分别为直线、椭圆和圆。

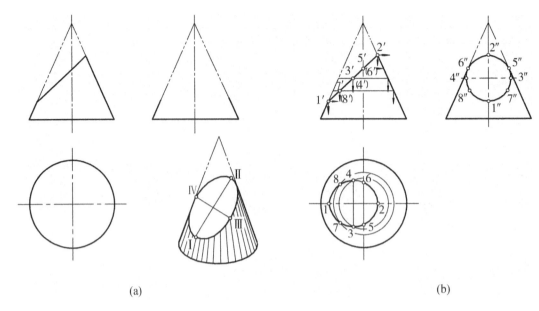

(a)   (b)

图 3 - 23　正垂面与圆锥相交

如图 3 - 24 所示为圆球被一正平面切割，截交线的正面投影反映实形，水平投影和侧面投影积聚为直线。

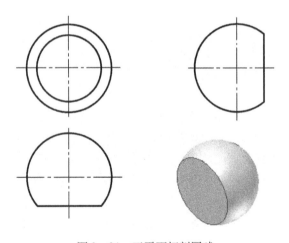

图 3 - 24　正平面切割圆球

【应用实例 3 - 11】

圆球被一正垂面截切，完成其水平投影和侧面投影（图 3 - 25a）。

解答：

作图步骤如图 3 - 25 所示。

① 求出截交线上的特殊点：长轴的两个端点 Ⅰ、Ⅱ 与短轴的两个端点 Ⅲ、Ⅳ，在正面投影上可直接作出截交线上 Ⅰ、Ⅱ、Ⅲ、Ⅳ 四点的投影 1′、2′、3′、(4′)，它们的侧面投影和水平投影将是椭圆长轴和短轴的端点。这些点的其余投影可用辅助纬圆法求得

（图 3 - 25b）。

由正面投影上的截交线积聚投影与水平中心线的交点 5′(6′)，求得 5、6 和 5″、6″，5、6 落在球面水平投影轮廓线上；同理可确定截交线侧面投影落在轮廓线的 7″、8″（图 3 - 25d）。

② 求一般点：读者可再作出一些一般点，在此省略。

③ 依次光滑连接各点即得截交线的水平投影和侧面投影（图 3 - 25e）。

④ 检查并加粗可见轮廓线。

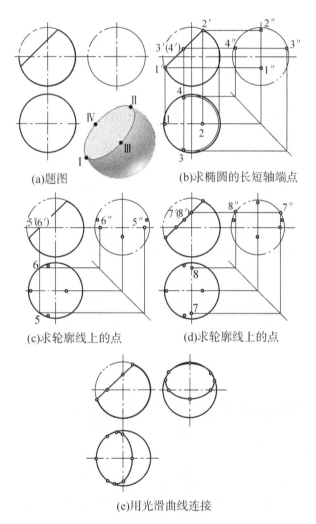

(a)题图　　　　　(b)求椭圆的长短轴端点

(c)求轮廓线上的点　　　(d)求轮廓线上的点

(e)用光滑曲线连接

图 3 - 25　正垂面切割圆球

【应用实例 3 - 12】

半圆球开槽，已知正面投影，求其水平投影和侧面投影（图 3 - 26）。

分析：半圆球被两个侧平面 P、Q 和一个水平面 S 切割。在水平投影中，水平面 S 切得的部分圆反映实形，其直径为线段 $a′b′$。在侧面投影中，侧平面切得的部分圆也反映实形，其半径为线段 $c′d′$。原半圆球侧面投影轮廓线（圆）被切掉了一部分，水平截面的投影中间部分为不可见。

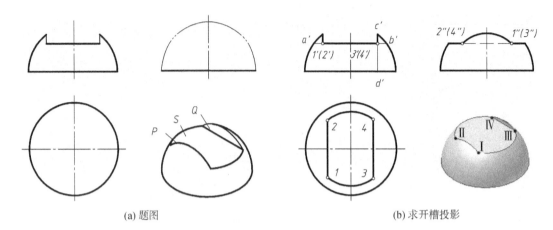

(a) 题图   (b) 求开槽投影

图 3 – 26　半球开槽

3.3　基本立体的相贯

两立体相交表面的交线称为相贯线。立体的形状不同、相对位置不同，相贯线的形状也不同。相贯线具有以下性质：

①相贯线是两立体表面的共有线，也是两立体表面的分界线，相贯线上的点是两立体表面的共有点。

②相贯线一般是封闭的空间曲线，特殊情况下是平面曲线或直线。

3.3.1　圆柱与圆柱正交相贯

两圆柱的轴线垂直相交称为正交。当两圆柱轴线分别与某投影面垂直时，可利用圆柱表面的投影积聚性，以表面取点的投影求相贯线。

3.3.1.1　利用积聚性法求两正交圆柱的相贯线

当两曲面立体相交，其中有一个是轴线垂直于投影面的圆柱时，相贯线在该投影面上的投影积聚在圆柱面有积聚性的投影（圆）上，其他投影可根据表面取点的方法作出。

【应用实例 3 – 13】

求轴线正交的两圆柱的相贯线（图 3 – 27）。

解答：

画法如图 3 – 27b 所示。

①求特殊点：由 1、2 和 1″、2″可求出 1′、2′，Ⅰ、Ⅱ是最高点，也是最左最右点；由 3、4 和 3″、4″求出 3′、4′，Ⅲ、Ⅳ是最低点，也是最前最后点。

②求一般点：在相贯线的水平投影（圆周）上取 5、6，作出 5″、(6″)，根据 5、6 和 5″、(6″) 求出 5′、6′。

③依次光滑连接 1′、5′、3′、6′、2′，得相贯线前半部分的正面投影；其后半部分与之重合（不可见）。由于相贯线前后对称，其正面投影重合，故画成实线。

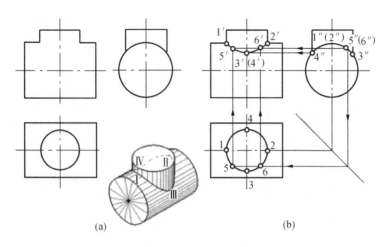

图 3 - 27　两圆柱正交

3.3.1.2　两圆柱正交相贯时相贯线变化趋势

两圆柱正交相贯，其相贯线的投影情况与两圆柱的相对大小有关，如图 3 - 28 所示。

① 如图 3 - 28a、c 所示，两圆柱直径不等时，相贯线为两条空间曲线，其正面投影都是弯向大圆柱的轴线。

② 如图 3 - 28b 所示，两圆柱直径相等时，相贯线为两个椭圆，其正面投影为相交两直线。

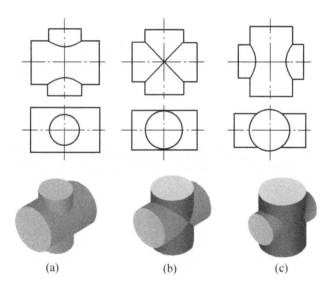

图 3 - 28　相贯线的变化趋势

3.3.1.3　圆柱孔的正交相贯

两轴线正交的圆柱在零件上是常见的，其相贯线可能有三种情况：两立体外表面的相贯线（两实圆柱相交），如图 3 - 28 所示；圆柱与圆柱孔的相贯线（实、虚圆柱相交），如图 3 - 29 所示；以及内外表面都有相贯线（实、虚及虚、虚圆柱相交），如图 3 - 30 所示。

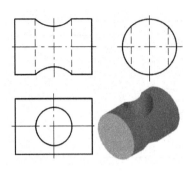

图 3 - 29　圆柱通孔

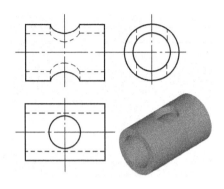

图 3 - 30　套筒通孔

3.3.2　相贯线的特殊情况

如图 3 - 31 所示：

① 当相交两回转体具有公共轴线时，相贯线为圆，在与轴线平行的投影面上相贯线的投影为一直线段，在与轴线垂直的投影面上的投影为该圆的实形。

② 当圆柱与圆柱相交时，若两圆柱轴线平行，其相贯线为直线。

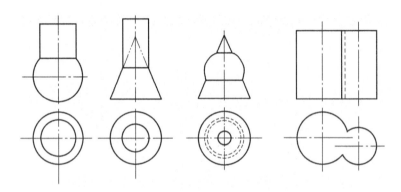

图 3 - 31　相贯线的特殊情况

第4章　轴测图

【学习目标】
了解和掌握轴测投影的概念，掌握正等轴测图及斜二轴测图的画法。
【学习重点】
掌握正等轴测投影的概念和正等轴测图的绘制方法。

4.1　轴测图的概念

多面正投影图能确切表达形体的形状，标注尺寸方便，作图简单，但由于每一个投影（视图）只能反映形体两个方向，立体感差，如图 4 - 1a 所示。轴测图是在一个投影面上能同时反映物体三个方向形状的投影图，立体感好，如图 4 - 1b 所示。

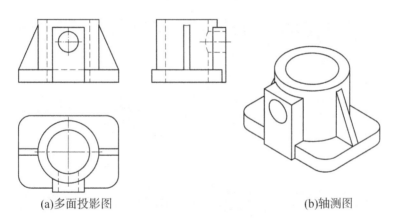

(a)多面投影图　　　　　　　　　　　　　(b)轴测图

图 4 - 1　多面正投影图和轴测图的比较

要利用前述的正投影法在一个投影面反映形体的三个方向的形状，必须改变原来的形成多面正投影条件，即改变形体、投射线、投影面三者之间的位置关系，使形体的三个主方向平面在投影面上的投影都没有积聚性。途径有两种：

①在正投影的条件下，改变形体相对于投影面的相对位置，使形体的正面、顶面和侧面与投影面均处于倾斜位置，然后将形体向投影面投射，如图 4 - 2b 所示。

②保持形体和投影面的相对位置，改变投射线相对于投影面的相对位置，使它们处于倾斜位置，然后将形体向投影面投射，如图 4 - 2c 所示。这两种途径所采用的投影法都属于平行投影法。

轴测投影就是将形体及确定形体 X、Y、Z（长、宽、高）三个方向的坐标轴一起以平行投影的方式投射到单一投影面上所得到的图形。这个投影能同时反映形体 X、Y、Z

61

三个方向的形状，如图4－2所示。轴测投影使形体富有立体感，很形象，易看懂，是常用的表达形体的投影方法，但这种方法不能真实地反映形体的尺寸和形状。

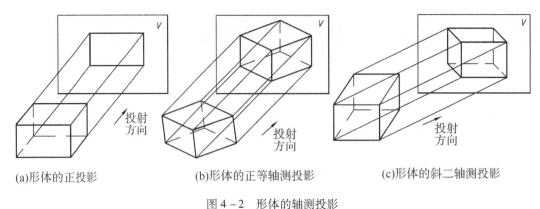

(a)形体的正投影　　　　　　　(b)形体的正等轴测投影　　　　　　(c)形体的斜二轴测投影

图4－2　形体的轴测投影

4.1.1　轴测轴、轴间角和轴向伸缩系数

如图4－3所示，长方体的坐标系 $O-XYZ$，向投影面 P 作轴测投影后得到轴测坐标系 $O_1-X_1Y_1Z_1$，O_1X_1、O_1Y_1、O_1Z_1 称为轴测轴，它们之间的夹角称为轴间角，以 α、β、γ 表示各轴间角；原坐标轴上单位长度的轴测投影与单位长度之比，称为轴向伸缩系数，以 p、q、r 表示 X、Y、Z 轴的轴向伸缩系数，则

$$p = O_1X_1/OX \qquad q = O_1Y_1/OY \qquad r = O_1Z_1/OZ$$

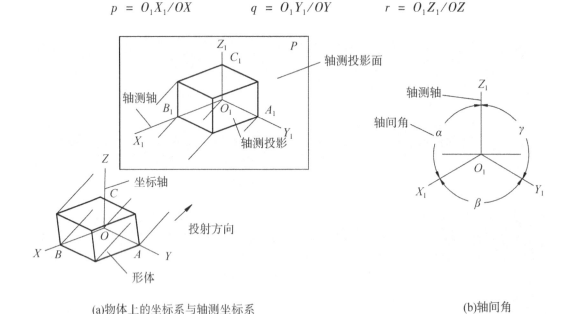

(a)物体上的坐标系与轴测坐标系　　　　　　　　　　　(b)轴间角

图4－3　轴测投影的轴向伸缩系数和轴间角

4.1.2　轴测投影的基本性质

轴测投影具有平行投影的全部投影特性，而最基本的作图依据是下面两条平行投影基

本规律:

① 平行性:空间相互平行的任意线段的轴测投影也相互平行。因此,凡平行于某直角坐标轴的空间线段,其轴测投影也平行于相应的轴测轴。

② 定比性:平行两直线段或一直线上的两线段长度的比值等于其轴测投影长度的比值。

4.1.3 轴测投影的基本作图方法

轴测投影的基本作图方法是坐标法。如果已知空间点 A (x, y, z) 或其多面正投影图,以及轴间角和轴向伸缩系数,则点 A 的轴测投影作图步骤如下:

① 建立坐标系 $O - XYZ$ (图 4 - 4a)。

② 在适当的地方画出轴测轴 $O_1 - X_1 Y_1 Z_1$ (图 4 - 4b),为使轴测图清晰和作图方便,通常先将轴测轴 $O_1 Z_1$ 画成竖直,再根据轴间角画出轴测轴 $O_1 X_1$、$O_1 Y_1$。

③ 在轴测轴 $O_1 X_1$ 上截取 $O_1 A_x = p \cdot x$,得点 A_x。

④ 过点 A_x 作线段平行于轴测轴 $O_1 Y_1$,在该线段上截取 $A_x A_{xy} = q \cdot y$,得点 A_{xy}。

⑤ 过点 A_{xy} 作线段平行于轴测轴 $O_1 Z_1$,在该线段上截取 $A_{xy} A_1 = r \cdot z$,得空间点 A 的轴测投影 A_1。

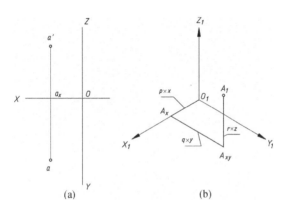

$$(a) \qquad (b)$$

图 4 - 4 点的轴测投影

4.1.4 轴测投影的分类

根据投射方向与轴测投影面的关系,轴测图可分为两类:投射方向垂直于轴测投影面称为正轴测图,投射方向倾斜于轴测投影面称为斜轴测图。

在每类轴测图中,根据各轴向伸缩系数的不同,轴测图又可分为三种:

①正(或斜)等轴测图:$p = q = r$。

②正(或斜)二轴测图:$p = q \neq r$ 或 $p = r \neq q$ 或 $q = r \neq p$,在通常情况下,采用 $p = r \neq q$。

③正(或斜)三轴测图:$p \neq q \neq r$。

4.2　正等轴测图的画法

4.2.1　正等轴测图轴间角和轴向伸缩系数

使形体的空间坐标轴 OX、OY、OZ 与轴测投影面的倾角相等，经过正投影以后就形成了正等轴测投影。理论计算表明，正等轴测图中各轴间角互等，即 $\angle XOY = \angle XOZ = \angle YOZ = 120°$，如图 4-5 所示；各轴向伸缩系数互等，即 $p = q = r \cong 0.82$，但为了作图方便，通常采用简化的轴向伸缩系数 $p = q = r = 1$，因此，沿各轴测轴的长度均放大了 $1/0.82 \cong 1.22$ 倍，如图 4-6 所示。

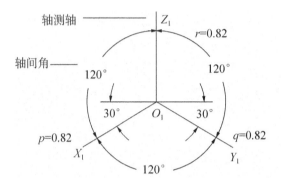

图 4-5　正等轴测图轴间角和轴向伸缩系数

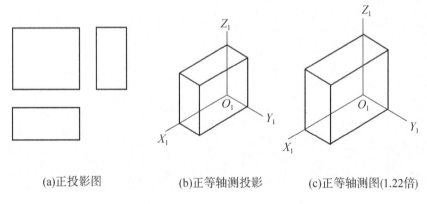

(a)正投影图　　　　　　(b)正等轴测投影　　　　　(c)正等轴测图(1.22倍)

图 4-6　长方体的正投影图、正等轴测投影、正等轴测图

4.2.2　平面立体的正等轴测图画法

平面立体正等轴测图的画法主要有以下三种。

4.2.2.1　坐标法

按平面立体表面上各个顶点的坐标，分别画出它们的轴测投影，然后依次连接以完成平面立体的轴测投影。

【应用实例 4 - 1】

已知六棱柱的正投影，画出它的正等轴测图（图 4 - 7）。

解答：

作图步骤：

① 设六棱柱顶面的中心为坐标原点 O，建立形体坐标系 $O - XYZ$（图 4 - 7a），并在适当的地方画出正等轴测轴 $O_1 - X_1Y_1Z_1$（图 4 - 7b）；

② 画六棱柱顶面：在 O_1X_1 轴上量取 $O_1A_1 = OA$，得点 A 的轴测投影，同样量取顶面各顶点的坐标定出各顶点的轴测投影，再用直线段依次连接各顶点，由此作出六棱柱顶面的正等轴测图（图 4 - 7b）；

③ 画六棱柱的侧棱：从各顶点向下引 Z_1 轴平行线，截取棱边实长（图 4 - 7c）；

④ 画六棱柱底面：将棱边各端点依次用直线段连接，得六棱柱底面的正等轴测图（图 4 - 7d）。

在轴测图中看不见的线不用画出。

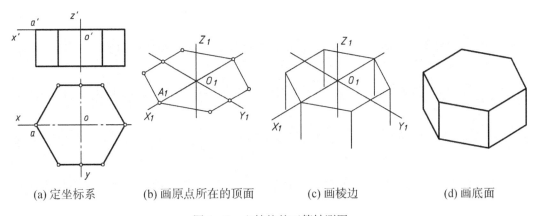

(a) 定坐标系　　　(b) 画原点所在的顶面　　　(c) 画棱边　　　(d) 画底面

图 4 - 7　六棱柱的正等轴测图

4.2.2.2　切割法

对不完整的形体，可先用坐标法画出完整形体的轴测图，然后用切割的方式画出不完整的部分。

【应用实例 4 - 2】

作出图 4 - 8a 所示平面立体的正等轴测图。

解答：

作图步骤如图 4 - 8 所示。

① 在正投影图中设立原点和坐标轴，如图 4 - 8a 所示；

② 画出轴测投影轴 $O_1 - X_1Y_1Z_1$，并按尺寸 a、b、h 画出未切割时的长方体的轴测投影，如图 4 - 8b 所示；

③ 根据尺寸 d、c 画出长方体左上角被正垂面切掉一部分后的轴测投影，如图 4 - 8c、d 所示；

④ 根据尺寸 e、f 画出长方体左前角被铅垂面切掉一部分后的轴测投影，如图 4 - 8e、f 所示。

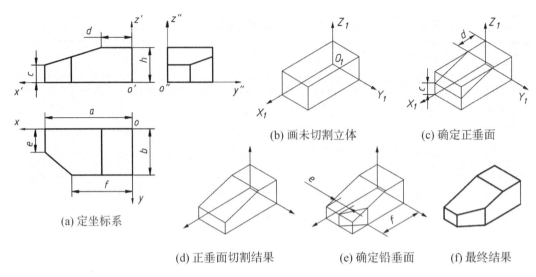

(b) 画未切割立体   (c) 确定正垂面

(d) 正垂面切割结果   (e) 确定铅垂面   (f) 最终结果

(a) 定坐标系

图 4 - 8　切割法画立体的正等测图

4.2.2.3　形体组合法

对于一些较复杂的形体，可先将形体整体分解成几个基本形体，然后按各个基本形体的位置，逐一叠加画出以完成形体整体的轴测图。

【应用实例 4 - 3】

作出图 4 - 9a 所示平面立体的正等轴测图。

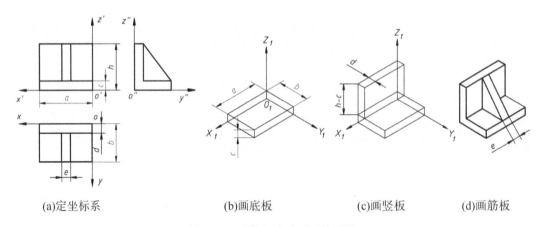

(a)定坐标系   (b)画底板   (c)画竖板   (d)画筋板

图 4 - 9　形体组合法画正等测图

解答：

作图步骤如图 4 - 9 所示。

①在正投影图中设立原点和坐标轴，如图 4 - 9a 所示。

② 画出轴测投影轴 $O_1 - X_1 Y_1 Z_1$，并根据尺寸 a、b、c 画出底板的轴测投影，如图 4 - 9b 所示。

③竖板的后面与底板的后面平齐，根据尺寸 a、c、d、h 画出竖板的轴测投影，如图 4 - 9c 所示。

④根据尺寸 e，居中在竖板前面和底板上面画出肋板的轴测投影，如图 4 – 9d 所示。

4.2.3　圆的正等轴测图画法

平行于坐标平面的圆的正等轴测投影是椭圆。平行于 $X_1O_1Y_1$ 面的圆的轴测投影（椭圆）的长轴垂直于 O_1Z_1 轴，短轴平行于 O_1Z_1 轴；平行于 $X_1O_1Z_1$ 面的圆的轴测投影（椭圆）的长轴垂直于 O_1Y_1 轴，短轴平行于 O_1Y_1 轴；平行于 $Y_1O_1Z_1$ 面的圆的轴测投影（椭圆）的长轴垂直于 O_1X_1 轴，短轴平行于 O_1X_1 轴。

在正等轴测图中，椭圆的长轴为圆的直径 D，短轴为 $0.58D$。当按简化轴向伸缩系数作图时，椭圆的长、短轴长度均放大了 1.22 倍，即椭圆长轴为 $1.22D$，短轴为 $0.58D \times 1.22 \cong 0.7D$，如图 4 – 10 所示。

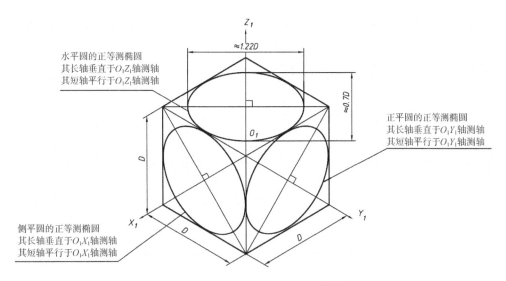

图 4 – 10　平行于坐标面的圆的正等轴测图

画椭圆时，需确定椭圆的中心、长短轴方向及长短轴半径。

【应用实例 4 –4】

已知水平位置圆的正投影图，画出它的正等轴测图。

解答：

用四心法画椭圆（近似画法）的作图步骤如图 4 – 11 所示。

①作圆的外切正方形 $ABCD$，并作出此正方形的正等轴测图 $A_1B_1C_1D_1$（图 4 – 11b）。

②连接 O_4C_1、O_4B_1，与椭圆长轴交于点 O_2、O_3（图 4 – 11c）。

③以 O_4、O_5 为圆心，O_4C_1 为半径画两段大圆弧，再以 O_2、O_3 为圆心，O_2C_1 为半径画两段小圆弧，四段圆弧相连即为所求椭圆（图 4 – 11d）。

4.2.4　曲面立体的正等轴测图画法

【应用实例 4 –5】

画如图 4 – 12a 所示圆柱的正等轴测图。

解答：

作图步骤如图 4 – 12 所示。

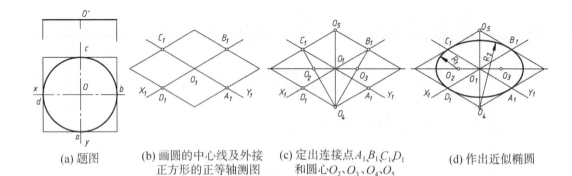

| (a) 题图 | (b) 画圆的中心线及外接
正方形的正等轴测图 | (c) 定出连接点 A_1、B_1、C_1、D_1
和圆心 O_2、O_3、O_4、O_5 | (d) 作出近似椭圆 |

图 4 – 11　四心法画水平圆的正等轴测图

①在正投影图中定出形体坐标系 $O – XYZ$，并在适当的地方作出正等轴测轴 $O_1 – X_1Y_1Z_1$，根据尺寸定出圆柱顶面和底面圆圆心轴测图（图 4 – 12b）。

②用四心画椭圆方法作出圆柱顶面和底面圆的正等轴测图（图 4 – 12c）。

③ 画两椭圆的公切线，完成作图（图 4 – 12d）。

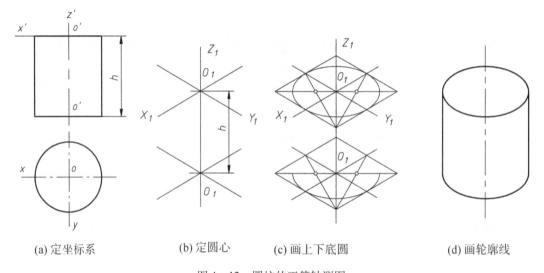

| (a) 定坐标系 | (b) 定圆心 | (c) 画上下底圆 | (d) 画轮廓线 |

图 4 – 12　圆柱的正等轴测图

4.2.5　圆角的正等轴测图画法

【应用实例 4 – 6】

画出如图 4 – 13a 所示平面图形的正等轴测图。

解答：

分析：这个平面图形是在矩形的四个直角处分别用了四个圆弧（四分之一圆）进行连接。这四个圆弧的正等轴测图可由圆的正等轴测图画法引申而得，如图 4 – 13b、c、d 所示。

作图步骤如图 4 – 13d 所示。

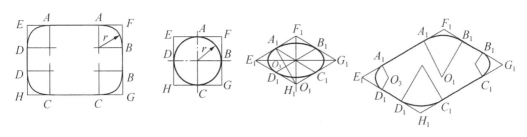

(a) 圆角　(b) 圆角与圆的关系　(c) 正等轴测图中圆　(d) 平面图形的正等轴测图
角与圆的关系

图 4 – 13　圆角的正等轴测图

① 画出带有圆角的外接长方形的正等轴测图。

② 定出两个切点，过切点作其所在线段的垂直线，以两垂线的交点为圆心，圆心与切点的距离为半径，从一切点画弧至另一切点。

【应用实例 4 – 7】

画出如图 4 – 14 所示形体的正等轴测图。

解答：

分析：从图 4 – 14a 看出，形体为一长方体。在它的前方左、右两角用圆柱面过渡。

作图步骤如图 4 – 14 所示。

① 画出水平长方体（图 4 – 14b）。

② 画左右两个圆柱（图 4 – 14c）。

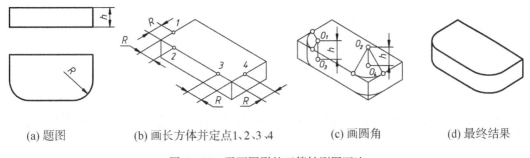

(a) 题图　(b) 画长方体并定点1、2、3、4　(c) 画圆角　(d) 最终结果

图 4 – 14　平面图形的正等轴测图画法

【应用实例 4 –8】

画出图 4 – 15a 所示形体的正等轴测图。

解答：

分析：从图 4 – 15a 看出，形体主要由一垂直长方体和一水平长方体组合而成。在垂直长方体的中下方挖出由长方体和半个圆柱形成的通孔；水平长方体的前方左、右两角用圆柱面过渡，同时在它的上方左、右各叠加一空心圆柱。

作图步骤如图 4 – 15 所示。

① 画出垂直长方体，再画其上的通孔（图 4 – 15b）。

②画出水平长方体，再画其左右的圆角（图 4 – 15c）。

③画左右两个圆柱，再画其中的圆柱孔（图 4 – 15d）。

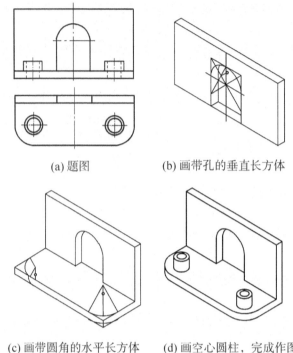

(a) 题图   (b) 画带孔的垂直长方体

(c) 画带圆角的水平长方体   (d) 画空心圆柱，完成作图

图 4 – 15 　形体的正等轴测图画法

4.3　斜二轴测图的画法

4.3.1　斜二轴测图的轴间角和轴向伸缩系数

　　如图 4 – 16 所示，在斜轴测投影中，$p = r = 1$，当取 $q = 1$ 时，所得的轴测图称为斜等轴测图，当 $q = 0.5$ 时，所得的轴测图称为斜二轴测图；$\alpha = \beta = 135°$，$\gamma = 90°$。斜二轴测图常以正立的平面为投影面，其投射方向倾斜于投影面。因此凡在三视图中平行于正立投影面的平面图形，它们的轴测投影均反映实形。对于形体某一表面形状较为复杂时，常使它平行轴测投影面画它的斜二轴测图，作图比较简便。

4.3.2　形体的斜二轴测图画法

【应用实例 4 – 9】

　　画出如图 4 – 17a 所示组合体的斜二轴测图。

　　作图步骤如图 4 – 17 所示。

　　① 在正投影图中定出形体坐标系，并在适当的地方作出斜二轴测轴，取 $p = r = 1$，$q = 0.5$，即 x、z 坐标的斜二测投影均取实际数据，而 y 坐标的斜二等轴测投影取实际数据的一半；画组合体前表面的斜二轴测图（实形），不可见部分不画（图 4 – 17b）。

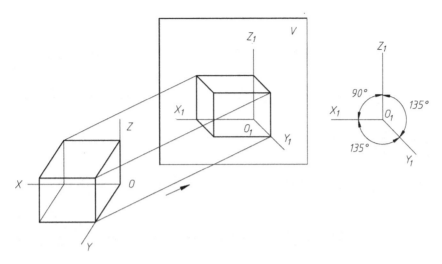

图 4 – 16　斜二轴测图的轴向变形系数和轴间角

② 沿 Y_1 轴定出前后两面的圆心位置，由尺寸 L（取 $L/2$）画组合体后表面的斜二轴测图，画其余各面的斜二轴测图，不可见的可不画出（图 4 – 17c）。

③ 沿 Y_1 轴向作出前后两圆弧的公切线（圆柱轴测图的外形线）（图 4 – 17d）。

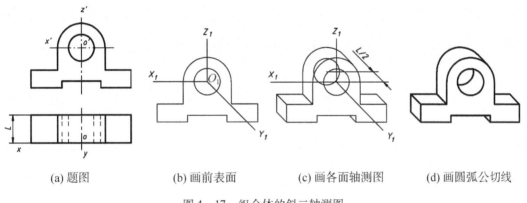

(a) 题图　　　　　(b) 画前表面　　　　(c) 画各面轴测图　　　(d) 画圆弧公切线

图 4 – 17　组合体的斜二轴测图

第5章　组合体

【学习目标】

了解组合体的形成方式，掌握形体分析法、线面分析法，阅读与绘制组合体视图。

【学习重点】

本章是在学习正投影基本理论和制图基本知识的基础上，采用以形体分析为主、线面分析为辅的方法，研究组合体的组合形式及其绘图方法，组合体三视图的投影特性、组合体画图和读图的方法，以及组合体尺寸标注的方法等问题。

5.1　组合体构形

工程中常见的形体，一般都可以假想为由一系列基本形体（如棱柱、棱锥、棱台、圆柱、圆锥、圆台、圆球等）或简单形体（基本形体的简单变形）通过各种方式组合而成。这些由两个或两个以上基本形体或简单形体按一定方式组合构成的立体称为组合体。工程上常见的机器零件，其结构一般都可以简化和抽象为几何模型——组合体。

5.1.1　组合体的组合形式

组合体的常见组合形式有叠加式、切割式和综合式三种。

5.1.1.1　叠加式

叠加式组合体是由若干基本形体像搭积木一样，按一定的相对位置关系叠加而成。如图 5 - 1a 所示形体，可看作由图 5 - 1b 中各简单形体堆叠而成。

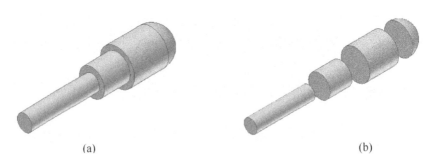

(a)　　　　　　　　　　　　　　　　　　　　(b)

图 5 - 1　叠加式

5.1.1.2　切割式

切割式组合体是将一个基本形体按功能需要，切去若干基本形体而形成的复杂形体。如图 5 - 2a 所示形体，可以看作是对图 5 - 2b 棱柱体按照图 5 - 2c 方法进行三次挖切而成。

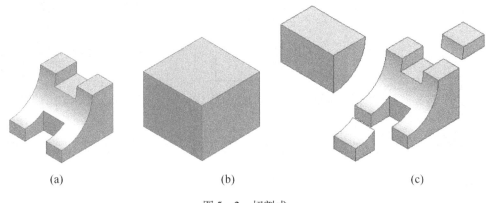

(a) (b) (c)

图 5 - 2　切割式

5.1.1.3　综合式

综合式组合体是上述两种组合形式的综合形式，是既有叠加又有切割的复杂形体，这种组合形式应用最多。如图 5 - 3a 所示形体可看作是如图 5 - 3b 所示几种简单柱状形体先进行叠加组合后，再经过如图 5 - 3c 所示切割掉 3 个圆柱体而成。

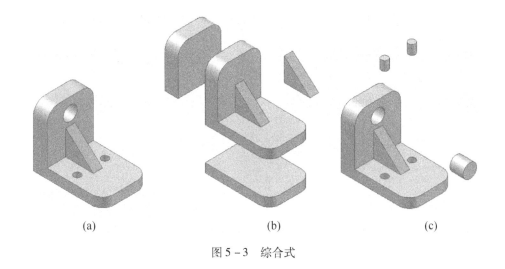

(a) (b) (c)

图 5 - 3　综合式

5.1.2　组合体的表面连接关系

当基本形体经过叠加、切割形成组合体后，各基本形体的表面会出现平齐、相切和相交等连接关系。

5.1.2.1　平齐

平齐是指两基本形体的表面平齐连接，此时两表面重合（共面），在共面处两形体的相接表面之间不存在分界线。因此在投影图中，连接处不应画线。如图 5 - 4a 所示形体，图 5 - 4b 的正面投影中多画了一条分界线，正确的投影应如图 5 - 4c 所示。

5.1.2.2　相切

相切是指两形体的表面因相切而平滑过渡，此时两面无明显交线，因此，在投影中的相切处也不应画线。如图 5 - 5a 所示形体，图 5 - 5b 的正面投影和侧面投影中均多画了一

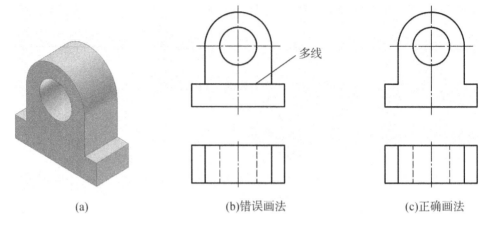

图 5 - 4　平齐处不画分界线

条分界线，正确的投影应如图 5 - 5c 所示。

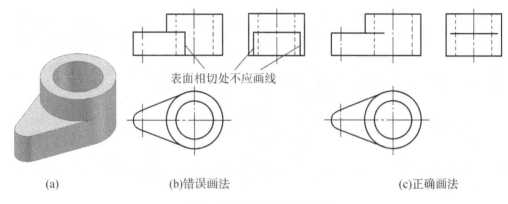

图 5 - 5　相切处不画分界线

当两相切表面的公切面垂直于某投影面时，则必须在该投影面上画出切线的投影。如图 5 - 6a 所示形体，其三面投影（图 5 - 6b）中水平投影中应画分界线，而侧面投影不画分界线。

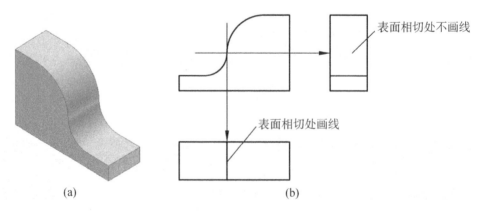

图 5 - 6　相切时画切线投影的情况

5.1.2.3 相交

两形体表面相交时，表面交线是它们的分界线，此时，必须画出交线的投影。如图 5 – 7a 所示形体，其正面投影（图 5 – 7b）中画出了分界线的投影（其侧面投影落在一表面的积聚线上，不再画出）。

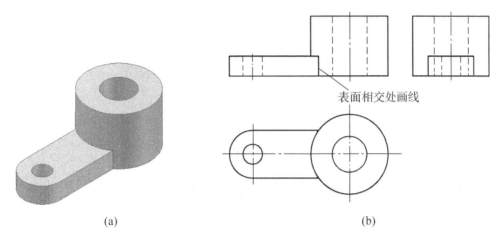

表面相交处画线

(a)   (b)

图 5 – 7　两表面相交处画分界线

5.2　组合体画图

组合体画图的基本方法是形体分析法，有时还要结合使用线面分析法。一般情况下，首先会采用形体分析法对组合体进行分析，然后针对局部较难理解的结构，如形状复杂的截交线和相贯线等再采用线面分析法作进一步的分析。本节将结合具体实例介绍组合体画图的这两种基本方法。

5.2.1　形体分析法画图

假想将组合体按照其构形方式分解为若干基本形体或简单形体，研究这些形体的结构形状及相互之间的相对位置和表面之间的连接关系，再综合想象出其整体结构形状。这种分析方法称为形体分析法。形体分析法画图主要针对叠加方式构形的组合体。现以图 5 – 8a 所示支座为例，说明用形体分析法画组合体三视图的方法和步骤。

5.2.1.1　形体分析

如图 5 – 8b 所示，用形体分析法可把支座分解为四个基本形体：Ⅰ（圆筒）、Ⅱ（底板）、Ⅲ（支架）、Ⅳ（肋板）。圆筒由支架和肋板支撑，支架两侧面及肋板上斜面与圆筒外圆柱面均相切，圆筒前端超出支架前面轮廓；支架和肋板直接堆叠在底板上，并且两形体的后背面及圆筒的后背面均与底板后背面相平齐；底板上挖有一个圆孔，左前方有圆角。

5.2.1.2　确定主视图

主视图应尽可能多地反映组合体的结构形状特征，且应使其他视图上的虚线较少。一般可将组合体摆正，使其主要平面或轴线平行或垂直于投影面，使投影尽量反映实形或具有积聚性。如图 5 – 8a 所示，将支座按自然位置安放后，可选择的主视图投射方向为 A、

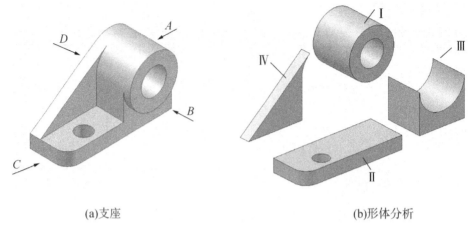

(a)支座	(b)形体分析

图 5-8　支座和形体分析

B、C、D。根据上述主视图的选择原则，经过对图 5-9 各投射方向视图的综合比较分析，确定 B 向为主视图的投射方向，俯视图、左视图的投射方向也就随之确定。

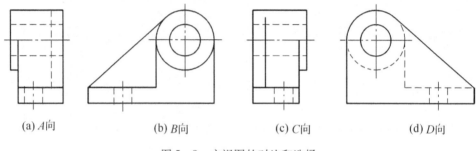

(a) A向	(b) B向	(c) C向	(d) D向

图 5-9　主视图的对比和选择

5.2.1.3　画三视图

（1）选比例、定图幅

根据组合体的实际尺寸，计算各视图的最大轮廓范围，再考虑在各视图间为尺寸标注预留一定的位置和间距，以及视图与图纸边框之间的空间。然后综合考虑选定合适的绘图比例（尽量选用 1∶1 的原值比例）和标准图幅。

（2）布图、画基准线

根据各视图的最大轮廓尺寸，在图纸上布置各视图的位置。布置视图的基本原则是整个图面应匀称美观，而不能过于拥挤或分散。在作图时，应先画出各视图中的重要基准线，如较大的平面（底面、端面、背面）、对称形体的对称面、主要回转体的轴线和中心线等的投影，以便对各视图进行定位。支座各视图基准线的绘制如图 5-10a 所示。

（3）画底稿

根据各基本形体的结构形状及投影特点，用细线逐个画出其三视图。画图时应先画主体形状，后画细节形状；先画大形体，后画小形体；先画实线，后画虚线；而且三个视图要联系起来画。支座各基本形体的绘制先后顺序为圆筒、底板、支架、肋板，如图 5-10b、c、d、e 所示。

（4）检查、描深

完成底稿后，需经仔细检查无误后，再描深全图。检查时，应注意各形体的投影关系是否正确；各形体之间的相对位置是否无误；相邻表面间的连接关系是否表达充分合理。描深时，一般先描深圆、圆弧等曲线，再描深直线。当不同形式的图线重合时，应按照"粗实线、虚线、点画线、细实线"的先后顺序进行取舍。描深后完成的支座三视图如图5－10f 所示。

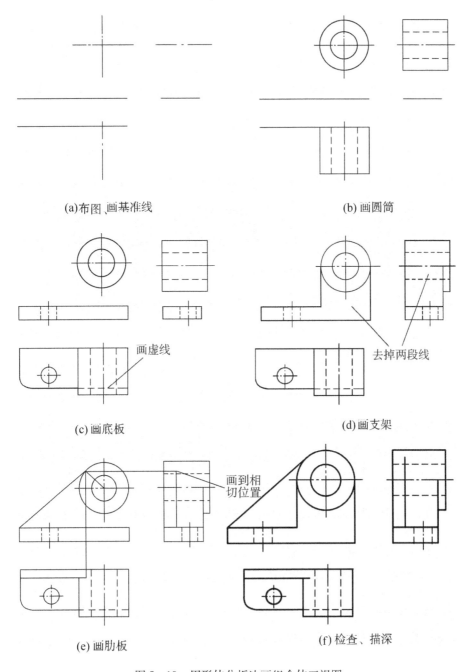

(a)布图、画基准线　　　　　　　　　　　(b) 画圆筒

(c) 画底板　　　　　　　　　　　(d) 画支架

(e) 画肋板　　　　　　　　　　　(f) 检查、描深

图 5－10　用形体分析法画组合体三视图

5.2.2 线面分析法画图

组合体也可以看作由若干面（平面或曲面）、线（直线或曲线）按照一定的规则围成。因此，在明确了这些线和面的相对位置以及它们与投影面的相对位置关系的前提条件下，就可以把组合体分解为若干面和线进行画图和读图。这种分析方法称为线面分析法。

线面分析法画图主要针对切割方式构形的组合体。因为对于切割式组合体，在对原形体（一般是棱柱、圆柱等基本形体）切割的过程中，会形成一系列不规则的线和面，使得切割后的形体不够规矩，不易识别。对于这类形体，一般的做法是，先用形体分析法对组合体进行分析，初步确定切割前比较规矩的原形（可由形体的最大轮廓范围确定），再使用线面分析法，对某些线和面作投影特性分析，进一步明确原形是如何被逐步切割的。画图时，也应按照分析的过程和结果，先画出切割前的原形，再逐步画出每步切割后所得形体的投影。

现以图 5-11a 所示切割体为例说明用线面分析法绘制组合体三视图的步骤。

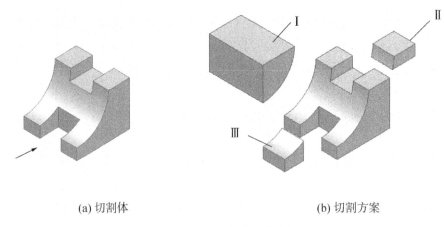

(a) 切割体   (b) 切割方案

图 5-11 切割体形体分析

5.2.2.1 形体分析

对图 5-11a 所示切割体进行形体分析，可知该形体是由一四棱柱被切去柱状形体Ⅰ、Ⅱ、Ⅲ而形成，切割过程如图 5-11b 所示。

5.2.2.2 确定主视图

根据切割体的形状特征，选择如图 5-11a 所示箭头方向为主视图的投射方向。

5.2.2.3 画三视图

（1）选比例、定图幅

按 1:1 比例画图，并合理选择标准图幅。

（2）布图、画基准线

合理布置三视图的位置，选择切割前原形体（四棱柱）的底面、后面和右面的积聚投影为各视图作图的基准线，如图 5-12a 所示。

（3）画底稿

画底稿作图过程如图 5-12b、c、d、e 所示，先画出被切割前原形体（四棱柱）的三视图，再根据其被切割过程逐步完善各视图。画图的过程中应注意使用线面分析法对切割后的相关线面进行分析，利用线面的投影关系作图，特别是几步切割过程中所用到的切面及其投影。切割过程如下：首先，使用侧垂面（柱面）P 切割四棱柱的前上方，切去形体 I；然后，使用两个侧平面 Q、R 和水平面 S 共同切割立体的上方，切去形体 II；最后再使用两个侧平面 L、M 和正平面 N 共同切割立体的前方，切去形体 III。切割过程中所用切割面的投影及每步切割后所得到形体的投影如图 5 – 12c、d、e 所示。

（4）检查、描深

检查、描深，完成作图，如图 5 – 12f 所示。

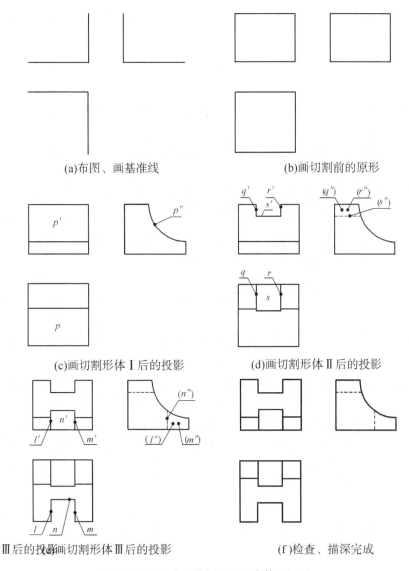

(a)布图、画基准线　　　　(b)画切割前的原形

(c)画切割形体 I 后的投影　　(d)画切割形体 II 后的投影

III 后的投影画切割形体 III 后的投影　　(f)检查、描深完成

图 5 – 12　用线面分析法画组合体三视图

5.3 组合体尺寸标注

视图只能表达物体的结构形状，而物体的实际大小则要根据图样上所标注的尺寸来确定，生产部门也是按照图样上的尺寸进行加工和制造。

5.3.1 组合体尺寸标注的基本要求

组合体尺寸标注的基本要求是：正确、完整、清晰、合理。

①正确：所注尺寸应符合国家标准中有关尺寸注法的规定，尺寸数字要准确。

②完整：所注尺寸必须将组合体中各基本形体的大小及相对位置完全确定下来，无遗漏，无重复尺寸。

③清晰：尺寸的布局应整齐、清晰，以便于看图。

④合理：尺寸的标注应保证设计要求，同时还要尽量考虑到加工、装配、测量等工艺上的要求。

关于尺寸注法的正确性问题，在第2章中已介绍过。合理性问题，将在后续章节中进一步学习。本节主要介绍如何使尺寸标注完整和清晰。

5.3.2 基本形体的尺寸标注

基本形体包括常见基本立体，如柱体、锥体、球体等。组合体的尺寸标注是按照形体分析方法进行的，基本形体的尺寸是组合体尺寸最基本、最重要的组成部分，因此要标注组合体的尺寸，必须首先掌握基本形体的尺寸标注法。

图5-13为常见基本立体的尺寸标注法。对于基本立体，一般情况下，要标注长、宽、高三个方向的尺寸，具体还要根据其形状特征进行取舍和调整。如图5-13中的正六棱柱，除必须标注其高度尺寸外，底面尺寸可有两种标注形式（标注对角线或标注对边），但只需注出其一即可。若两个尺寸都要标注，则应将其中之一作为参考尺寸，加上括号；三棱锥不应标注其底面三角形的斜边长度；四棱台除标注其高度尺寸外，还应标注上下两底面的尺寸，形式可如图中"□×□"；回转体一般标注底面直径（尺寸数字前加注ϕ或半径（尺寸数字前加注R）和高度尺寸，并且直径尺寸常注在其投影为非圆的视图上（这种情况下，只要用一个视图就可以确定其形状和大小，因此，其他视图可省略不画）；圆环需注出母线圆和中心圆的直径；球也只需一个视图，标注球面直径或半径，并在标注的直径或半径符号前加注S。

5.3.3 尺寸标注应注意的问题

在标注组合体尺寸时，还要特别注意对截切和相贯立体以及对称形体的标注方法，下面分别介绍。

5.3.3.1 截切和相贯立体的尺寸标注

经截切或相贯后的基本立体尺寸标注方法如图5-14所示。截切和相贯立体的尺寸标注，应注意如下两点：

① 带截交线的立体应标注立体的大小和形状尺寸，以及截平面的相对位置尺寸，绝

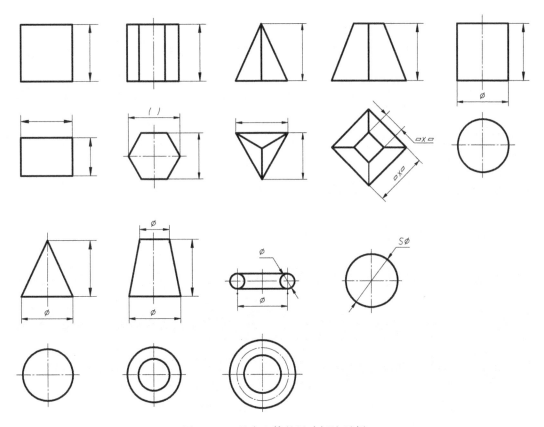

图 5 - 13 基本立体的尺寸标注示例

不能直接标注截交线本身的大小和形状尺寸。

② 带相贯线的立体应标注两相贯立体各自的大小和形状尺寸，以及两相贯体之间的相对位置尺寸，绝不能直接标注相贯线本身的大小和形状尺寸。因为一旦两相贯体的几何形状、尺寸大小以及相对位置关系确定后，两者相贯所构成的形体以及相贯线的形状大小就是唯一确定的。图中所示带"×"符号的尺寸都是直接标注在截交线或相贯线上，是不合理的。

5.3.3.2 对称形体的尺寸标注

对称形体的尺寸标注方法如图 5 - 15 所示。对于对称结构在标注尺寸时应注意不要直接从图形的对称中心线（即对称面的投影，为点画线）引出尺寸界线进行标注，而应从两对称结构的重要几何要素引出尺寸界线进行标注。如图 5 - 15 所示各图形中对称孔中心距的标注形式，均是从孔的垂直或水平中心线引出尺寸界线进行标注的，是合理的标注形式。而图中所示带"×"符号的尺寸则是直接从图形的对称中心线（即对称面的投影）引出尺寸界线进行标注的，是不合理的。

5.3.4 组合体尺寸标注的步骤

5.3.4.1 组合体的尺寸类型

组合体的尺寸分为定形尺寸、定位尺寸和总体尺寸三类。在标注尺寸前还要先确定组

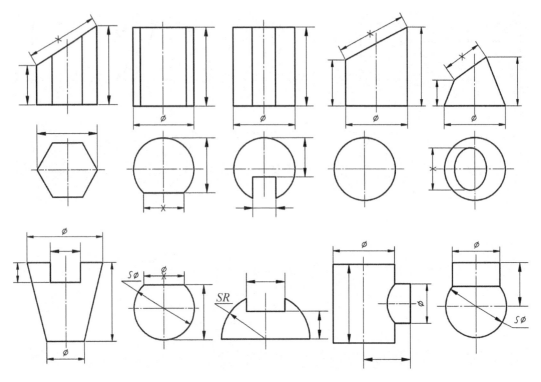

图 5 – 14　截切和相贯立体的尺寸标注示例

合体长、宽、高各方向的尺寸基准。下面以图 5 – 16a 所示形体为例介绍组合体的三类尺寸标注。

（1）尺寸基准

确定尺寸标注起点位置的点、直线、平面，称为尺寸基准。在组合体的长、宽、高三个方向上都应至少有一个尺寸基准。可作为尺寸基准的几何要素一般是对称形体的对称面、形体的较大平面、主要回转结构的轴线的投影。根据图 5 – 16a 所示形体的结构特点，分别选择其左端面、背面和底面作为长、宽、高各方向的尺寸基准，如图 5 – 16b 所示。

（2）定形尺寸

确定组合体各组成部分（基本形体）形状大小的尺寸，称为定形尺寸。图 5 – 16b 中的定形尺寸包括：底板的长 100、宽 60、厚 20 和半圆孔 R16 以及右前方的缺角 20；立板的通孔 φ24、圆柱面 R24 以及板厚 20。由于底板和立板的长度相等且重合，所以立板的长度也是 100。

（3）定位尺寸

确定组合体各组成部分（基本形体）之间相对位置的尺寸，称为定位尺寸。图 5 – 16b 中的定位尺寸包括：底板上半圆孔 R16 轴线的定位尺寸 50，它是由长度方向尺寸基准引出的；立板上通孔 φ24 的定位尺寸 48，它是由高度方向尺寸基准引出的。

（4）总体尺寸

确定组合体外形的总长、总宽和总高的尺寸，称为总体尺寸。组合体一般应标注长、宽、高三个方向的总体尺寸，但对于外形轮廓具有回转结构的组合体，为了明确回转结构

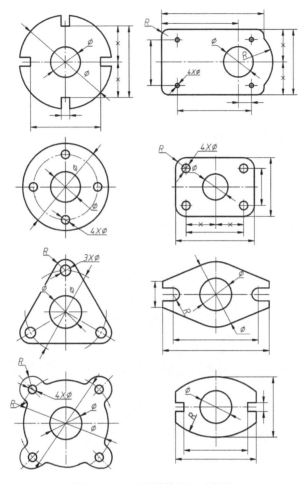

图 5 – 15　对称形体的尺寸标注

的轴线位置，可省略该方向的总体尺寸。如图 5 – 16b 中底板的长 100 和宽 60 同时又是该组合体的总长和总宽。但由于立板上方轮廓具有回转结构，因此未直接标注总高尺寸，其尺寸可通过立板回转结构轴线的定位尺寸 48 和外圆柱面半径 R24 相加得到，即 72。

5.3.4.2　组合体尺寸标注的步骤

由于组合体是由若干基本形体按一定相对位置关系组合而成，因此，在标注尺寸时，应首先对其进行形体分析，目的是将整体的尺寸标注工作分解为对其各组成部分（基本形体）的尺寸进行标注。按照这种分析方法去标注尺寸，就可以保证既不会遗漏任何尺寸，也不会无目的地重复标注尺寸。完成形体分析后，再选择和确定各方向的尺寸基准，并依次注出定形尺寸、定位尺寸及总体尺寸，最后做检查和调整，使所标注的尺寸达到正确、完整、清晰的要求。下面以图 5 – 17 所示支座为例，介绍组合体尺寸标注的方法和步骤。

（1）形体分析

支座的形体分析过程前面已有表述，如图 5 – 17b 所示，可分解为四个基本形体：Ⅰ（圆筒）、Ⅱ（底板）、Ⅲ（支架）、Ⅳ（肋板）。根据支座三视图的绘制过程，考虑到各

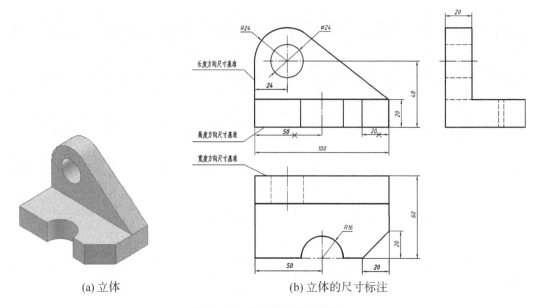

(a) 立体   (b) 立体的尺寸标注

图 5 – 16   组合体的尺寸类型

基本形体的结构特征，可确定各形体的定形尺寸，如图 5 – 17a 所示。图中带括号的数字尺寸是其他基本形体上已标注过或通过计算可得出的重复尺寸，在标注这些尺寸时应考虑合理取舍。

（2）选定尺寸基准

选定长、宽、高三个方向的尺寸基准如图 5 – 17b 所示，分别为底板的左端面、整个支座的后背面及底面。

（3）标注定形尺寸和定位尺寸

如图 5 – 17b 所示，标注圆筒的定形尺寸：内径 $\phi20$、外径 $\phi38$、长度 35；轴线定位尺寸：40、64。

如图 5 – 17c 所示，标注底板的定形尺寸：长度 83、宽度 30、厚度 10、左前圆角半径 $R10$、通孔 $\phi12$ 以及通孔的定位尺寸 20 和 23；肋板的定形尺寸：厚度 8。

由于支架的长度 38、宽度 30、高度 30 以及回转面半径 $R19$（图 5 – 17a），或在其他形体上已标注过，或通过计算可直接得出（如高度尺寸 30，可以通过圆筒轴线的定位尺寸 40 与底板厚度 10 相减得到），因此在三视图中都未标注。

（4）标注和调整总体尺寸

总体尺寸如图 5 – 17d 所示，总长度 83（同底板的长度）；总宽度 35（同圆筒的长度）；总高度不用标注，可通过圆筒轴线的定位尺寸 40 与圆筒外圆柱面半径 $R19$ 相加得到，即 59。

（5）校核完成

在完成上述尺寸标注过程中，还应对已标注的尺寸按正确、完整、清晰的要求进行检查。先逐步检查各基本形体的定形尺寸和定位尺寸，看是否有重复标注或遗漏的。再检查总体尺寸，看是否与已标注的其他定形或定位尺寸有冲突，如有不妥之处，作适当修改和调整，最后完成尺寸的标注。

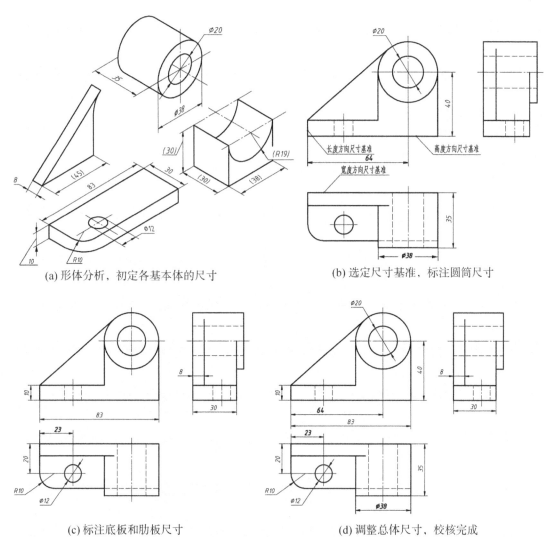

(a) 形体分析，初定各基本体的尺寸　　　　(b) 选定尺寸基准，标注圆筒尺寸

(c) 标注底板和肋板尺寸　　　　(d) 调整总体尺寸，校核完成

图 5-17　支座的尺寸标注过程

5.3.5　尺寸标注的清晰问题

前面讨论了组合体尺寸标注的完整性。另外，为使尺寸标注清晰，还应注意如下几点（以图 5-18 轴承座的尺寸标注为例）：

（1）突出特征。组合体各部分的定形尺寸，要尽量标注在最能反映其形状特征的视图上。如图 5-18 中肋的斜边高度尺寸 20，标注在主视图中比标注在左视图中要更明显一些，又如轴承内外径尺寸 $\phi24$ 和 $\phi48$ 标注在左视图中比标注在主视图中效果也要更好些。

（2）相对集中。表示同一基本形体的定形尺寸和定位尺寸，应尽量集中标注在同一个视图上。如图 5-18 中底板的定形尺寸，除总长 86 和总高（板的厚度）12 标注在主视图中、总宽 72 标注在左视图中，其余定形尺寸，如 R12 和 4 × φ12 以及各安装孔的定位尺寸 32、42 和 48 都标注在俯视图中，这样的标注形式就很清晰。

（3）布局整齐。对于同方向的平行尺寸，应使小尺寸在内，大尺寸在外，以避免尺寸线与尺寸界限相交，如图 5 - 18 左视图中肋的厚度尺寸 12 和底板的总宽尺寸 72。对于同方向的串联尺寸，应排列在一条直线上，既整齐又便于看图。如图 5 - 18 中主视图中高度方向的两个尺寸 12 和 20，长度方向的三个尺寸 40、12 和 6，俯视图中长度方向的两个定位尺寸 42 和 32。

（4）尺寸应尽量标注在视图图形轮廓线外部，并尽量布置在两视图之间，如图 5 - 18 中底板的定形尺寸 86、安装孔的定位尺寸 32 和 42。若按前述方法标注导致所引尺寸界线过长，或多次交叉穿过其他图线时，也可标注在图中适当的空白处，如图 5 - 18 中肋的定形尺寸 40 和 12。

说明：图 5 - 18 中所注字母 A、B、C 分别为轴承座高度、长度、宽度三个方向的尺寸基准。

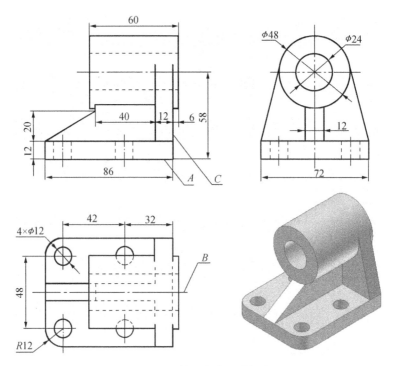

图 5 - 18　轴承座的尺寸标注

5.4　组合体读图

组合体画图是运用正投影的方法在平面上表达空间的物体，是三维到二维的思维过程。而读图正好相反，它是运用正投影方法，分析平面的图形，想象出物体空间的结构形状，是二维到三维的思维过程。可见，画图和读图是互逆的两个过程，但是两者又是紧密联系、互相促进的。画图和读图都是工程技术人员所应具备的基本技能。前面已经介绍过组合体视图的画法，本节将进一步学习组合体视图的读图方法。要想正确、快速地读懂组合体的视图，就必须掌握读图的基本要领和方法。

5.4.1　组合体视图读图要点

5.4.1.1　多个视图综合分析

组合体的形状一般是通过几个视图共同表达的，每个视图只能反映组合体某个方向的形状。在不考虑尺寸标注的情况下，仅由一个视图是不能唯一确定组合体的形状的。有时，两个视图也不能唯一确定组合体的形状。如图 5 - 19 所示的五组视图中，主视图都相同，但俯视图不同，则所表达的形体是各不相同的。又如 5 - 20 所示的三组视图中，主视图和俯视图都相同，但也表示了多种不同形状的形体。

因此，在读图时，必须把多个视图联系起来进行综合的分析。

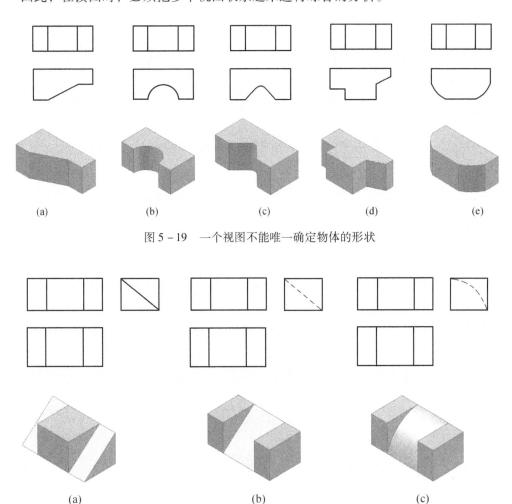

图 5 - 19　一个视图不能唯一确定物体的形状

图 5 - 20　两个视图也不一定唯一确定物体的形状

5.4.1.2　分析视图中线框和图线的含义

在读图时，特别是应用线面分析法读图的过程中，应注意分析视图中的线框和图线所表达的内容，以帮助理解形体的结构形状。如图 5-21 所示，视图中的每一个封闭线框，一般都表示物体上的一个面（平面或曲面）的投影、两相切表面（两曲面或平面与曲面）的投影或槽与孔的投影。视图中的每条图线，可能是物体表面有积聚性的投影、两表面交线的投影或回转形体转向线的投影。

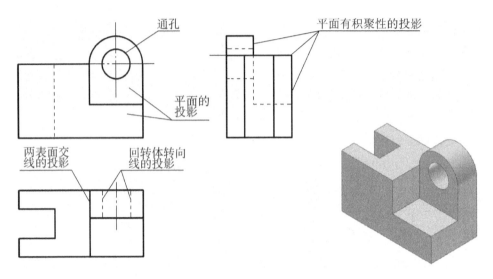

图 5-21　视图中线框和图线的含义

5.4.2　组合体读图方法

读组合体视图的方法有两种，即形体分析法和线面分析法。一般以形体分析法为主，线面分析法为辅。

5.4.2.1　形体分析法读图

用形体分析法读组合体视图的基本思路是：首先从反映物体主要形状特征的主视图入手，以轮廓线所构成的封闭线框为基本单位，将主视图分解为几个相对独立的部分（线框），每个独立的部分（线框）可设想为某简单形体的一个投影，再针对每个线框，按照投影规律找出它们在其他视图上对应的投影范围，通过综合分析想象出该线框所代表的简单形体的形状；根据图形特点分析各简单形体之间的相对位置关系，最后再综合想象出整个形体的形状。

下面以图 5-22a 所示三视图为例，说明用形体分析法读组合体视图的方法和步骤。

（1）看视图，分线框

如图 5-22a 所示，根据主视图中轮廓线的分布与连接情况，将其分成 Ⅰ、Ⅱ、Ⅲ、Ⅳ四个封闭的线框。

（2）对投影，识形体

根据主视图中所分出的各个线框，再对照其他两个投影，想象出每个线框所代表的简单形体的形状，如图 5-22b、c、d、e 所示。

（3）综合起来想整体

每部分线框所代表的简单形体的形状和各形体之间的相对位置关系确定后，再综合起来就很容易想象出整体的形状，如图 5 – 22f 所示。

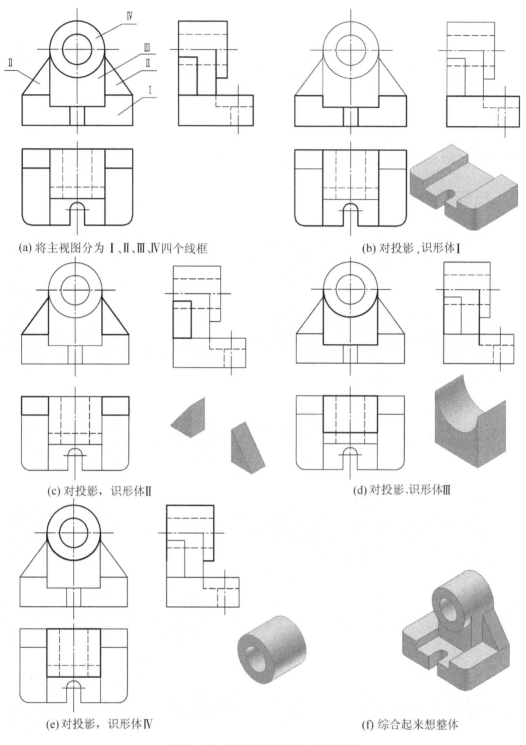

(a) 将主视图分为 Ⅰ、Ⅱ、Ⅲ、Ⅳ四个线框

(b) 对投影，识形体Ⅰ

(c) 对投影，识形体Ⅱ

(d) 对投影，识形体Ⅲ

(e) 对投影，识形体Ⅳ

(f) 综合起来想整体

图 5 – 22　形体分析法读组合体视图

5.4.2.2　线面分析法读图

形体分析法是读图的基本方法，但是对于某些较复杂的形体，特别是主要以切割方式构形的组合体，其简单的原形在被逐步切割后所得到的形体结构不够清晰规整，甚至还会出现较复杂的截交线或相贯线。这种情况下，在形体分析的基础上，还需要运用线面分析法辅助分析局部的形状。线面分析法就是通过研究和运用组合体中线、面的空间性质和投影规律，对组合体中局部较难读的投影部分进行深入分析，然后综合想象出组合体空间形状的方法。

下面以图 5－23a 所示压块三视图为例，说明用线面分析法读组合体视图的方法和步骤。

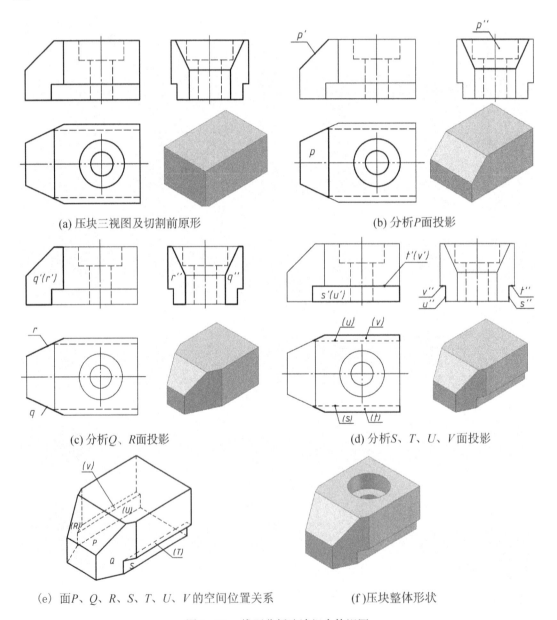

(a) 压块三视图及切割前原形

(b) 分析 P 面投影

(c) 分析 Q、R 面投影

(d) 分析 S、T、U、V 面投影

(e) 面 P、Q、R、S、T、U、V 的空间位置关系

(f) 压块整体形状

图 5－23　线面分析法读组合体视图

（1）形体分析

对压块三视图进行形体分析，以确定该组合体被切割前的原始形状。由于压块的三个视图轮廓都接近于长方形，所以可以确定其原形应该为长方体，压块就是对该长方体进行一系列的切割后形成的。

（2）线面分析

在形体分析的基础上，再对压块三视图进行线面分析，弄清组合体被切割的方法和步骤，并想象每步切割后所得到形体的形状。

分析俯视图中的线框 p。其对应的正面投影为直线 p'（投影积聚），侧面投影为线框 p 的类似形 p''。根据其投影特性可知 P 为正垂面，即相当于用一正垂面对长方体的左上角进行第一步切割，切割后所得到的形体如图 5 – 23b 所示。

分析主视图中的线框 q' 和 r'（两线框前后对称，投影重合）。其对应的水平投影为直线 q 和 r（投影积聚），侧面投影为线框 q' 和 r' 的类似形 q'' 和 r''。根据其投影特性可知 Q 和 R 均为铅垂面，即相当于用一对前后对称的铅垂面对长方体的左前角和左后角进行第二步切割，切割后所得到的形体如图 5 – 23c 所示。

分析主视图中的线框 s' 和 u'（两线框前后对称，投影重合）。其对应的水平投影为虚线 s 和 u（投影积聚），侧面投影为线段 s'' 和 u''（投影积聚），可知两平面 S 和 U 均为正平面；再分析俯视图中的线框 t 和 v，其对应的正面投影为线段 t' 和 v'（投影积聚，两线段前后对称，投影重合），侧面投影为线段 t'' 和 v''（投影积聚），可知两平面 T 和 V 均为水平面。则第三步切割是用前后对称的两对平面（正平面 S 与水平面 T，正平面 U 与水平面 V）同时切割形体的前下角和后下角实现的，切割后所得到的形体如图 5 – 23d 所示。

几步切割过程中所用到的平面 P、Q、R、S、T、U、V 的空间位置关系如图 5 – 23e 所示。再考虑到三视图中所体现的台阶孔结构后，压块最终的整体形状如图 5 – 23f 所示。

第6章 机件的常用表达方法

【学习目标】

了解采用视图表达机件的方法，掌握剖视图的表达方法和特点，了解断面图的表达方法，了解常见的图样规定画法。

【学习重点】

掌握采用基本视图、向视图、局部视图等表达机件的方法；采用全剖视图、半剖视图、局部剖视图等表达机件的方法；应用断面图、规定画法等表达机件的方法。

在实际工程应用中的机件往往是由若干基本形体组成的组合体，它们的结构多种多样，如何正确、快速地绘制机件图样是一个非常重要的问题。本章介绍了如何针对机件结构形状的特点，采取技术制图与机械制图国家标准规定的视图、剖视图、断面图及其他表达方法绘制机件的图样，并讲述了如何根据机件的结构特点选用适当的表达方法，在完整、清晰地表达机件各部分形状结构的前提下，力求绘图简便。

6.1 视图

视图主要用来表达机件的外部结构和形状，一般只画出机件的可见部分，必要时才用虚线表达其不可见部分。视图通常有基本视图、向视图、局部视图和斜视图。

6.1.1 基本视图

在原有三个基本投影面的基础上，再增设三个基本投影面，构成一个正六面体。将机件放在正六面体当中，如图6-1所示；分别向六个基本投影面投射，所得到的六个视图称为基本视图，如图6-2所示。除了前面已经学习过的三视图，即主视图（由前向后投射所得的视图）、俯视图（由上向下投射所得的视图）、左视图（由左向右投射所得的视图）之外，还有右视图（由右向左投射所得的视图）、仰视图（由下向上投射所得的视图）、后视图（由后向前投射所得的视图）。

六个基本投影面的展开方法如图6-1所示；六个投影面展开后的配置关系如图6-2所示。各视图之间的位置应符合"长对正、高平齐、宽相等"的投影规律，在同一张图纸内按照这种规定位置配置视图时，可不标注视图的名称。

6.1.2 向视图

图6-2中的各个视图也可不按照既定的位置关系配置，即将基本视图移动到其他位置进行配置，这种自由配置的视图称为向视图，如图6-3所示。绘制向视图时应在视图上方用大写拉丁字母标出其名称"×"，并在相应的视图附近用箭头指明投射方向，注上

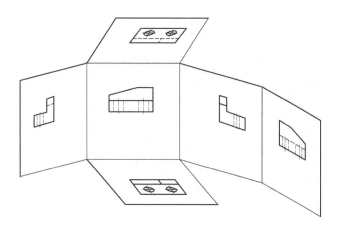

图 6－1 六个基本投影面的展开

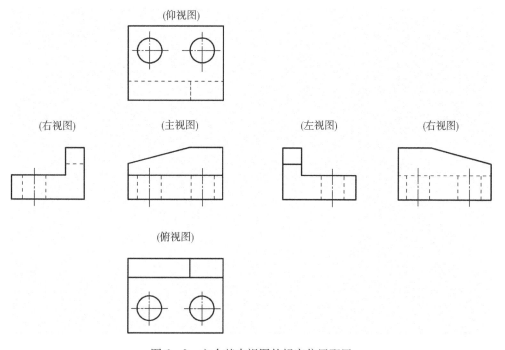

图 6－2 六个基本视图的规定位置配置

同样的字母"×"。

6.1.3 局部视图

当机件的某一部分外形没有表达清楚，又没有必要画出整个基本视图时，可以只将机件的某一部分向基本投影面投射，所得到的视图称为局部视图，如图 6－4 所示。图中，机件左方凸台在主、俯视图中未能表达实形，采用"A"向局部视图可以清楚地表示出凸台的形状。局部视图的范围用波浪线表示，同时用字母"A"及箭头指明投影部位及投射方向，并在局部视图上方标出对应的字母"A"。局部视图一般配置在箭头所指方向并与

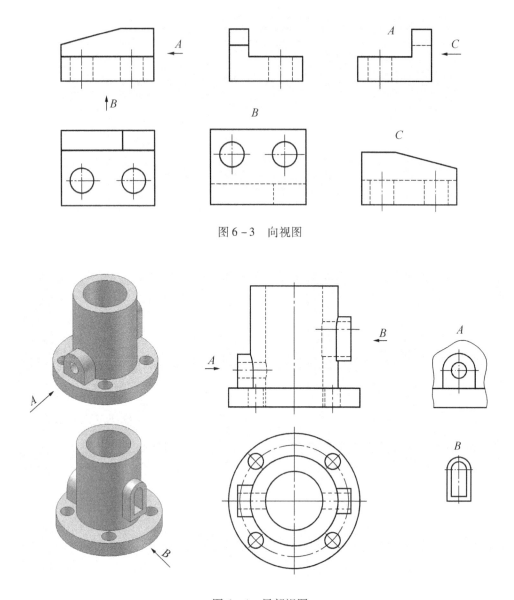

图 6 - 3　向视图

图 6 - 4　局部视图

有关视图保持投影关系的位置。由于布局等原因，也可配置在其他适当的位置。

如果需要表示的结构是完整的，外轮廓为封闭图形时，波浪线可以省略，如图 6 - 4 中右侧的凸台结构，采用了 B 向局部视图来表达。

机件上对称结构的局部视图，可按图 6 - 5 所示的方法绘制。

6.1.4　斜视图

当机件上倾斜表面的形状在基本视图上不能反映实形时，可增加平行于倾斜表面的平面，然后将倾斜部分向该平面投射，所得到的视图称为斜视图，如图 6 - 6 所示。机件右侧倾斜结构在主、俯视图中均不能表达出其实际形状，这时可以假想设立一平行于"斜

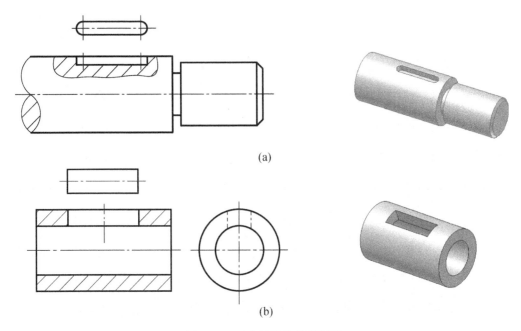

(a)

(b)

图 6 – 5　对称结构的局部视图

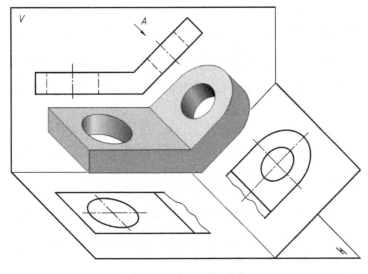

图 6 – 6　斜视图的形成

板"的平面,将"斜板"向此平面作投射,再将所得到的投影旋转到与水平面重合,即得到"斜板"部分的斜视图。用字母及箭头指明投影部分的位置及投射方向,在斜视图上方注明"A",如图 6 – 7 所示。

　　斜视图一般按投影关系配置,如图 6 – 7a 所示;必要时也可配置在其他适当位置,如图 6 – 7b 所示。在不致引起误解时,允许将图形旋转,在斜视图上方注明"A",同时标注旋转方向的符号"⌒",其半径大小与字高相同,字母写在箭头附近。

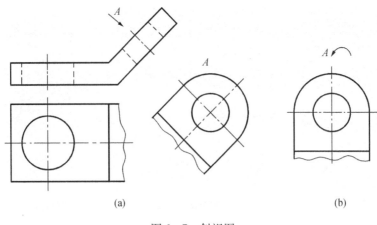

(a)　　　　　　　　　(b)

图 6 - 7　斜视图

6.2　剖视图

为了清楚地表达机件内部或被遮盖部分的结构形状，以免绘制内部结构复杂的机件时，图形上出现过多的虚线，导致层次不清楚而影响图形表达，给读图、画图带来困难，绘图时可采用"剖视图"的画法。

6.2.1　剖视图的概念

假想用剖切面剖开机件，将处在观察者和剖切面之间的部分移去，而将剩余部分向投影面作投射，所得到的图形称为剖视图，如图 6 - 8c 所示。剖视图可简称为剖视，主要用来表达机件的内部结构。

通过图 6 - 8a 视图与图 6 - 8d 剖视图的比较，可以看出，由于主视图采用了剖视的画法，将机件上不可见部分变成了可见的，图中原有的虚线变成了实线，再加上剖面线的作用，使机件的内部结构形状表达既清晰又有层次感，同时画图、看图、标注尺寸都很方便。

画剖视图时，应在剖切面剖到的机件实体部分画上剖面符号。剖面符号随机件所用材料类别的不同而有所不同，详见表 6 - 1。

一般金属材料剖面线是与水平方向成 45°的细实线。同一机件各视图中剖面线应画成方向相同、间隔相等的平行线，如图 6 - 9 所示。

当图形中的主要轮廓线与水平成 45°时，剖面线应画成与水平成 30°或 60°的平行线，但倾斜方向应与原图剖面线方向一致，如图 6 - 10 所示。

6.2.2　剖视图的画法

画剖视图时应注意下面几个问题：

（1）剖切面一般应通过机件内部结构的对称面或孔的轴线，并平行于相应的投影面。如图 6 - 8d 中剖切面与俯视图的对称面重合。

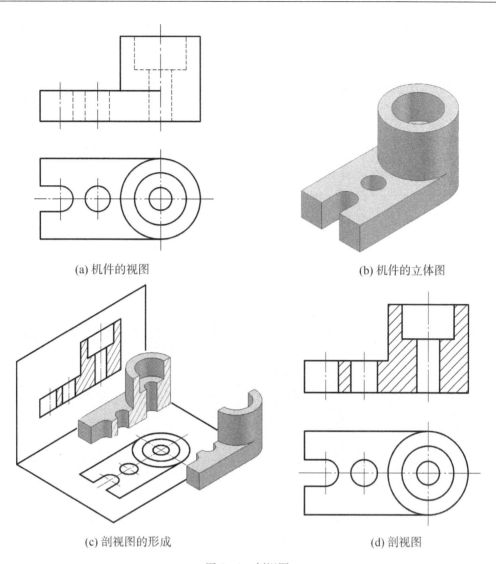

(a) 机件的视图

(b) 机件的立体图

(c) 剖视图的形成

(d) 剖视图

图 6 - 8　剖视图

表 6 - 1　剖面符号

金属材料 （已有规定剖面 符号者除外）		木质胶合板 （不分层数）	
线圈绕组元件		基础周围的泥土	
转子、电枢、变压器和 电抗器等的迭钢片		混凝土	

续表 6 - 1

非金属材料 （已有规定剖面符号者除外）	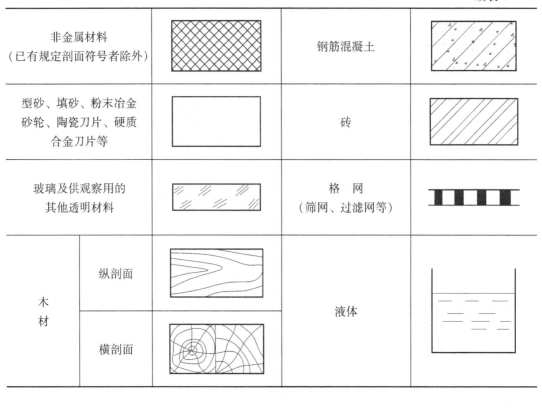	钢筋混凝土	
型砂、填砂、粉末冶金 砂轮、陶瓷刀片、硬质 合金刀片等		砖	
玻璃及供观察用的 其他透明材料		格　网 （筛网、过滤网等）	
木材	纵剖面	液体	
	横剖面		

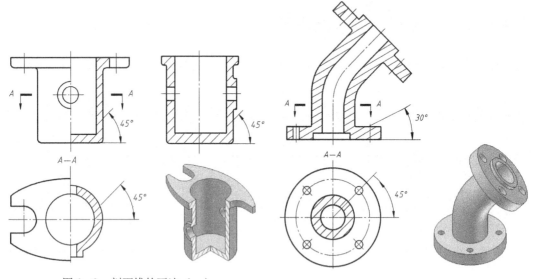

图 6 - 9　剖面线的画法（一）　　　　　图 6 - 10　剖面线的画法（二）

（2）由于剖切是假想的，所以一个视图取剖视后，其他视图仍应完整画出，如图 6 - 8d 中的俯视图。

（3）剖切面后面的可见轮廓线应全部画出，如图 6 - 9 主视图中的小孔。

（4）剖切面后面的不可见轮廓线一般不画出，如图 6 - 11 所示。但如果画出某一虚线有助于读图时，也可画出虚线，如图 6 - 12 所示。

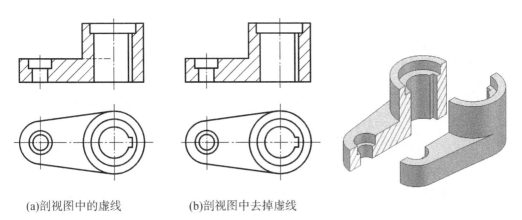

(a)剖视图中的虚线　　　　　　(b)剖视图中去掉虚线

图 6 - 11　剖视图一般不画虚线

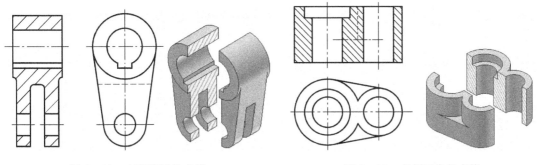

图 6 - 12　有助读图的虚线　　　　　　图 6 - 13　必须画出的虚线

如果虚线省略后，造成机件结构的缺失或不确定，此时虚线还应画出，如图 6 - 13 所示。

（5）要仔细分析被剖切孔、槽的结构形状，以免错漏。如图 6 - 14 表示几种不同结构两级孔投影的区别。

（6）不要漏线或多线。

不漏面的投影，如图 6 - 15 所示，点 A 所在平面的投影不要漏画。

不漏交线的投影，如图 6 - 16 所示，点 A 所在的交线的投影不要漏画。

不要多线，如图 6 - 16a 中剖面中的粗线是多余的。

6.2.3　剖视图

6.2.3.1　全剖视图

用剖切面完全剖开机件后所得到的剖视图称为全剖视图。全剖视图主要用于外形简单、内部结构复杂的机件，如图 6 - 17 所示。该机件外形简单，即使主视图因外形全剖去，仍知其形状，故可采用全剖视图。

剖视图绘制完成后一般还需要标注剖切位置和剖视图名称，具体要求如下：

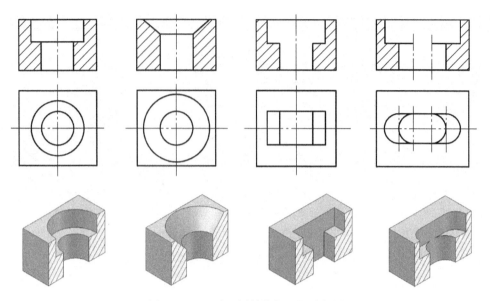

图 6 – 14　四种不同结构的两级孔投影

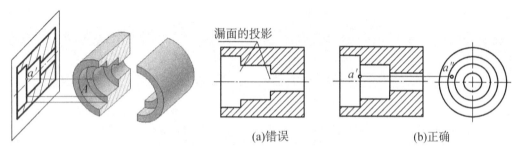

图 6 – 15　不漏面的投影

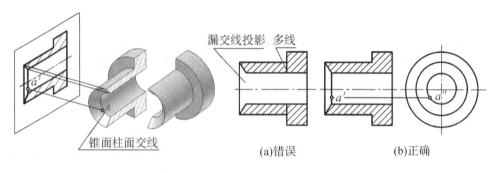

图 6 – 16　不漏交线的投影

用宽 $1 \sim 1.5\,\text{mm}$、长 $5 \sim 10\,\text{mm}$、中间断开的短粗实线为剖切符号，表示剖切平面的位置。剖切符号尽可能不与图形的轮廓线相交。在剖切符号两端用箭头表示投射方向，在

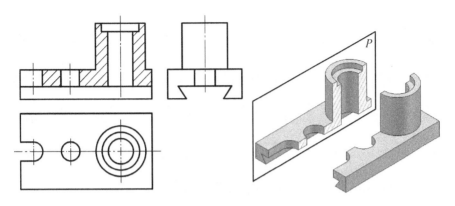

图 6 - 17　机件的全剖视图

剖切符号的起、迄处用相同的字母标出剖切面的名称（如 A），并在剖视图上方标出相应的字母（如"A—A"），如图 6 - 18、图 6 - 19 所示。

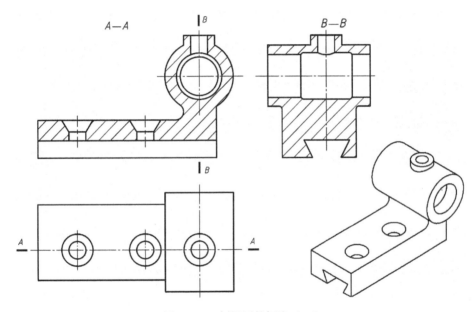

图 6 - 18　剖视图的标注（一）

当剖切面通过机件的对称平面或基本对称的平面，且剖视图按投影关系配置，中间又没有其他图形隔开时，可以省略标注，如图 6 - 17 所示。

当剖视图按投影关系配置，但剖切面不是通过对称面时，可省略箭头，如图 6 - 18 所示。

6.2.3.2　半剖视图

当机件具有对称平面时，向垂直于对称平面的投影面上投射所得到的图形，可以以对称中心线为界，一半画成剖视图，另一半画成视图，这样的表达方法获得的剖视图称为半剖视图。如图 6 - 20c 就是将图 6 - 20a 的视图和图 6 - 20b 的剖视图进行组合之后的结果。半剖视图中剖视部分表达了机件的内部结构，另一半视图部分表达了机件的外部形状，所

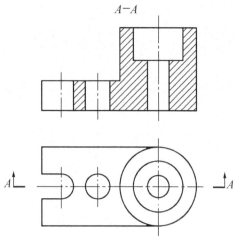

图 6 - 19　剖视图的标注（二）

以很容易据此想象出整个机件的内、外部结构形状。半剖视图适用于内、外形都需要表达，而形状对称的机件。

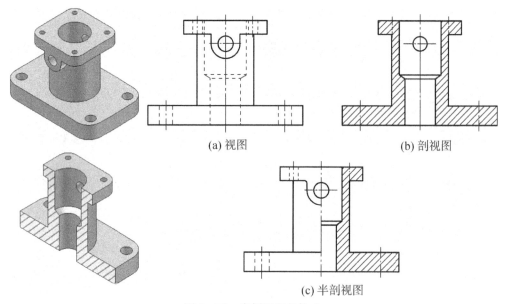

(a) 视图　　　　　　　　　　(b) 剖视图

(c) 半剖视图

图 6 - 20　半剖视图的构成

　　半剖视图的标注方法与全剖视图相同。剖视的剖切位置若为对称平面，不必标注，如图 6 - 21 中的主、左视图的剖视；剖视的剖切位置若不是对称平面（如俯视图的剖切平面 A），则需注明剖切面位置符号和字母，并在剖视图上方注明"×—×"，如图 6 - 21 俯视图中的"A—A"。

　　当机件形状接近于对称，且其不对称部分已另有视图表达清楚时，也允许画成半剖视图，如图 6 - 22 所示。

　　画半剖视图时应注意：

　　① 半剖视图中剖视图与视图的分界处应画成中心线，切不可画成粗实线。

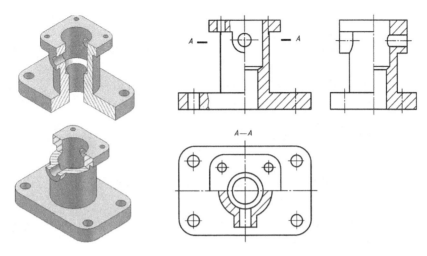

图 6 – 21　机件的半剖视图（一）

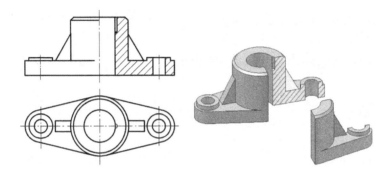

图 6 – 22　机件的半剖视图（二）

② 半剖视图中，内部形状已表达清楚的，视图中虚线不再画出，如图 6 – 20 所示。

③ 可将投射方向一致的几个对称图形各取一半（或四分之一）合并成一个图形。此时应在剖视图附近标出相应的剖视图名称，如图 6 – 23 所示。

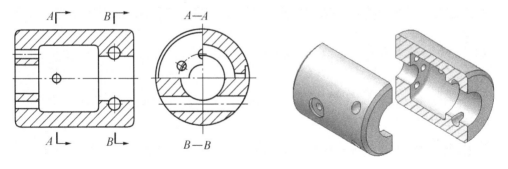

图 6 – 23　机件的半剖视图（三）

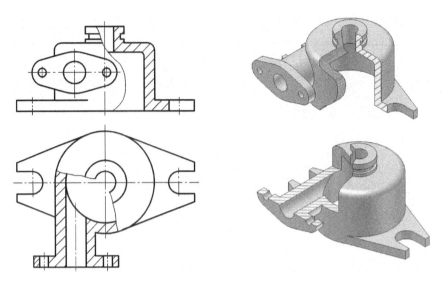

图 6 - 24　机件的局部剖视图（一）

6.2.3.3　局部剖视图

用剖切面局部剖开机件，所得的剖视图称为局部剖视图。如图 6 - 24 所示，主视图剖切一部分，用来表达内部结构；保留的局部外形部分，用来表达凸缘形状及其位置。俯视图剖切局部，用于表达凸缘内孔结构。

局部剖视图具有同时表达机件内、外结构的优点，适用于不宜采用全剖、也不宜采用半剖视的情况。局部剖视不受机件是否对称的限制，在什么位置剖切、剖切范围有多大，均可根据需要而定，因此应用比较广泛。

画局部剖视图时应注意：

① 局部剖视与视图应以波浪线分界，波浪线不可与图形轮廓线重合，如图 6 - 25 所示，也应尽量避免画在轮廓线的延长线位置上。

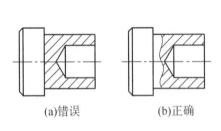

(a)错误　　　　　(b)正确

图 6 - 25　机件的局部剖视图（二）

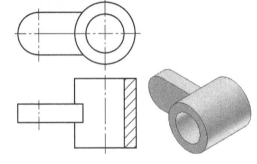

图 6 - 26　机件的局部剖视图（三）

② 当被剖切的结构对称时，可以该结构对称中心线作为局部剖视与视图分界线，如图 6 - 26 俯视图中圆筒结构的剖视图。

③ 波浪线不应画在通孔、通槽内或画在轮廓线外，因为这些地方没有"断裂"痕迹，

如图 6 - 27 所示。

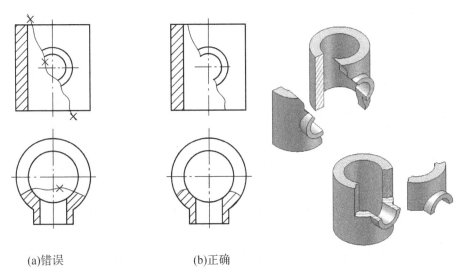

(a)错误　　　　　　　　(b)正确

图 6 - 27   机件的局部剖视图（四）

④ 剖切位置明显的局部剖视图可以不标注。

⑤ 在一个视图中，采用局部剖视图的部位不宜过多，以免使图形显得过于破碎，影响看图。

6.2.4   剖切面的种类

剖视图能否清晰地表达机件的结构形状，剖切面的选择是很重要的。剖切平面共有三种，分别是：单一剖切平面、几个平行的剖切平面和几个相交的剖切平面。此外，也可以采用柱面作为剖切面。

6.2.4.1   单一剖切平面

（1）平行于某一基本投影面的剖切平面

前面介绍的全剖视图、半剖视图和局部剖视图都是单一剖切平面剖切的图例，并且剖切平面都平行于某一个基本投影面，如图 6 - 28 所示。

（2）不平行于任何基本投影面的剖切平面

为了表达机件上倾斜部分的内部结构，用不平行于任何基本投影面的剖切面剖开机件，从而真实地反映机件倾斜部分的内部结构，如图 6 - 29 所示。这种剖视图通常按斜视图的配置形式配置并标注，一般按投影关系配置在与剖切符号相对应的位置上；也可以平移到其他适当的地方；在不致引起误解的情况下，也允

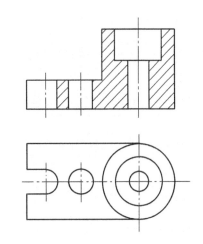

图 6 - 28   单一剖切平面获得的剖视图（一）

许将图形旋转配置，但必须在剖视图上方标注出旋转符号，如图 6 - 30 所示。

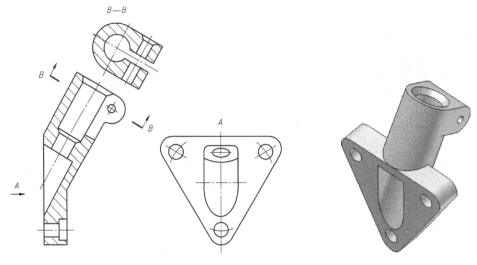

图 6 - 29　单一剖切平面获得的剖视图（二）

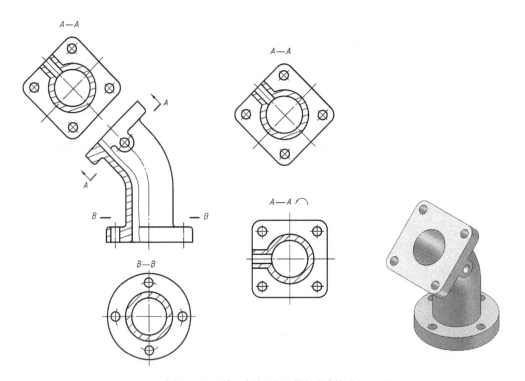

图 6 - 30　单一剖切平面获得的剖视图（三）

6.2.4.2　几个平行的剖切平面

当机件上有较多分布在几个相互平行平面上的内部结构的时候，可以采用几个平行的剖切平面剖开机件，如图 6 - 31 所示。在该机件中，左侧的台阶孔、中间的轴孔和右侧的小孔只用一个剖切平面不能全部都剖切到，假想用两个互相平行的剖切平面 A 来剖切（一个剖左侧的台阶孔，另一个剖中间的轴孔和右侧的小孔等结构），所得到的两部分剖视图合画成一个剖视图，则可以表达清楚这两部分内部的结构。

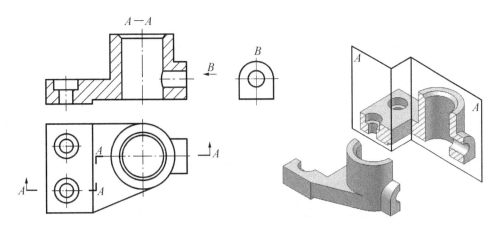

图 6 – 31 几个平行的剖切平面获得的剖视图（一）

采用这种方法画剖视图时，应注意以下问题：

① 剖切平面起、迄、转折处应画出剖切符号并加注相同字母 A（如有不便，转折处的字母标注可省略），剖视图上方注明相应字母"A—A"，如图 6 – 31 所示。

② 各剖切平面的转折处必须为直角，并且剖切平面不得相互重叠，以免剖视图形紊乱。

③ 在剖视图中，剖切平面转折处不画任何图线，并且转折部位不应与机件原有轮廓重合，如图 6 – 32 所示。

④ 剖视图内不应出现不完整要素（如孔、槽、凸台、筋板等结构不应一部分剖去，一部分保留），如图 6 – 33 所示。仅当两个要素具有公共对称中心线或轴线时，可以各画一半，并以对称线分界，如图 6 – 34 所示。

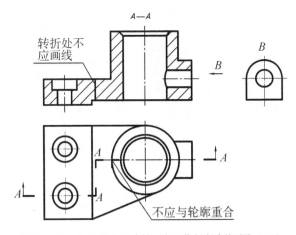

图 6 – 32 几个平行的剖切平面获得的剖视图（二）

6.2.4.3 几个相交的剖切平面

（1）用两个相交的剖切平面剖切

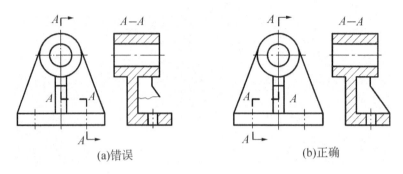

(a)错误　　　　　　　　　　　　　　　　(b)正确

图 6 – 33　几个平行的剖切平面获得的剖视图（三）

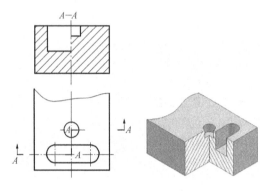

图 6 – 34　几个平行的剖切平面获得的剖视图（四）

当需要表达具有公共回转轴线的机件，如轮、盘、盖等机件上的孔、槽等的内部结构的时候，可以采用两个相交平面剖开机件的表达方法，如图 6 – 35 所示。

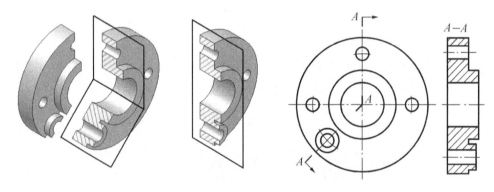

图 6 – 35　两个相交剖切平面获得的剖视图（一）

在图 6 – 35 中，用一个剖切平面不能同时剖到机件上的小孔、中心孔及凸台。现用两个剖切平面 A 剖切机件（其中上面的是侧平面、下面的是正垂面），交线是中心孔的轴线，且垂直于正立投影面。这样可同时剖到三个孔。画图时要注意将正垂面剖切到的结构绕交线（轴线）旋转到与侧立投影面平行后进行投射，还应在剖切平面起、迄、转折处画上剖切符号，注写字母，在剖视图上方注明 "A—A"。

位于剖切平面后的其他结构一般仍按原来的位置进行投影，如图 6 – 36 中的油孔，并未随剖切面一起旋转。当剖切后产生不完整要素时，此部分按不剖绘制，如图 6 - 37 所示。

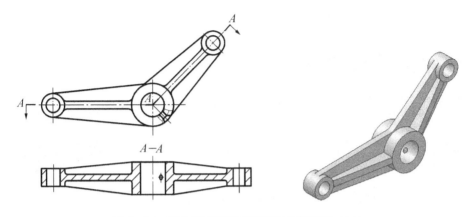

图 6 - 36　两个相交剖切平面获得的剖视图（二）

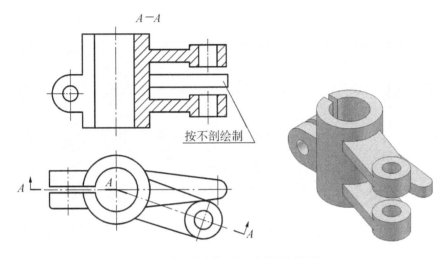

按不剖绘制

图 6 - 37　两个相交剖切平面获得的剖视图（三）

（2）用组合的剖切面剖切

当机件单靠上述某一种剖视方法都不能同时表达出机件上多处结构的时候，可以将几种剖切面组合起来进行表达。如图 6 - 38 所示，由三个剖切平面剖开，前两个剖切平面相互平行，第二个和第三个剖切平面相交于大圆柱孔的轴线。

图 6 - 39 中所示的机件采用了三个相交的剖切平面，表达了三处孔的结构。这种由连续几个相交剖切平面的剖切，剖视图应采用展开画法，并在其上方标注 "A—A 展开"。

6.2.4.4　其他形式的剖切面

（1）在必要时可以采用圆柱面对机件进行剖切，这时所得到的剖视图如图 6 - 40、图 6 - 41 所示。

（2）在剖视图的剖面中，可再作一次局部的剖切。采用这种表达方法时，两个剖面区域的剖面线应同方向、同间隔，但要互相错开，并用引出线标注其名称，如图 6 - 42 中剖面 B 表达了机件右侧小孔的结构。当剖切位置明显时，也可省略标注。

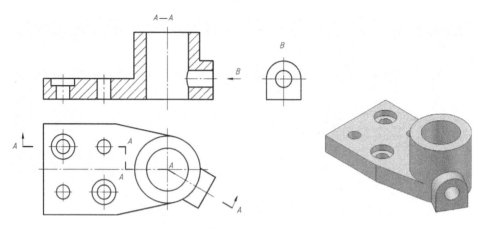

图 6 – 38　机件的组合剖视图（一）

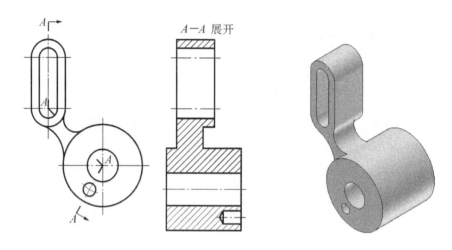

图 6 – 39　机件的组合剖视图（二）

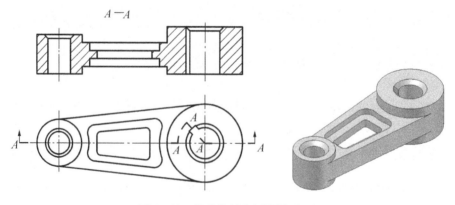

图 6 – 40　机件的复合剖视图（三）

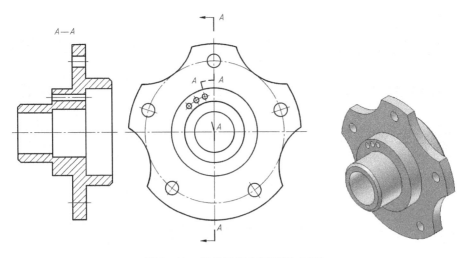

图 6 - 41　机件的复合剖视图（四）

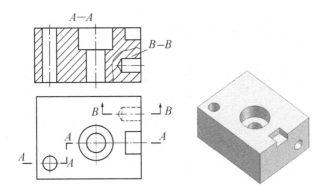

图 6 - 42　剖视图中再作剖视

6.3　断面图

6.3.1　断面图的概念

　　假想用剖切面将机件某部分切断，仅画出该剖切面与机件接触部分的图形称为断面图，也可简称为断面，如图 6 - 43 所示。断面上一般应画出剖面符号。剖视图除画出断面形状外，还需画出剖切面后方结构的投影。

　　断面一般用于表达机件某一部分的切断表面形状或轴及实心杆上孔槽等的结构形状。断面图实际上就是使剖切平面垂直于结构要素的中心线（如轴线或主要轮廓线）进行剖切，然后将断面图形旋转 90°，使其与纸面重合而得到的。如图 6 - 43 所示，在主视图上已表明了键槽的形状和位置，键槽的深度虽然可以用剖视图来表达，但显然用断面表达更清晰、简洁，同时也便于标注尺寸。

　　根据断面在图中位置不同，断面图可分为移出断面图和重合断面图两种。

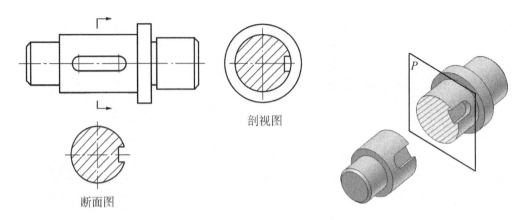

图 6 - 43　断面图与剖视图的区别

6.3.1.1　移出断面图

画在视图轮廓外的断面图称为移出断面图。其轮廓线用粗实线画出，如图 6 - 44 中肋板的表达。

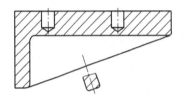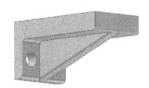

图 6 - 44　移出断面图画法（一）

画移出断面图时，要注意以下几点：

① 移出断面图通常配置在剖切符号或剖切线的延长线上，如图 6 - 44 所示。

② 断面图形对称时，也可画在视图的中断处，如图 6 - 45 所示。

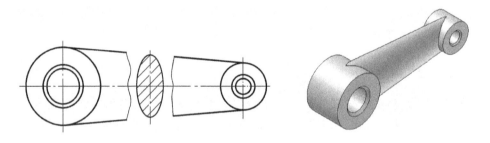

图 6 - 45　移出断面图画法（二）

③ 必要时，移出断面也可以配置在其他位置。在不致引起误解的情况下，允许将图形旋转配置，此时应在断面图上方注出旋转符号，如图 6 - 46 所示。

④ 断面图放置在剖切线延长线上，且图形对称时，可不加任何标注，如图 6 - 47a 所示；图形不对称，需画剖切符号及箭头，说明观察断面图的方向，如图 6 - 47b 所示；断面图不在剖切线延长线上时，还需加注字母，如图 6 - 47c 所示。

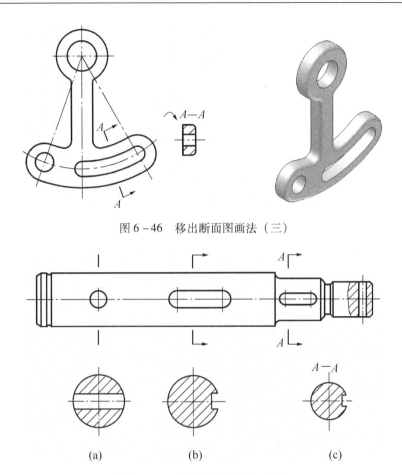

图 6 - 46　移出断面图画法（三）

图 6 - 47　移出断面图画法（四）

⑤ 剖切面通过回转面形成的圆孔或圆坑的轴线时，断面中这些结构按剖视图画出，如图 6 - 48 所示。

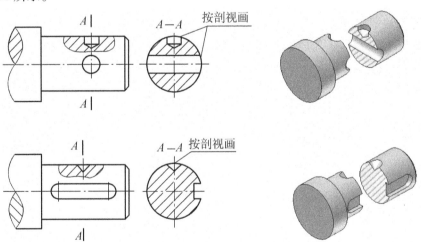

图 6 - 48　移出断面图画法（五）

⑥ 当剖切面通过非圆孔，会导致出现完全分离的两个断面时，则这些结构应按剖视

图绘制，如图 6 -46、图 6 -49 所示。

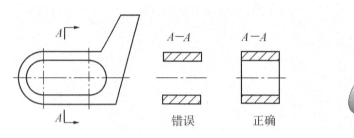

图 6 -49 移出断面图画法（六）

⑦ 由两个相交剖切面切出的移出断面，中间应断开，如图 6 -50 所示。

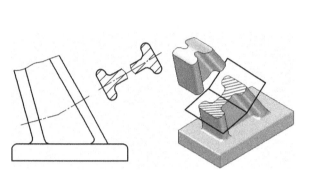

图 6 -50 移出断面图画法（七）

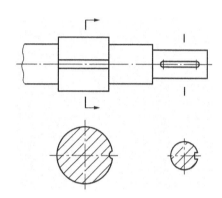

图 6 -51 移出断面图画法（八）

⑧ 在不致引起误解的情况下，零件图中的移出断面图，允许省略剖面符号，但剖切位置和断面图的标注必须遵守规定，如图 6 -51 所示。

6.3.1.2 重合断面图

画在视图内的断面图叫重合断面图，如图 6 -52 所示。重合断面图的轮廓线用细实线画出，当它与视图中轮廓线重叠时，视图中的轮廓线仍需完整画出而不中断，如图 6 -53 所示。重合断面图为对称图形时，不加标注，如图 6 -54 所示。重合断面图为不对称图形时，应标出剖切符号及箭头，可以省略字母，如图 6 -53 所示。

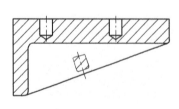

图 6 -52 重合断面图画法（一）

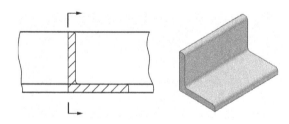

图 6 -53 重合断面图画法（二）

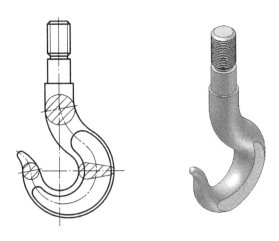

图 6 – 54　重合断面图画法（三）

6.4　规定画法

6.4.1　肋板的规定画法

对于机件的肋、轮辐及薄壁等，如按纵向剖切，这些结构都不画剖面符号，而用粗实线将它与其邻接部分分开，如图 6 – 55 所示。

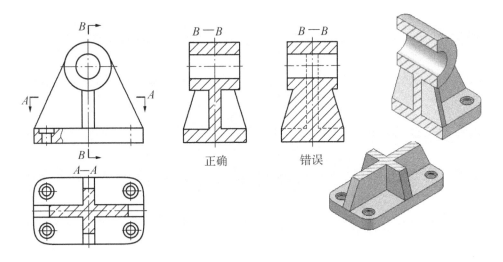

图 6 – 55　肋板的规定画法

6.4.2　均匀分布的肋板和孔的规定画法

当机件回转体上均匀分布的肋、轮辐、孔等结构不处于剖切面上时，可将这些结构旋转到剖切面上画出，如图 6 – 56 中肋和图 6 – 57 中的小孔。

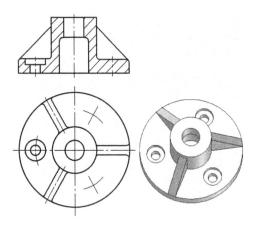

图 6 – 56　均匀分布的肋

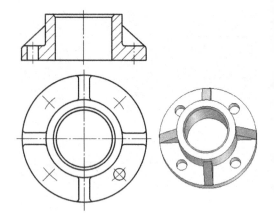

图 6 – 57　均匀分布的孔

第7章 标准件和常用件

【学习目标】

了解与掌握螺纹的规定画法和标注方法；了解与掌握常用螺纹紧固件的画法及装配画法；了解与掌握直齿圆柱齿轮及其啮合的规定画法；了解与掌握键、销、滚动轴承、弹簧的画法。

【学习重点】

掌握螺纹的规定画法和标注方法，掌握螺纹紧固件的画法及装配画法，掌握直齿圆柱齿轮及啮合的规定画法。

在各种机械设备中，经常用到螺栓、螺母、垫圈、键、销、齿轮、弹簧、滚动轴承等各种不同的零件。这些零件的应用范围广，使用量很大，为了提高产品质量和降低成本，国家标准对这类零件的结构、尺寸和技术要求实行全部或部分标准化。实行全部标准化的零件，称为标准件；实行部分标准化的零件，称为常用件。国家标准对这些零件的结构、尺寸或某些结构的参数、技术要求等都作了统一的规定，以利于制造、使用和减少绘图工作量，提高设计的速度和质量。本章主要介绍有关标准件和常用件的基本知识、规定画法和标注方法。

7.1 螺纹与螺纹紧固件

7.1.1 螺纹

7.1.1.1 螺纹的形成

螺纹是零件上常见的一种结构，分外螺纹和内螺纹。在圆柱（或圆锥）外表面上的螺纹称外螺纹，在圆柱（或圆锥）孔内表面上的螺纹称内螺纹。

螺纹的加工方法很多，如图 7 – 1a、b 是在车床上加工内、外螺纹的情况，它是根据螺旋线形成原理加工而成。圆柱形工件作等速旋转运动，车刀与工件相接触作等速的轴向移动，刀尖相对工件即形成螺旋线运动。由于刀刃的形状不同，在工件表面被切去部分的断面形状也不同，所以可加工出各种不同的螺纹。图 7 – 1c、d 所示是用板牙或丝锥加工直径较小的螺纹，俗称套扣或攻丝。

7.1.1.2 螺纹的结构

（1）螺纹的末端

为了防止螺纹端部损坏和便于安装，通常在螺纹的起始处做成一定形状的末端，如圆锥形的倒角或球面形的圆顶等，如图 7 – 2 所示。

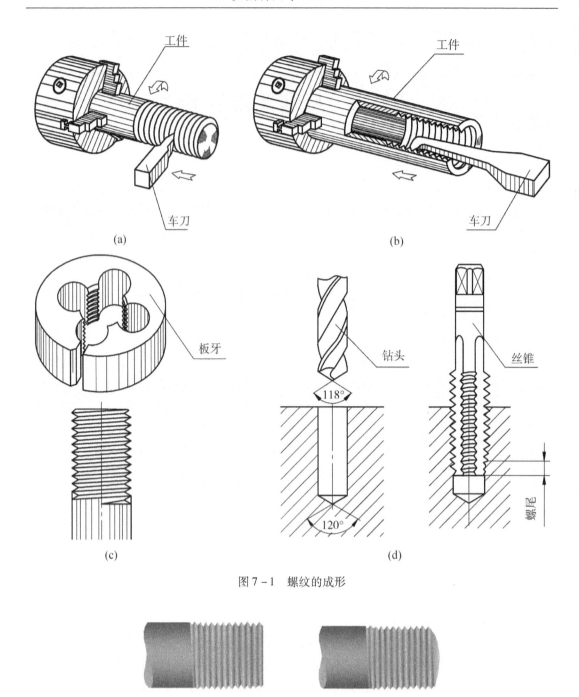

(a)

(b)

(c)

(d)

图 7-1　螺纹的成形

(a) 倒角(圆锥形)　　　(b) 圆顶(球面)

图 7-2　螺纹的末端

（2）螺纹收尾和退刀槽

车削螺纹的刀具即将到达螺纹终止处时要逐渐离开工件，因而螺纹终止处附近的牙型要逐渐变浅，形成不完整的牙型，这一段长度的螺纹称为螺纹收尾，简称螺尾，如图 7-3 所示。为了避免产生螺尾和便于加工，有时在螺纹终止处预先车出一个退刀槽，如图 7-4 所示。

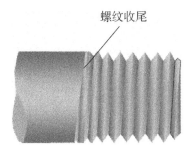

图 7 - 3　螺纹收尾

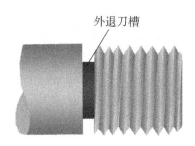

图 7 - 4　螺纹退刀槽

7.1.1.3　螺纹的基本要素

（1）牙型

螺纹的轴向剖面形状称为牙型。其凸起部分称为螺纹的牙，凸起的顶端称为螺纹的牙顶，底部称为螺纹的牙底。常见的螺纹牙型有三角形、梯形和锯齿形等，如图 7 - 5 所示。

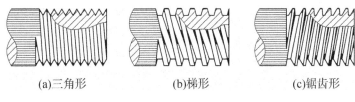

(a)三角形　　　　(b)梯形　　　　(c)锯齿形

图 7 - 5　螺纹的牙型

（2）直径

大径：螺纹的最大直径。大径是指和外螺纹牙顶圆或内螺纹牙底圆相重合的假想圆柱面的直径，其代号为 d（外螺纹）、D（内螺纹）。对于公制螺纹来说，大径就是螺纹的公称直径，如图 7 - 6 所示。

小径：螺纹的最小直径。小径是指和外螺纹牙底圆或内螺纹牙顶圆相重合的假想圆柱面的直径。其代号为 d_1（外螺纹）、D_1（内螺纹），如图 7 - 6 所示。

中径：中径是指母线通过牙型上沟槽与凸起宽度相等的假想圆柱的直径，其代号为 d_2（外螺纹）、D_2（内螺纹），如图 7 - 7 所示。

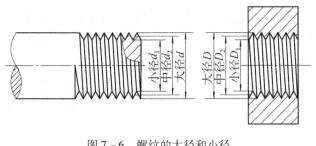

图 7 - 6　螺纹的大径和小径

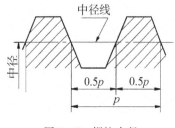

图 7 - 7　螺纹中径

（3）线数

线数是指同一圆柱面或圆锥面上螺纹的条数，记为 n。沿一条螺旋线所形成的螺纹称

119

单线螺纹，沿两条或两条以上在轴向等距分布的螺旋线上所形成的螺纹称多线螺纹（图7-8a 是单线螺纹，图7-8b 是双线螺纹）。

（4）螺距和导程

相邻两牙在中径线上对应点间的轴向距离称为螺距，记为 P。同一条螺纹上相邻两牙在中径线上对应点间的轴向距离称为导程，记为 P_h。单线螺纹有 $P = P_h$，多线螺纹有 $P = P_h/n$，如图7-8 所示。

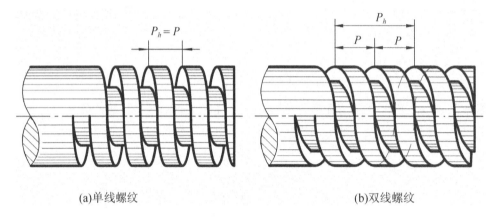

(a)单线螺纹　　　　　　　　　　　　　(b)双线螺纹

图7-8　螺纹的线数、导程和螺距

（5）旋向

与螺旋线的旋向一样，螺纹分右旋螺纹和左旋螺纹两种，如图7-9 所示。右旋螺纹记为 RH，左旋螺纹记为 LH。

国家标准规定了常用螺纹的牙型、大径和螺距。凡是这三项都符合标准的，称为标准螺纹；牙型符合国家标准、大径和螺距不符合国家标准的，称为特殊螺纹；牙型不符合国家标准的，称为非标准螺纹。

螺纹按用途可以分为连接螺纹和传动螺纹。

内外螺纹要互相旋合，它们的基本要素必须完全相同。

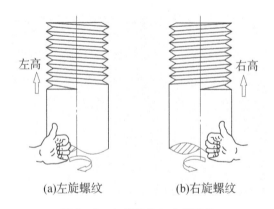

(a)左旋螺纹　　　　(b)右旋螺纹

图7-9　左旋螺纹与右旋螺纹

7.1.1.4　螺纹的规定画法

螺纹的真实投影是比较复杂的，一般连接螺纹和传动螺纹及其连接都按规定画法表示，见表 7-1。

表 7-1　螺纹的规定画法

画　法　示　例		有　关　规　定
外螺纹	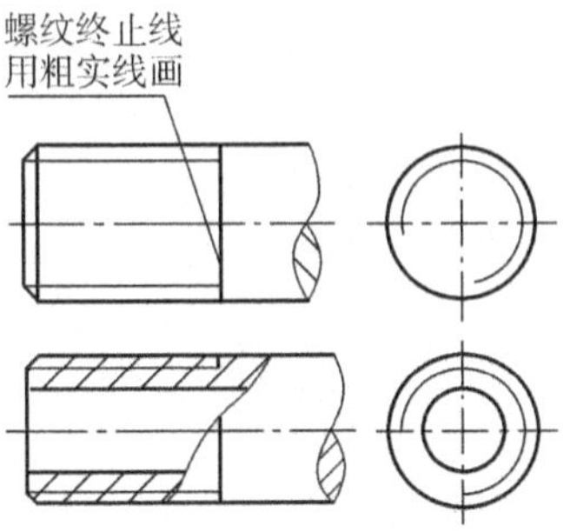	① 螺纹的大径 d 用粗实线表示 ② 螺纹的小径 d_1 用细实线表示，且画到倒角范围内。作图时 $d_1 \approx 0.85d$ ③ 螺纹的终止线用粗实线表示 ④ 在垂直于螺纹轴线的视图中，表示小径的细实线圆只画约 3/4 圈，轴的倒角圆省略不画 ⑤ 剖面线画到表示大径的粗实线处
内螺纹	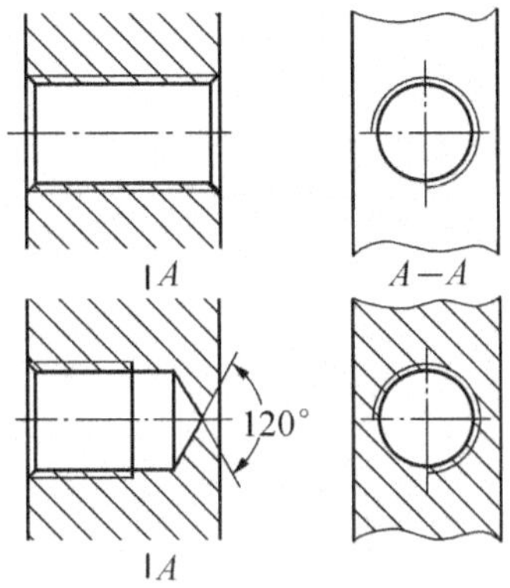	① 在剖视图中，螺纹的牙顶（小径 D_1）用粗实线表示 ② 螺纹的牙底（大径 D）用细实线表示 ③ 螺纹的终止线用粗实线表示 ④ 剖面线应画到表示小径的粗实线处 ⑤ 在垂直于螺纹轴线的视图中，表示大径的细实线圆只画约 3/4 圈，孔的倒角圆省略不画 ⑥ 绘制不穿通的螺孔时，钻孔深度与螺纹部分的深度分别画出，钻孔的锥尖角为 120°（不需标注）
螺纹连接	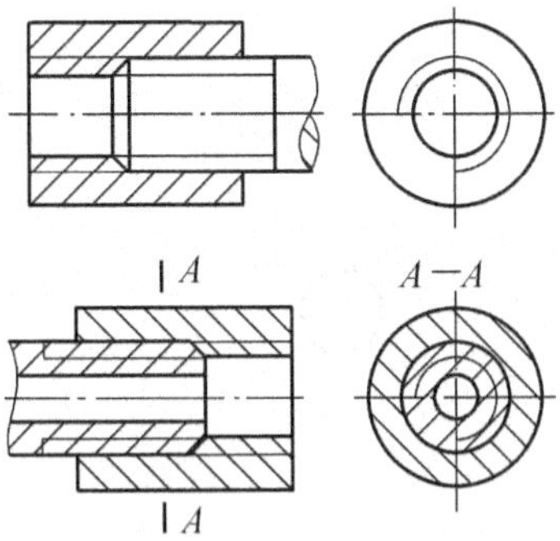	① 以剖视图表示内、外螺纹的连接时，其旋合部分应按外螺纹的画法绘制，其余部分仍按各自的画法表示 ② 表示内、外螺纹牙顶、牙底的粗实线、细实线应分别对齐 ③ 剖面线画到粗实线处
相贯螺纹孔	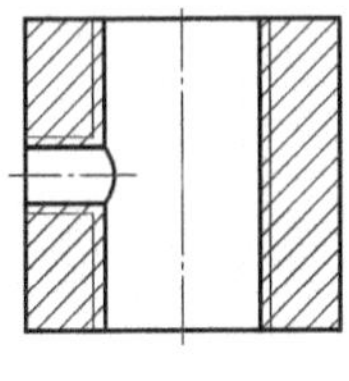	螺孔与螺孔、螺孔与光孔相贯时，其交线应画在牙顶（小径）处

7.1.1.5 螺纹的类型及标注

螺纹采用规定画法后，在图样上反映不出螺纹的要素和类型，这就需要用标注的方法表示。螺纹的标注格式是：

① 螺纹的公差带代号是用来说明螺纹加工精度的，它用数字表示公差等级（公差带大小），用拉丁字母表示基本偏差代号（公差带位置），小写字母代表外螺纹，大写字母代表内螺纹。普通螺纹的公差带代号由两部分组成，即中径和顶径（即外螺纹大径或内螺纹小径）的公差带代号。当中径和顶径的公差带代号相同时，则只标注一个。管螺纹公差带代号外螺纹仅分 A、B 两个等级，内螺纹的中径公差等级只有一种，不标注。梯形螺纹、锯齿形螺纹只标注中径公差带代号。

② 螺纹旋合长度代号规定为短（S）、中（N）、长（L）三种。中等旋合长度"N"不必标注，梯形螺纹分 N、L 两组。一般情况下，不标注螺纹旋合长度。

③ 右旋螺纹不注旋向，左旋螺纹应注出旋向"LH"或"左"字。

常用螺纹类型和标注见表 7 - 2。

表 7 - 2 常用螺纹类型和标注

用途	类型	牙型及特征代号	标注示例	标注方式及说明
连接螺纹	普通螺纹	粗牙 60° 特征代号：M 细牙	M24LH-5g6g-S M20×2LH-6H-S	M 24 LH -5g 6g -S 旋合长度代号 顶径公差带代号 中径公差带代号 旋向 公称直径 螺纹特征代号 ① 粗牙普通螺纹不注螺距，细牙普通螺纹要注螺距 ② 右旋螺纹不注旋向，左旋螺纹要加注"LH"

用途	类型	牙型及特征代号		标注示例	标注方式及说明
连接螺纹	管螺纹	非螺纹密封的管螺纹		G1/2A G1/2-LH 特征代号：G 55°	G 1/2　A 　　　　└ 公差等级代号 　　　└ 尺寸代号(管子通孔直径) 　└ 螺纹特征代号 ① 外螺纹公差等级分 A、B 两级标记，内螺纹公差等级只有一种，省略标注 ② 右旋螺纹不标注，左旋螺纹要加注"LH"，如 G 1/2 - LH
		用螺纹密封的管螺纹	圆锥内螺纹 特征代号：Rc	Rc3/4	圆锥内螺纹： Rc　3/4 　　　└ 尺寸代号 　└ 螺纹特征代号 圆锥外螺纹：R3/4 圆柱内螺纹：Rp3/4 - LH ① 内外螺纹均只有一种公差带，省略标注 ② 右旋螺纹不标注，左旋螺纹要加注"LH" ③ 有圆锥内螺纹和圆锥外螺纹及圆柱内螺纹和圆柱外螺纹两种连接方式 ④ 管螺纹的标注采用指引线形式标注，指引线从大径引出
			圆锥外螺纹 特征代号：R	R3/4	
			圆柱内螺纹 特征代号：Rp	Rp1/2-LH	

123

续表 7 - 2

用途	类型	牙型及特征代号	标注示例	标注方式及说明
传动螺纹	梯形螺纹	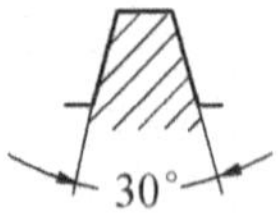 30° 特征代号：Tr	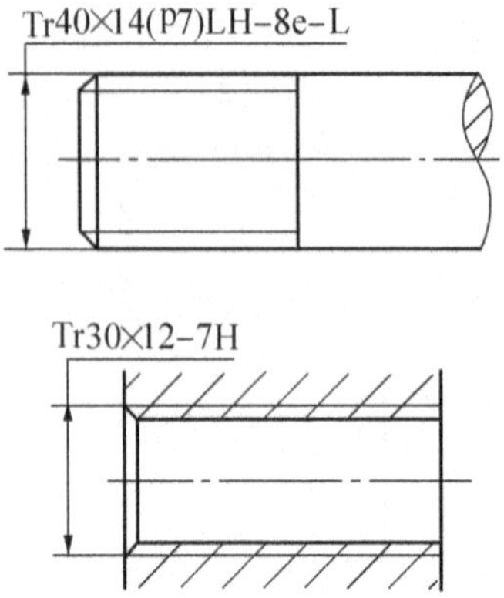 Tr40×14(P7)LH-8e-L Tr30×12-7H	Tr 40×14(p7)LH-8e-L ——适合长度 ——中径公差带代号 ——旋向 ——螺径 ——导程 ——公称直径 ——螺纹特征代号 ① 右旋螺纹不标注，左旋螺纹要加注"LH" ② 旋合长度分中（N）、长（L）两种，中旋合长度不标注
	锯齿形螺纹	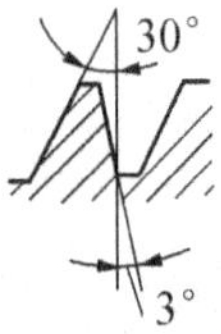 30° 3° 特征代号：B	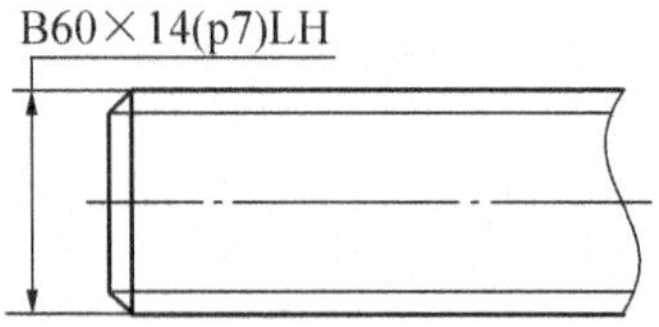 B60×14(p7)LH	B 60 × 14(p7) LH ——旋向 ——导程(螺矩) ——公称直径 ——螺纹特征代号

【应用实例 7 -1】

已知一螺纹标记为：M18 × 2 - 6g，试说明它所代表的意义。

解答：

从螺纹标记可知，该螺纹是公称直径（大径）为 18 mm、单线、右旋的粗牙普通外螺纹。它的螺距为 2，中径和顶径公差带都为 6g，旋合长度为中等。

【应用实例 7 -2】

已知一螺纹标记为：M16 - 6g5g - S，试说明它所代表的意义，并查表找出它的小径、中径和螺距。

解答：

从螺纹标记可知，该螺纹是公称直径（大径）为 16mm、单线、右旋的粗牙普通外螺纹。它的中径公差带为 6g，顶径公差为 5g，短旋合长度。由附录 4 查得螺距为 2mm，由附录 5 查得小径 d_1 = 13. 835mm，中径 d_2 = 14. 701mm。

【应用实例 7 -3】

查表标注六角头螺栓，螺纹规格 d = M24，公称长度 l = 80mm，要求在图样上标注尺寸，并写出具体标记。

解答：

由附录 6 查得各尺寸，标注如图 7 - 10 所示。

标记：螺栓　GB/T 5782—2000　　M24×80

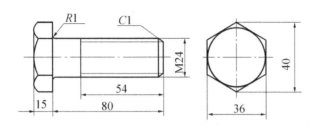

图 7－10　标注六角头螺栓

7.1.2　螺纹紧固件的标记和连接

通过螺纹起连接和紧固作用的零件称螺纹紧固件。常用的螺纹紧固件有螺栓、双头螺柱、螺钉、螺母和垫圈等，如图 7－11 所示。这些零件都是标准件，一般由标准件厂大量生产，使用单位可根据需要按有关标准选用。

六角头螺栓	双头螺柱	六角螺母	六角开槽螺母
内六角圆柱头螺钉	开槽圆柱头螺钉	半圆头螺钉	开槽沉头螺钉
平垫圈	弹簧垫圈	圆螺母用止动垫圈	圆螺母	紧定螺钉

图 7－11　常用的螺纹紧固件

7.1.2.1　螺纹紧固件的标记

国家标准对螺纹紧固件的结构、型式、尺寸等都作了规定，在设计机器时，对于标准件，不必画出它们的零件图，只需按规定画法在装配图中画出，注明它们的标记即可。

螺纹紧固件的完整标记由名称、标准编号、螺纹规格或公称长度（必要时）、性能等级或材料等级、热处理、表面处理组成。在一般情况下，紧固件采用简化标记，主要标记前四项。常用螺纹紧固件的标记示例见表7-3。

表7-3 常用螺纹紧固件的图例和简化标记示例

名称 标准编号	图 例	简化标记及说明
六角头螺栓 A 和 B 级 GB/T 5782—2000	M10 50	标记：螺栓 GB/T 5782 M10×50 表示：螺纹规格 $d=$M10，公称长度 $l=$50mm 产品等级为 A 级六 角头螺栓
双头螺柱（$b_m=1.25d$） GB/T 898—2000	M12 b_m 50	标记：螺柱 GB/T 898 M12×50 表示：两端均为粗牙螺纹，螺纹规 格 $d=$M12，公称长度 $l=$ 50mm B 型的双头螺柱
开槽圆柱头螺钉 GB/T 65—2000	M10 45	标记：螺钉 GB/T 65 M10×45 表示：螺纹规格 $d=$M10，公称长度 $l=$45mm 的开槽圆柱头螺钉
开槽沉头螺钉 GB/T 68—2000	M10 45	标记：螺钉 GB/T 68 M10×45 表示：螺纹规格 $d=$M10，公称长度 $l=$45mm 的开槽沉头螺钉
十字槽沉头螺钉 GB/T 819.1—2000		标记：螺钉 GB/T 819.1 M10×45 表示：螺纹规格 $d=$M10，公称长度 $l=$45mm 的 A 级十字槽沉头 螺钉
开槽锥端紧定螺钉 GB/T 71—1985	M8 30	标记：螺钉 GB/T 71 M8×30 表示：螺纹规格 $d=$M8，公称长度 $l=$30mm 的开槽锥端紧定螺 钉

名称　标准编号	图　　例	简化标记及说明
Ⅰ型六角螺母——A、B 级 GB/T 6170—2000	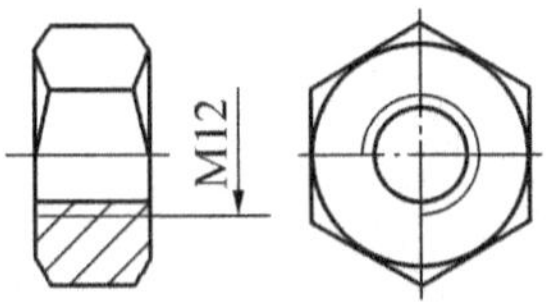 M12	标记：螺母 GB/T 6170　M12 表示：螺纹规格 D = M12，A 级 Ⅰ 型 　　　的六角螺母
Ⅰ型六角开槽螺母 A、B 级 GB/T 6178—1986	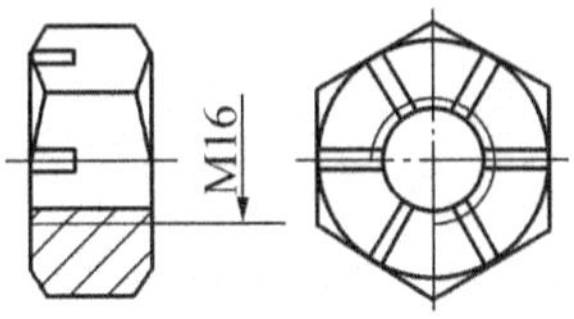 M16	标记：螺母 GB/T 6178　M16 表示：螺纹规格 D = M16，A 级 Ⅰ 型 　　　的六角开槽螺母
平垫圈　A 级 GB/T 97.1—1985	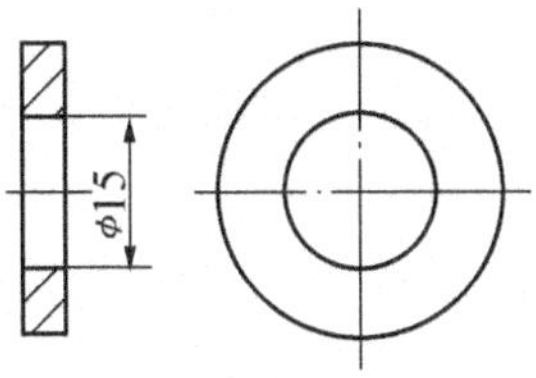 $\phi15$	标记：垫圈 GB/T 87.1　14 表示：公称尺寸 d = 14（螺纹大径） 　　　时，A 级平垫圈（可从标准 　　　中查得垫圈孔径为 $\phi15$）
标准型弹簧垫圈 GB/T 93—1987	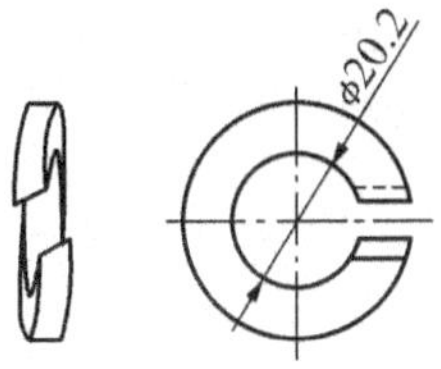 $\phi20.2$	标记：垫圈 GB/T 93　20 表示：公称尺寸 d = 20（螺纹大径） 　　　时，标准型弹簧垫圈（可从标 　　　准中查得垫圈孔径为 $\phi20.2$）

7.1.2.2　螺纹紧固件的连接

根据两被连接件的结构和工艺要求，螺纹紧固件连接的基本形式有三种：螺栓连接、双头螺柱连接和螺钉连接，如图 7 - 12 所示。

（1）螺栓连接

螺栓连接适用于连接不太厚并能钻成通孔的零件，由螺栓、螺母和垫圈把被连接的零件连接在一起，是一种可拆卸的连接方式。螺栓连接的类型很多，最常用的是六角头螺栓连接。

用螺栓连接的两个被连接件都制成光孔。绘画螺栓连接装配图时，螺栓、螺母、垫圈的结构尺寸可以从有关标准中查出，亦可以按各部分尺寸与螺纹大径 d 的近似比例关系，采用比例画法。图 7 - 13 是按近似比例关系的螺栓连接的简化画法。

在比例画法中，各紧固件的尺寸为（d 为螺纹大径）：

螺栓　e = 2d，k = 0.7d，b = 2d

螺母　e = 2d，m = 0.8d

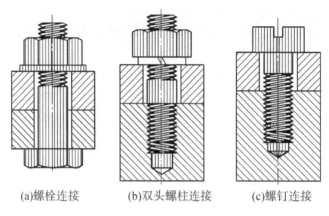

(a)螺栓连接　　　(b)双头螺柱连接　　　(c)螺钉连接

图 7 – 12　螺纹紧固件连接

垫圈　$d_2 = 2.2d$，$h = 0.15d$

其中，螺栓的长度 $l = \delta_1 + \delta_2 + h + m + a$（$a \approx 0.3d$），计算出长度后查表（附录6），根据螺栓的长度系列，取标准长度 l。

被连接件的光孔直径近似取 $1.1d$。螺栓的螺纹小径 d_1 近似取 $0.85d$。

注意：

① 各螺纹紧固件按比例关系画法所取的尺寸，并非其结构尺寸。

② 在螺纹紧固件连接的剖视图中，若剖切面通过螺纹紧固件的轴线，则螺纹紧固件按不剖处理。

③ 两零件的接触面应画成一条线，不接触面画两条线。

④ 相邻两被连接零件的剖面线方向相反。

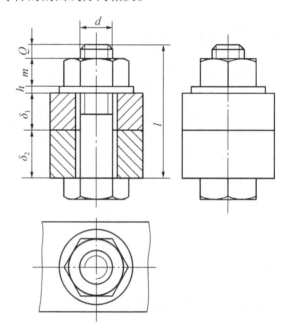

图 7 – 13　螺栓连接简化画法

图 7 – 14 示出螺栓连接中常见的一些错误的画法。

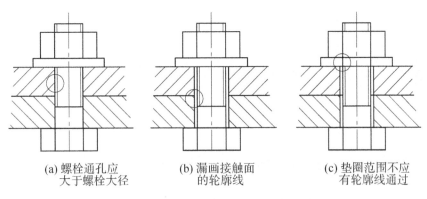

(a) 螺栓通孔应　　　　　(b) 漏画接触面　　　　　(c) 垫圈范围不应
　　大于螺栓大径　　　　　　的轮廓线　　　　　　　有轮廓线通过

图 7 – 14　螺栓连接中一些错误的画法

（2）双头螺柱连接

双头螺柱连接适用于被连接零件之一较厚或不允许钻成通孔且经常拆卸的情况，连接件有双头螺柱、螺母和垫圈。在较薄的零件上加工成通孔，孔径取 1.1d，而在较厚的零件上制出不穿通的内螺纹，钻头头部形成的锥顶角为 120°。双头螺柱两端都加工有螺纹，连接时，一端旋入较厚零件中的螺孔中称旋入端；另一端穿过较薄零件的通孔，套上垫圈，再用螺母拧紧，称紧固端，如图 7 – 15 所示。

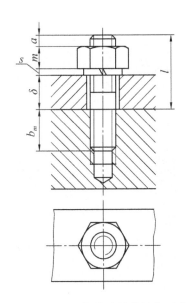

图 7 – 15　双头螺柱连接的简化画法

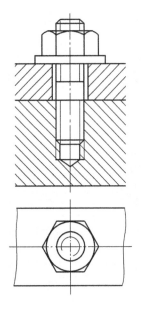

图 7 – 16　不画出钻孔深度

各紧固件的尺寸为（与螺栓连接相同的略去）：

双头螺柱两端都有螺纹。双头螺柱中旋入螺母的一端称紧固端，该端长度 $l = \delta + s + m + a$ ，计算出长度后查表，根据双头螺柱的长度系列取标准长度 l。

双头螺柱中的另一端称为旋入端，其长度 b_m 要视材料而定。

$b_m = d$ 一般钢件（GB 897—1988）

$b_m = 1.25d$ 一般铸钢件（GB 898—1988）

$b_m = 1.5d$ 一般铸钢件（GB 899—1988）

$b_m = 2d$ 一般铝合金件（GB 900—1988）

被连接件的螺孔深度一般取 $b_m + 0.5d$；钻孔深度一般取 $b_m + d$。

注意：

① 旋入端的螺纹终止线应与零件上螺孔的端面平齐。

② 为了作图方便，可以不画出钻孔深度，如图 7 - 16 所示。但 120°锥角应画在钻孔直径上。

图 7 - 17 给出了双头螺柱连接中常见的错误画法：

①钻孔锥角应为 120°；

②被连接件的光孔直径为 $1.1d$，应画两条粗实线；

③内、外螺纹的大、小径应对齐；

④应有螺纹小径（细实线）；

⑤左视图、俯视图宽应相等；

⑥应有交线（粗实线）；

⑦同一零件在不同视图上剖面线方向、间隔应相同；

⑧不画倒角圆，画 3/4 圈细实线。

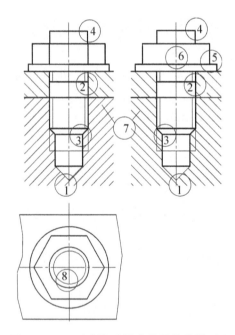

图 7 - 17 双头螺柱连接中常见的错误画法

（3）螺钉连接

螺钉的种类较多，按其用途可分为连接螺钉和紧定螺钉两类。

连接螺钉不用螺母，一般用于受力较小而不需经常拆卸的场合。被连接零件中一个加工出螺孔，另一个加工出光孔，如图 7 – 18 所示。

螺钉的长度 $l = l_1 + \delta$。其中 l_1 应视被连接零件的材料而定（选取方法与双头螺柱连接相同），计算出 l 值后，根据螺钉长度系列取标准长度 l。被连接零件的螺孔深度和钻孔深度与双头螺柱连接时的计算方法相同。

注意：

① 螺钉的螺纹终止线应高于螺孔端面。

② 起子槽采用规定画法，在垂直于螺钉轴线的投影面视图中，起子槽与水平线成 45°。

紧定螺钉用来防止两配合零件之间产生相对运动。图 7 – 19 是应用紧定螺钉连接的例子。

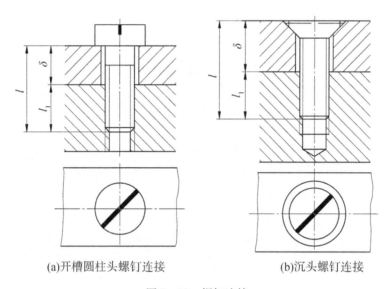

(a)开槽圆柱头螺钉连接　　　　　(b)沉头螺钉连接

图 7 – 18　螺钉连接

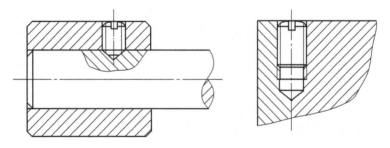

图 7 – 19　紧定螺钉连接

7.2　键连接

在机器和设备中，通常用键来连接轴和轴上的零件（如齿轮、带轮等），使它们能一起转动并传递转矩，这种连接称为键连接。与螺纹连接相同，键连接也是常用的可拆卸连接。

7.2.1 键的种类和标记

键通常用来连接轴与轴上的零件（如齿轮、皮带轮等），使它们和轴一起转动。常用键的种类有普通平键、半圆键和钩头楔键三种，如图 7-20 所示。

　　　　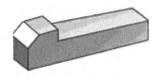

(a)普通平键　　　　　　　　(a)半圆键　　　　　　　　(a)钩头楔键

图 7-20　常用的几种键

键是标准件，表 7-4 给出了常用键的图例和标记。

表 7-4　常用键的图例和标记

名称　标准件号	图　例	标记示例及说明
普通平键 GB/T 1096—1979	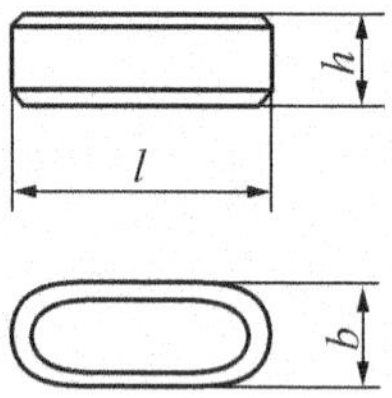	标记：键　8×25　GB/T 1096—1979 表示：键宽度 $b = 8mm$，长度 $l = 25mm$ 的圆头普通平键（A 型）
半圆键 GB/T 1099—1979	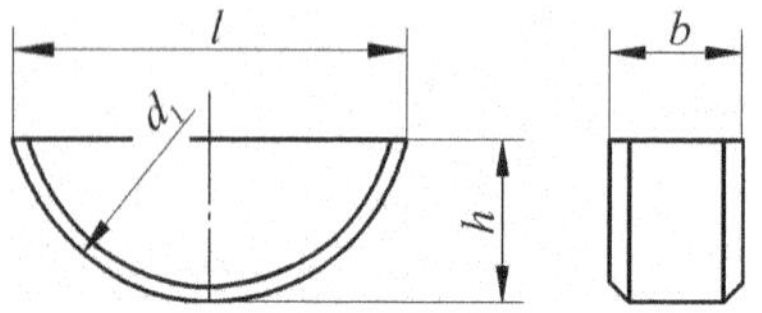	标记：键　6×25　GB/T 1099—1979 表示：键宽度 $b = 6mm$，直径 $d_1 = 25mm$ 的半圆键

7.2.2　键连接

7.2.2.1　普通平键连接

普通平键应用最广，按轴槽结构可分为圆头（A 型）、平头（B 型）、单圆头（C 型）三种。普通平键的连接画法如图 7-21 所示。绘图时注意：

① 键的两侧面是工作表面，键的两侧面与轴、孔的键槽侧面无间隙；

② 键的下底面与轴接触，键的顶面与轮上的键槽之间留有一定的间隙；

③ 当剖切平面通过键的纵向对称面时，键按不剖绘制，当剖切平面垂直于键的横向剖切时，键应画出剖面线；

④ 键的倒角或圆角可省略不画。

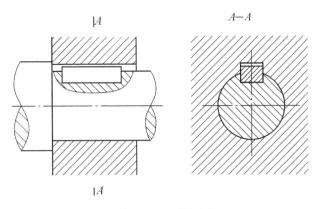

图 7 - 21 平键连接

7.2.2.2 半圆键连接

半圆键常用在载荷不大的传动轴上,如图 7 - 22 所示。半圆键连接情况及画法与普通平键相似。

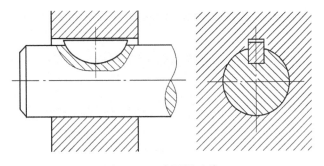

图 7 - 22 半圆键连接

7.2.2.3 键槽的画法及尺寸标注

键的参数一旦确定,轴和轮毂上键槽的尺寸应查阅有关标准确定,键槽的画法和尺寸标注如图 7 - 23 所示。

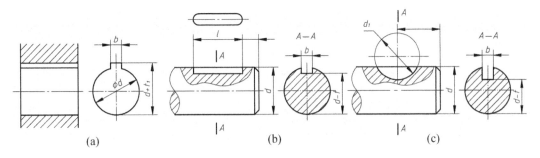

(a)   (b)   (c)

图 7 - 23 键槽的画法和尺寸标注

7.3 销连接

7.3.1 销的种类和标记

销也是标准件。常用的销有圆柱销、圆锥销、开口销等，其形状如图 7 - 24 所示。圆柱销、圆锥销通常用于零件间的连接或定位；开口销常用在螺纹连接的锁紧装置中，以防止螺母的松脱。它们的标准号、简图和标记方法见表 7 - 5。

(a) 圆柱销   (b) 圆锥销   (c) 开口销

图 7 - 24 销

表 7 - 5 销的简图和标记

名称 标准编号	简 图	标 记 示 例	说 明
圆锥销 GB/T 117—2000		标记：销 GB/T 117 A8×50 表示：公称直径 $d = 8$ mm，公称长度 $l = 50$ mm 的 A 型圆锥销	作用：定位，连接
圆柱销 GB/T 119.1—2000		标记：销 GB/T 119.1 A8×50 表示：公称直径 $d = 8$ mm，公称长度 $l = 50$ mm 的 A 型圆柱销	作用：定位，连接
开口销 GB/T 91—2000		标记：销 GB/T 91 5×50 表示：公称直径 $d = 5$mm，公称长度 $l = 50$mm 的开口销 注：公称规格为开口销孔的公称直径	作用：防松

7.3.2 销连接

圆柱销和圆锥销主要用于定位，也可用作连接。圆锥销有 1 : 50 的锥度，装拆方便，常用于需多次装拆的场合，如图 7 - 25a 所示。

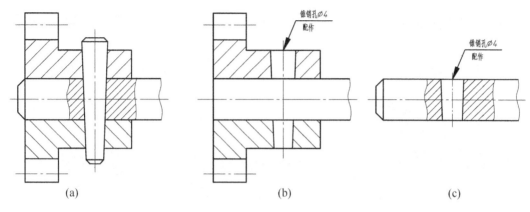

图 7 - 25　销连接及销孔的标注

圆柱销和圆锥销的销孔须经铰制。装配时要把被连接的两个零件装在一起钻孔和铰孔，以保证两零件的销孔严格对中。这一点在零件图上应加"配作"两字予以说明，如图 7 - 25b、c 所示。

注意：在剖视图中，当剖切平面通过销的轴线时，销按不剖绘制。当剖切平面垂直于销的轴线时，销应画出剖面线。

开口销应用于带孔螺栓和槽形螺母时将其插入槽形螺母的槽口和带孔螺栓的孔，并将销的尾部叉开，防止螺母松脱（图 7 - 26）。

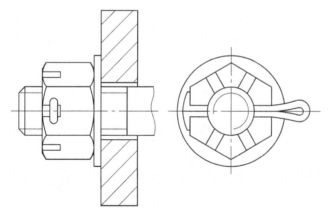

图 7 - 26　开口销连接

7.4　齿轮

齿轮是广泛应用于机器和部件中的传动零件。它的主要作用是传递动力或改变转速和旋转方向。常用的齿轮按照两轴的相互位置不同可分为如下三大类：

圆柱齿轮：用于两平行轴间的传动，如图 7 - 27a 所示。

圆锥齿轮：用于两相交轴间的传动，如图 7 - 27b 所示。

蜗轮蜗杆：用于两交叉轴间的传动，图 7 - 27c 所示。

齿轮上的齿称为轮齿，轮齿是齿轮的主要结构，在齿轮的参数中，只有模数和压力角已标准化。齿轮的模数和压力角符合标准的称为标准齿轮。本节主要介绍标准齿轮的基本参数及其规定画法。

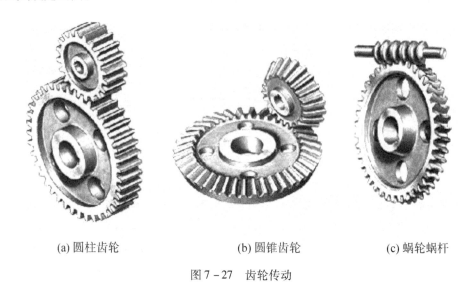

    (a) 圆柱齿轮   (b) 圆锥齿轮   (c) 蜗轮蜗杆

图 7 - 27　齿轮传动

7.4.1　圆柱齿轮的基本参数

圆柱齿轮的轮齿有直齿、斜齿和人字齿等。下面介绍标准直齿圆柱齿轮的基本参数和轮齿各部分名称。如图 7 - 28 所示。

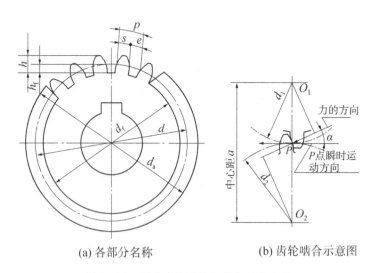

    (a) 各部分名称   (b) 齿轮啮合示意图

图 7 - 28　标准直齿圆柱齿轮各部分名称

模　数：模数用 m 表示。模数是设计、制造齿轮的重要参数。一对相啮合齿轮的模数和压力角必须相等。模数大，齿距 p 也增大，齿厚 s 也随之增大，因而齿轮的承载能力也增大。不同模数的齿轮，要用不同模数的刀具来加工制造。模数已标准化，模数的标准值见表 7 - 6。

表 7 - 6　齿轮模数系列摘录（GB/T 1357—1987）

第一系列	1　1.25　1.5　2　2.5　3　4　5　6　8　10　12　16　20　25　32　40　50
第二系列	1.75　2.25　2.75　(3.25)　　3.5　(3.75)　　4.5　5.5　(6.5)　　7　9　(11)　　14 18　22　28　36　45

注：在选用时，应优先采用第一系列，其次选用第二系列，括号内的模数尽可能不用。

　　齿　　数：齿轮的齿数，用 z 表示。

　　齿顶圆：轮齿顶端所在的圆，直径用 d_a 表示，$d_a = m(z + 2)$。

　　齿根圆：轮齿根部所在的圆，直径用 d_f 表示，$d_f = m(z - 2.5)$。

　　分度圆：用于分齿的圆，此圆上齿厚 $s =$ 齿槽宽 e，直径用 $d = mz$ 表示。分度圆是设计和计算齿轮各部分尺寸的重要依据。一对齿轮啮合时，分度圆记为 d_1，d_2。

　　节　　圆：当两齿轮啮合时，在连心线 $O_1 O_2$ 上，两齿廓的接触点 P 称为节点。以 $O_1 P$ 和 $O_2 P$ 为半径的两个圆称为节圆。两节圆相切，直径分别用 d_1' 和 d_2' 表示。当一对标准齿轮按理论位置装配时，节圆与分度圆重合，即 $d_1' = d_1$，$d_2' = d_2$。

　　齿　　距：分度圆上相邻两齿对应点间弧长，用 p 表示。

$$p = \frac{\pi d}{z}$$

　　齿　　高：轮齿在齿顶圆与齿根圆间的径向距离，用 h 表示，$h = 2.25$。

　　齿顶高：轮齿在齿顶圆与分度圆间的径向距离，用 h_a 表示，$h_a = m$。

　　齿根高：轮齿在分度圆与齿根高间的径向距离，用 h_f 表示，$h_f = 1.25m$。

　　由齿轮各部分的尺寸关系可知，当知道齿轮的齿数和模数后，齿轮就可以决定了。此外，影响齿廓形状的因素还有齿型角 α。标准的齿形角为 20°。

【应用实例 7 - 4】

　　已知标准直齿圆柱齿轮，其中 $m = 4$、$z = 30$，计算分度圆直径、齿顶圆直径及齿根圆直径。

解答：

　　分度圆直径：$d = mz = 120$

　　齿顶圆直径：$d_a = m(z + 2) = 128$

　　齿根圆直径：$d_f = m(z - 2.5) = 110$

7.4.2　圆柱齿轮的画法

7.4.2.1　单个圆柱齿轮的画法

　　单个直齿圆柱齿轮的规定画法：齿顶圆和齿顶线用粗实线绘制，分度圆和分度线用细点画线绘制（如图 7 - 29a）。如图 7 - 29 所示，齿根圆和齿根线用细实线绘制，也可省略不画，齿根线在剖开时用粗实线绘制（图 7 - 29b）。在剖视图中，当剖切平面通过齿轮的轴线时，轮齿一律按不剖处理，齿根线画成粗实线（图 7 - 29b）。

　　圆柱齿轮的轮齿有直齿、斜齿和人字齿等。当需要表示轮齿的齿线形状时，可用三条与齿线方向一致的细实线表示，直齿则不需表示，图 7 - 29c 为斜齿圆柱齿轮，图 7 - 29d

为人字齿圆柱齿轮。

如需表示齿形时，可在图中用粗实线画出一个或两个齿形，或用适当比例画出局部放大图。

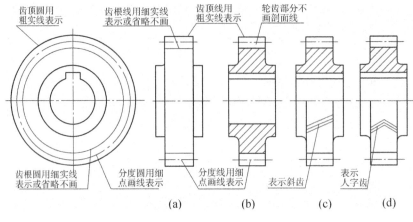

图 7 – 29 齿轮的画法

7.4.2.2 圆柱齿轮啮合画法

两个互相啮合的圆柱齿轮的规定画法如图 7 – 30 所示。绘图时要注意：

（1）计算两齿轮啮合中心距 a，由图 7 – 28 有

$$a = \frac{d_1 + d_2}{2} = \frac{(z_1 + z_2)m}{2}$$

（2）一对标准圆柱齿轮正常啮合时，两齿轮的分度圆相切。

（3）在垂直于齿轮轴线的投影面的视图中，啮合区的齿顶圆均用粗实线表示（图 7 – 30b），也可以省略不画（图 7 – 30c）；齿根圆省略不画。

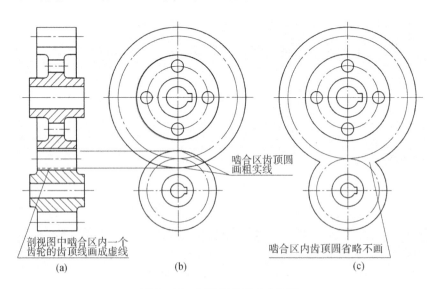

图 7 – 30 圆柱齿轮的啮合画法

（4）在剖切面通过啮合齿轮的轴线的剖视图中，在啮合区内将其中一个齿轮的齿顶线用粗实线绘制，另一个齿轮的轮齿被遮挡部分用虚线绘制，如图 7 - 31 所示，也可省略不画。

（5）在平行于齿轮轴线的投影面的视图中，啮合区的齿顶线、齿根线不画出，分度线用粗实线绘制，在两齿轮其他处的分度线仍用细点画线绘制，如图 7 - 32 所示。

（6）如需表示轮齿的方向时，画法与单个齿轮相同，如图 7 - 32 所示。

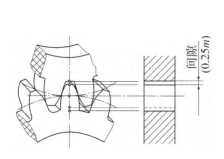

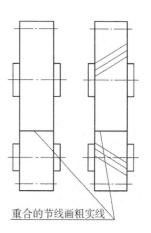

重合的节线画粗实线

图 7 - 31　剖视图中轮齿啮合区的画法　　　　图 7 - 32　齿轮啮合外形图

7.5　弹簧

弹簧是一种常用件。它通常用来减振、夹紧、测力和储存能量。弹簧的特点是：去掉外力后，弹簧能立即恢复原状。弹簧的结构类型很多，有螺旋弹簧、蜗卷弹簧。如图 7 - 33 所示，还有板弹簧和片弹簧等，其中圆柱螺旋弹簧最为常用。

圆柱螺旋弹簧根据工作时受力方向的不同，又分为压缩弹簧、拉伸弹簧和扭转弹簧。本节主要介绍圆柱螺旋压缩弹簧的画法。

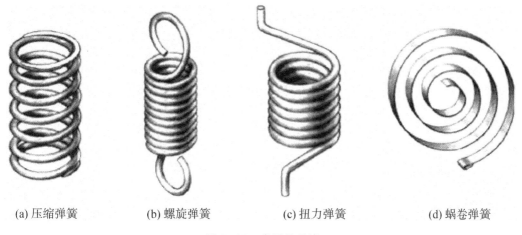

(a) 压缩弹簧　　　　(b) 螺旋弹簧　　　　(c) 扭力弹簧　　　　(d) 蜗卷弹簧

图 7 - 33　常用的弹簧

7.5.1　圆柱螺旋压缩弹簧的画法

7.5.1.1　圆柱螺旋压缩弹簧的要素（图 7 - 34）

（1）材料直径 d　制造弹簧的钢丝直径。

（2）弹簧直径　分为弹簧外径、内径和中径。

弹簧外径 D——即弹簧的最大直径。

弹簧内径 D_1——即弹簧的最小直径，$D_1 = D - 2d$。

弹簧中径 D_2——即弹簧外径和内径的平均值，$D_2 = (D + D_1) / 2 = D - d = D_1 + d$。

（3）圈数　包括支承圈数、有效圈数和总圈数。

支承圈数 n_2——为使弹簧工作时受力均匀，弹簧两端并紧磨平而起支承作用的部分称为支承圈，两端支承部分加在一起的圈数称为支承圈数（n_2）。

有效圈数——支承圈以外的圈数为有效圈数 n_1。

总圈数 n——支承圈数和有效圈数之和为总圈数，$n = n_1 + n_2$。

（4）节距 t　除支承圈外的相邻两圈对应点间的轴向距离。

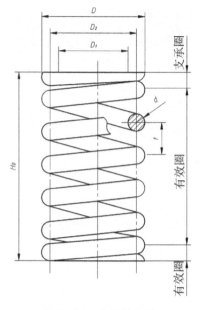

图 7 - 34　弹簧的参数

（5）自由高度 H_0　弹簧在未受负荷时的轴向尺寸，$H_0 = nt + (n_2 - 0.5) d$。

（6）展开长度 L　弹簧展开后的钢丝长度。

（7）旋向　弹簧的旋向与螺纹的旋向一样，也有右旋和左旋之分。

7.5.1.2　圆柱螺旋压缩弹簧的规定画法

根据 GB/T 4459.4—1984，图 7 - 35 给出了圆柱螺旋压缩弹簧的规定画法。一般取支承圈 $n_2 = 2.5$。

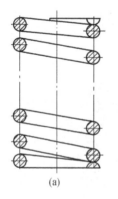
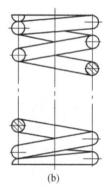

　　（a）　　　　　　　　　　（b）

图 7 - 35　圆柱螺旋压缩弹簧的两种画法

注意：

（1）圆柱螺旋压缩弹簧除了有全剖画法（图 7 - 35a）外，还可采用不剖画法（图 7 - 35b）。

（2）有效圈数在四圈以上时，允许省略螺旋弹簧的中间部分不画，且在省略后可适当缩短图形长度。

（3）螺旋弹簧有左、右旋向之分。在图样上，螺旋弹簧均可画成右旋。但左旋螺旋弹簧不论画成左旋或右旋，均应注出旋向"左"字。

7.5.2　圆柱螺旋压缩弹簧的画图步骤

已知圆柱螺旋压缩弹簧的要素 H_0、d、D、n_1、n_2，其画图步骤如图 7-36 所示。

（1）根据 H_0、d、D、n_1、n_2，计算 D_2，绘制矩形，如图 7-36a 所示；

（2）绘制支承圈，如图 7-36b 所示；

（3）绘制有效圈，如图 7-36c 所示；

（4）将可见轮廓线加粗，绘制剖面线，完成全图，如图 7-36d 所示。

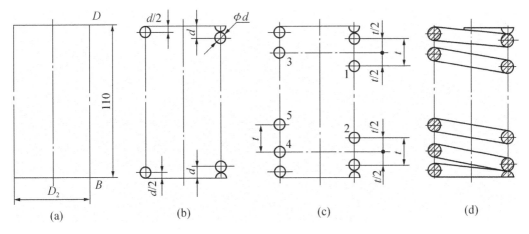

图 7-36　圆柱螺旋压缩弹簧的作图步骤

7.5.3　装配图中螺旋弹簧的规定画法

（1）装配图中，弹簧中间各圈采用省略画法后，被弹簧挡住的结构一般不画出，可见部分应从弹簧的外轮廓线或从弹簧钢丝断面的中心线画起（图 7-37）。

（2）装配图中螺旋弹簧被剖切时，若型材直径（或厚度）在图形上等于或小于 2mm 时，断面可涂黑表示（图 7-38a）；亦可按示意图的形式绘制（图 7-38b、c）。

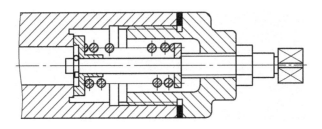

图 7-37　圆柱螺旋压缩弹簧在装配图中的省略画法

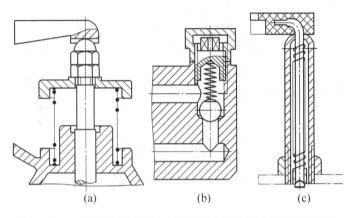

图 7 - 38　圆柱螺旋压缩弹簧在装配图中的涂黑表示和示意表示

7.6　滚动轴承

7.6.1　滚动轴承的画法

　　滚动轴承是用作支承旋转轴和承受轴上载荷的标准件。它具有结构紧凑、摩擦阻力小等优点，因此得到广泛应用。在工程设计中不需要单独画出滚动轴承的图样，而是根据国家标准中规定的代号进行选用。滚动轴承的种类很多，但其结构大体相同。一般由内圈、外圈、滚动体和隔离圈组成，如图 7 - 39 所示。

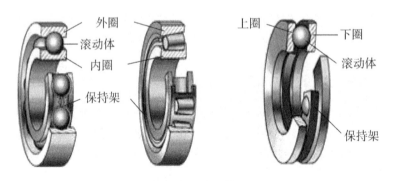

图 7 - 39　滚动轴承

　　滚动轴承也是一种标准件，不需画零件图。滚动轴承在装配图中有两种表示法：简化画法（含特征画法和通用画法）和规定画法。滚动轴承根据受力情况不同分为三类：向心轴承、推力轴承和向心推力轴承。常用的滚动轴承的规定画法和简化画法见表 7 - 7。其有关尺寸见附表 4 - 14、附表 4 - 15。

表 7 - 7　常用滚动轴承的型式、规定画法和特征画法

轴承名称、类型及标准号	类型代号	规定画法	特征画法	应用及标记
深沟球轴承 60000 型 GB/T 276—1994	6	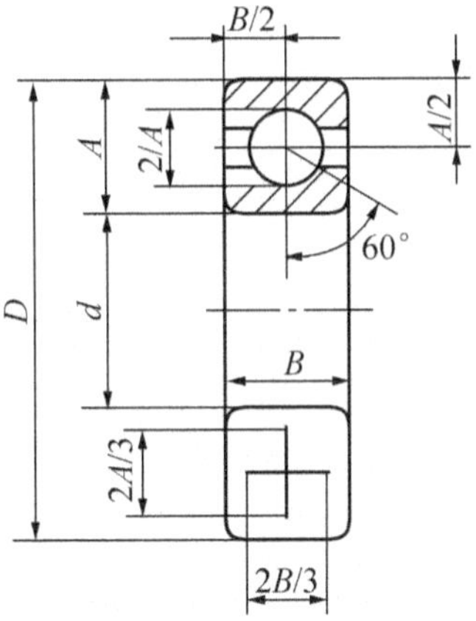	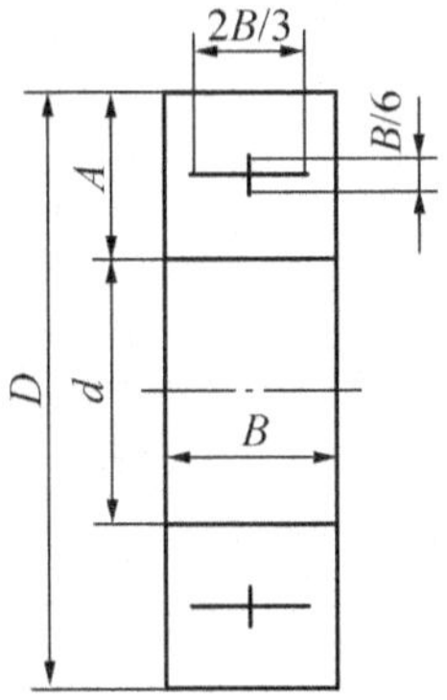	应用：主要承受径向力 标记：滚动轴承 6206 GB/T 276—1994
圆锥滚子轴承 30000 型 GB/T 297—1994	3	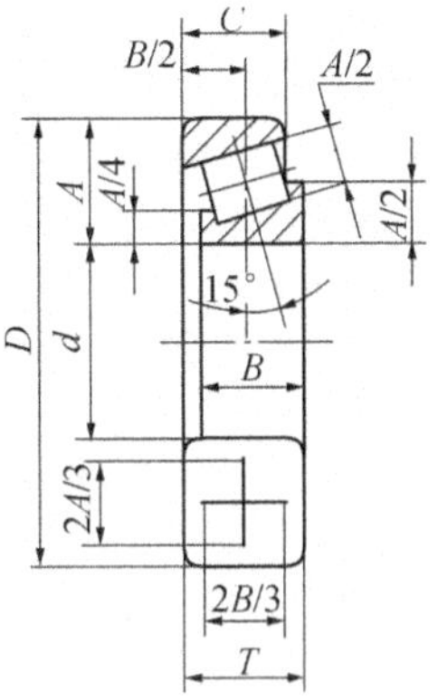	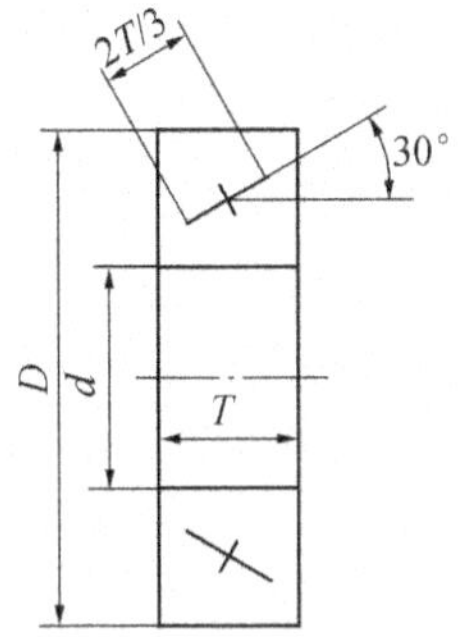	应用：可同时承受径向力和轴向力 标记：滚动轴承 30205 GB/T 297—1994
推力球轴承 50000 型 GB/T 301—1995	5	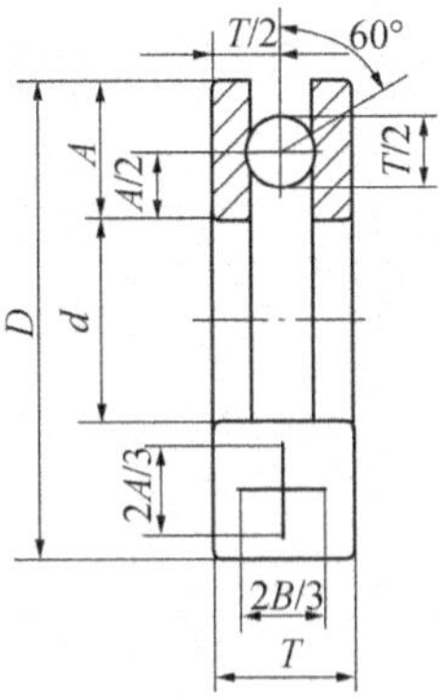	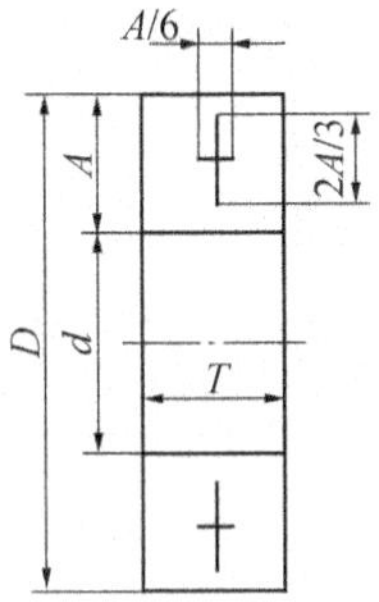	应用：承受单方向的轴向力 标记：滚动轴承 51206 GB/T 301—1995

注意：当不需要确切地表示滚动轴承的外形轮廓、载荷特性、结构特征时，可用矩形线框及位于线框中央正立的十字形符号表示的通用画法。滚动轴承在装配图中的画法如图 7 - 40 所示。

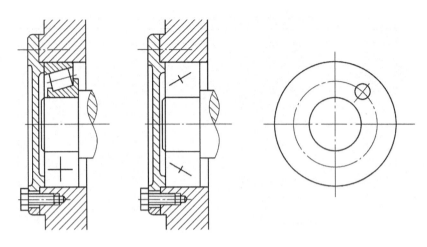

图 7 - 40   滚动轴承在装配图中的画法

7.6.2　滚动轴承的标记和代号

滚动轴承的结构形式、特点、承载能力、类型和内径尺寸等均采用代号来表示（GB/T 272—1993，GB/T 271—1997）。滚动轴承的标记由名称、代号和标准编号组成。其格式为：

名　称	代　号	标准编号

名称和标准编号可参见表 7 - 7。代号由前置代号、基本代号和后置代号构成。通常用其中的基本代号表示。基本代号由轴承类型代号、尺寸系列代号和内径代号构成。基本代号的格式为：

类型代号	尺寸系列代号	内径代号

类型代号表示滚动轴承的基本类型（表 7 - 8）。

表 7 - 8　滚动轴承的类型代号

代号	轴承类型	代号	轴承类型
0	双列角接触球轴承	6	深沟球轴承
1	调心球轴承	7	角接触球轴承
2	调心滚子轴承和推力调心滚子轴承	8	推力轴承
3	圆锥滚子轴承	N	圆柱球轴承
4	双列深沟球轴承	U	外球面球轴承
5	推力球轴承	QJ	四点接触球轴承

尺寸系列代号由轴承的宽（高）度系列代号和直径系列代号组合而成。

内径代号表示滚动轴承的内径尺寸。

【应用实例 7 −5】

滚动球轴承 6208 的标记为

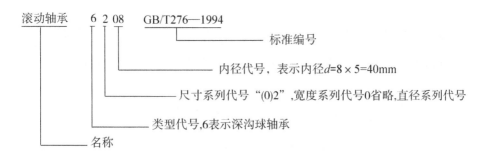

滚动轴承　6 2 08　GB/T276—1994

标准编号

内径代号，表示内径$d=8 \times 5=40$mm

尺寸系列代号 "(0)2"，宽度系列代号0省略，直径系列代号

类型代号，6表示深沟球轴承

名称

第8章 零件图

【学习目标】

了解零件图的内容、作用，掌握零件图的绘制方法和阅读方法。

【学习内容】

零件图的分类和内容；零件图的视图选择和尺寸标注；表面结构的概念和标注；公差与配合；零件图的绘制与阅读。

8.1 零件图的内容

机器和部件是由若干零件组成的，零件是组成机器或部件的不可再拆分的基本单元。表达单个零件的图样称为零件图。零件图是制造和检验零件的重要技术文件，在零件生产过程中起着指导作用，所以零件图必须具备加工和检验零件的全部内容，是重要的技术文件。如图 8-1 所示是阀盖的零件图，图 8-2 所示是阀盖零件。

8.1.1 零件的分类

根据零件在机器或部件中的作用可以将零件分为三类：

（1）一般零件　如球阀（图 8-3、图 8-4）中的阀杆、阀盖、扳手、阀体等是一般零件，这类零件的形状、结构、大小都必须按部件的性能和结构要求设计。

按照零件的结构特征，一般零件又可以细分为轴套类零件（如阀杆）、轮盘类（如阀盖）零件、叉架类零件（如扳手）和箱体类零件（如阀体）等。一般零件都需要画出零件图以供制造零件时使用。

（2）常用件　如齿轮、弹簧等，这类零件主要起传递动力的作用，其部分结构要素已经标准化，并有规定画法。常用件一般也需画出零件图。

（3）标准件　如螺栓、螺钉、螺母、垫圈、键、销、滚动轴承、密封圈等，这类零件主要起连接、密封等作用。对于标准件，只要根据已知的参数，查阅有关标准，即能得到零件的全部尺寸，这些标准件由专业厂家生产，只要写出其规定的标记，就能从标准件商店购得，因此又称外购件，该类零件设计时不必画出零件图。

8.1.2 零件图的内容

零件图不但要反映出设计者的意图，同时又要考虑到制造的可能性和合理性。从图 8-1 阀盖零件图中可以看出，一张完整的零件图应具备如下内容：

① 一组视图。用视图、剖视图、断面图、局部放大图以及其他规定画法和简化画法，正确、完整、清晰和简洁地表达出零件的各部分形状和结构。

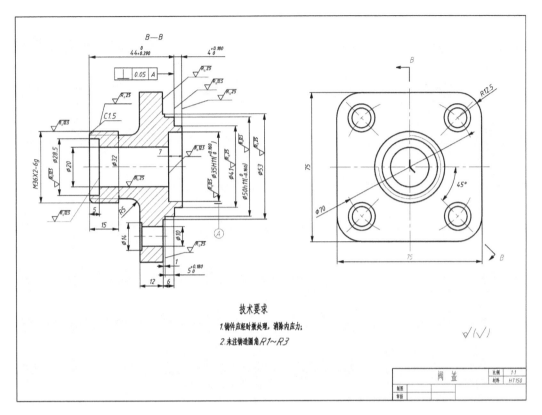

图 8-1　阀盖零件图

图 8-2　阀盖

② 完整尺寸。零件图中应正确、完整、清晰、合理地标注出制造和检验零件时所需的全部尺寸。

③ 技术要求。零件图中必须用规定的代号、符号和文字注解标注出制造和检验零件时在技术指标上应达到的要求。如表面结构、尺寸公差、形位公差、材料和热处理、检验方法以及其他特殊要求等。

④ 标题栏。说明零件的名称、材料、数量、比例、图号，以及设计、审核者的姓名、日期等内容。

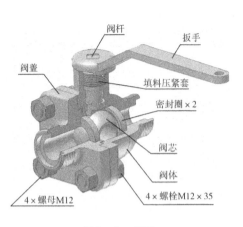

图 8-3　球阀

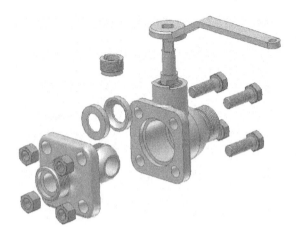

图 8-4　球阀的分解图

8.2　零件图的视图选择和尺寸标注

8.2.1　零件图的视图选择

零件图视图选择的原则是：正确、完整、清晰地表达零件的结构形状以及各结构之间的相对位置，在便于看图的前提下，力求画图简便。在零件图中，可以采用前面章节学过的视图、剖视图、断面图等所有机件的表达方法。

在选择零件视图的时候，主视图是一组视图的核心，将直接影响零件图的表达效果，因此必须首先选好主视图。选主视图时必须同时考虑零件的投射方向和安放位置的原则。

8.2.1.1　投射方向

"形状特征原则"是选择主视图投射方向的依据。主视图的投射方向，应选择最能反映零件各组成部分的结构形状及相对位置关系的方向。

如图 8-5 中的轴，该零件是由若干同轴回转体所组成的，它的轴向尺寸大，而径向尺寸小。如果选择 A 向作为主视图的投射方向，则能够清楚地表达出该轴各组成部分的结构形状和相对位置关系；如果选择 B 向作为主视图的投射方向，其投影为一系列的同心圆，因而无法表达该零件的结构特征及其各组成部分的相对位置关系。因此，A 向比 B 向好，应选 A 向作为主视图的投射方向。

如图 8-6 中的阀体，如果选择 A 向作为主视图的投射方向，则能够清楚地表达出该零件内部孔在水平方向和铅垂方向上的结构特征以及各孔之间的相对位置关系；而如果选择 B 向作为主视图的投射方向，其水平方向孔的投影则为同心圆，从而无法表达其结构特征及其相对位置关系。因此，A 向比 B 向好，应选 A 向作为主视图的投射方向。

8.2.1.2　安放位置

主视图投射方向确定后，还要考虑零件的安放位置。"加工位置原则"和"工作位置原则"是确定零件安放位置的主要依据。轴套类和盘盖类零件以加工位置为主要依据，叉架类和箱体类零件以工作位置为主要依据。

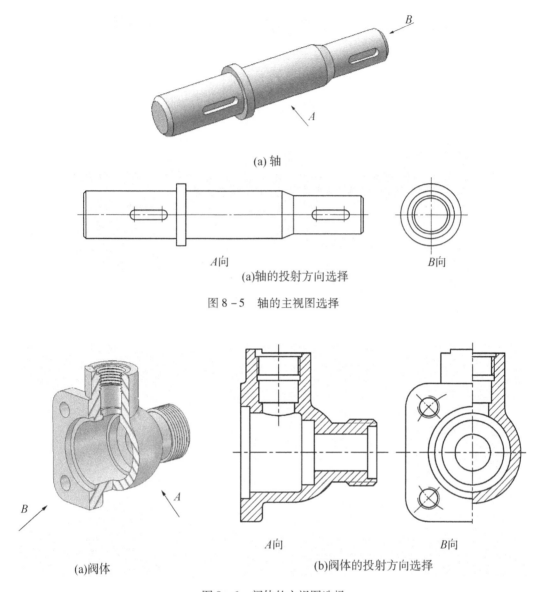

(a) 轴

(a)轴的投射方向选择

图 8 - 5　轴的主视图选择

(a)阀体

(b)阀体的投射方向选择

图 8 - 6　阀体的主视图选择

（1）加工位置原则　为轴在车床上的加工位置，主视图按照零件在机床上加工时的装夹位置安放，以便加工零件时看图。轴、套、轮、盘类零件多采用此原则，一般按车削位置安放，即将轴线水平放置，如图 8 - 7 所示。

（2）工作位置原则　主视图按照零件在机器（或部件）中的工作位置安放，以便于将零件和机器（或部件）联系起来。想象它的工作情况，并可对照装配图看图和画图，有利于研究零件在装配体中的作用。如图 8 - 8 所示阀体零件和图 8 - 9 所示扳手零件的主视图的安放位置均符合零件的工作位置原则（参看图 8 - 3）。叉架类零件和箱体类零件多采用此原则。

（3）自然安放原则　一些零件加工位置、工作位置不固定，如叉架类、薄板类零件

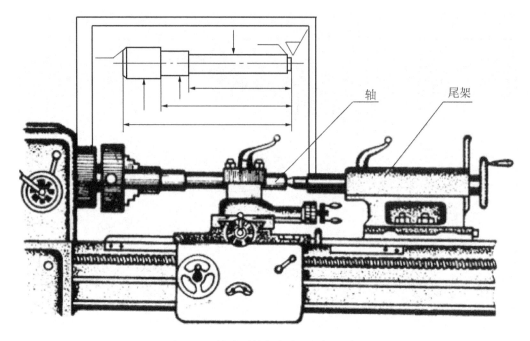

图 8 - 7　轴类零件在车床上的加工位置

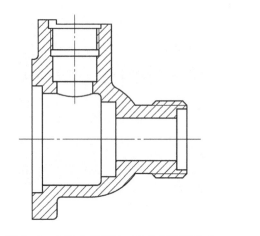
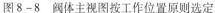

图 8 - 8　阀体主视图按工作位置原则选定

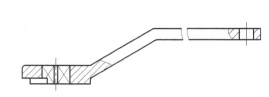

图 8 - 9　扳手主视图按工作位置原则选定

就要优先考虑结构形状特征、自然安放，还要考虑是否便于读图和对其他视图的影响等。

8.2.1.3　其他视图的选择

除简单的轴套类零件外，多数零件在选定主视图后还要适当地选择其他视图，用于补充表达主视图没有表达清楚的结构，从而完整、清晰地表达零件的内外形状，同时应兼顾到尺寸标注的需要。其他视图选择时一般考虑以下几个方面：

① 用形体分析或结构分析考虑零件的各组成部分，每一个视图都应有一个表达重点。在表示清楚的前提下，视图数量不宜过多，以免繁琐、重复。

② 优先考虑用基本视图以及在基本视图中作剖视。采用局部视图或斜视图时应尽量

按投影关系配置并配置在相应位置附近,以便看图。

③ 合理布置视图,充分利用图幅,使图样清晰、均匀。

8.2.1.4 视图表达举例

下面以图 8-10 所示的轴承座为例,分析零件图的视图选择。

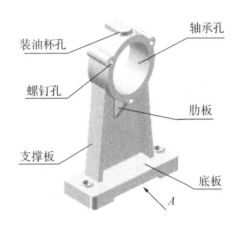

装油杯孔 轴承孔 螺钉孔 肋板 支撑板 底板 A

图 8-10 轴承座的组成和应用

轴承座的作用主要是支撑轴及轴上的零件,主要形体可分为四部分:轴承孔、底板、支撑板和肋板等。

(1) 选择主视图

零件的安放位置为轴承座的工作位置,零件的投射方向为如图 8-10 所示的 A 向。如图 8-11a 所示的视图方案一,主视图充分表达了零件的主要部分:轴承孔的形状特征、各组成部分的相对位置、三个螺钉孔的分布,此外凸台也得到了表达。主视图根据轴承座的形状结构特点主要采用外形图,只是将底板上与其他零件连接的螺栓孔采用局部剖视来表达。

(2) 选择其他视图

选择全剖的左视图,表达轴承座的外轮廓、轴承孔、肋板及油杯安装螺孔;选择 D 向视图表达底板的形状;选择两个移出断面图分别表达支撑板断面形状及肋板断面形状;选择 C 向局部视图表达顶面凸台的形状。

(3) 方案比较

视图方案二:将方案一(图 8-11a)的主视图和左视图位置对调,并用一个移出断面图表达肋板的断面形状;俯视图选用 B—B 剖视图表达底板与支撑板断面的形状;C 向局部视图表达顶部凸台的形状。该方案使得俯视图前后方向较长,图纸幅面安排欠佳,如图 8-11b。

视图方案三:俯视图采用 B—B 剖视图,其余视图同方案一,如图 8-11c。

比较、分析视图的三个方案,选择方案三较好。

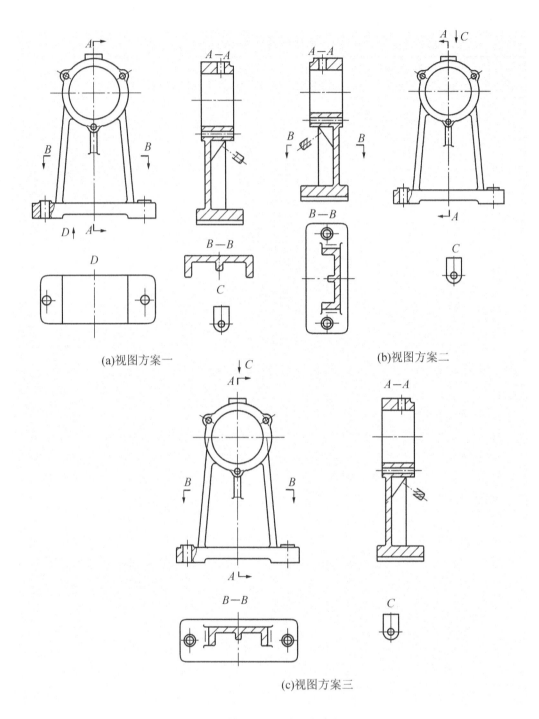

(a)视图方案一   (b)视图方案二

(c)视图方案三

图 8-11　轴承座视图表达方案的选择

8.2.2　零件图的尺寸标注

8.2.2.1　尺寸标注的基本要求

　　零件图中的视图用来表达零件的结构形状，而零件的大小则是由尺寸来确定的。零件图中的尺寸是加工和检验零件的重要依据。零件图对尺寸标注的要求如下：

（1）正确 尺寸的标注应符合国家标准的相关规定。

（2）完全 标注的尺寸要齐全。标注零件各部分的定形尺寸、定位尺寸和必要的总体尺寸，不遗漏、不重复。

（3）清晰 尺寸在图中布局要合理，要便于读图。

（4）合理 尺寸标注要考虑设计和工艺要求，有正确的尺寸基准概念。

在前面的有关章节中，介绍过尺寸标注要完整、清晰、符合国家标准对尺寸注法的规定等要求。这里着重介绍合理标注尺寸的基本知识。

所谓合理标注尺寸，就是所注的尺寸必须满足设计要求，以保证机器或部件的质量及使用要求；满足工艺要求，以便加工制造和测量。

要达到这些要求，必须掌握一定的专业知识和生产实际知识，这里只作初步介绍。

8.2.2.2 尺寸基准的选择

尺寸基准是标注尺寸的起点。为了确定零件各个结构的相互位置，标注尺寸时应该有尺寸基准。尺寸基准可以是端面、底面、对称面、轴线或曲线的圆心，即基准可以是点、线、面等几何元素。

在生产实际中，要正确地选择尺寸基准，必须考虑零件在机器中的作用、装配关系以及零件的加工、测量方法等因素才能加以确定。

常用的基准面：安装面、支承面、重要的端面、装配结合面、零件的对称面。

常用的基准线：零件上回转体的轴线（中心线）。

（1）基准的分类

根据基准的作用，可把基准分成两类：

① 设计基准。根据零件在机器中的位置、作用，在设计中为保证其性能要求而确定的基准。

② 工艺基准。零件在加工过程中为便于装夹定位、测量而确定的基准。

零件有长、宽、高三个方向的尺寸，每个方向至少有一个基准，决定零件主要尺寸的基准称为主要基准，主要基准一般都是零件的设计基准，其余的称为辅助基准。主要基准与辅助基准之间应有尺寸联系。

为了减少误差，保证所设计的零件在机器或部件中的工作性能，应尽可能使设计基准和工艺基准重合，从而使加工后的尺寸容易达到设计要求。例如：在轴类零件中，轴线既是径向基准的设计基准，同时也是工艺基准。如两者不能统一时，应以保证设计基准为主。

（2）基准的选择

如图 8 - 12 所示的轴承座，因为一根轴通常要用两个轴承座支承，因此，两个轴孔应在同一轴线上。所以底板的底面 A 为轴承座高度方向的设计基准，轴承孔的中心线位置在高度方向的定位尺寸必须从设计基准出发直接标注，以保证轴承孔到底面的高度；而长度方向的设计基准则为底板的左右对称面 B，因此，在标注底板上两安装孔的定位尺寸时，应以对称面为基准进行标注，以保证两孔之间的距离及其对轴孔的对称关系。底面 *A* 和对称面 *B* 都是满足设计要求的基准，所以是设计基准；但为了加工时便于测量，凸台顶面螺孔的深度尺寸则不必从设计基准出发标注，而是从凸台的顶面直接标注，因此凸台的顶面 *D* 为工艺基准。圆柱的后端面 *C* 为宽度方向尺寸基准，标注凸台上螺孔的定位尺寸时，从该基准直接标注。

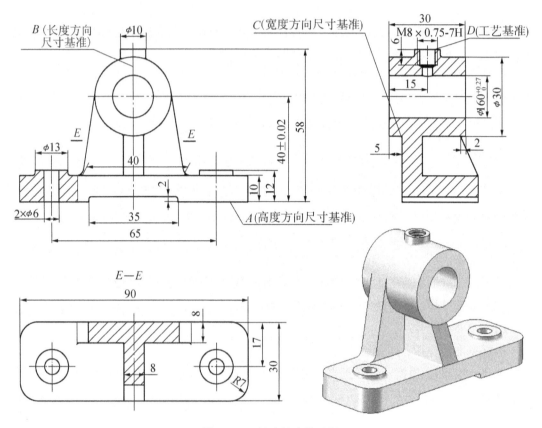

图 8 - 12   尺寸基准的选择

8.2.2.3   标注尺寸应符合设计要求

（1）零件的主要尺寸应直接标出

零件图上的尺寸可以分为主要尺寸和非主要尺寸两种。主要尺寸是指影响零件在机器中的使用性能和安装精度、工作精度和配合的尺寸，一般为零件的规格尺寸、确定零件与其他零件相互位置的尺寸、有配合要求的尺寸、连接尺寸和安装尺寸等。零件上的主要尺寸，经常注有极限偏差或公差带代号，应从设计基准直接标出，以便优先保证主要尺寸的精确性，避免加工误差的积累，以保证产品的设计要求。

如图 8 - 13a 中轴承孔的中心高 *a* 是主要尺寸，因此必须从底面（设计基准）直接标出，而不应将其代之为图 8 - 13b 中的 *b* 和 *c*，因为机件加工制造时，由于种种原因，尺寸总会有误差，如果标注尺寸 *b* 和 *c*，轴承孔的中心高的误差为尺寸 *b* 和 *c* 的误差之和，即产生积累误差，不能保证设计要求，因而这样标注是错误的。同理，安装时为保证轴承上

两个 $\phi 6$ 孔与基座上的孔准确装配，两个 $\phi 6$ 孔的定位尺寸也应如图 8 – 13a 所示从长度方向的尺寸基准（左右对称面）直接标注，而不应如图 8 – 13b 所示标注两个尺寸 e。

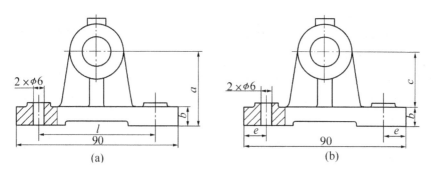

图 8 – 13　零件的主要尺寸应直接标出

（2）避免标注成封闭的尺寸链

按一定的顺序依次连接起来的尺寸标注形式称为尺寸链。如图 8 – 14a 所示，组成尺寸链的各个尺寸称为环。从加工角度来看，在一个尺寸链中总有一个尺寸是在加工完其他尺寸后自然形成的，这个尺寸一般不标注，称为开口环，如图 8 – 14b 中的尺寸 4；其他的尺寸称为组成环，如尺寸 10、8、22。显然，所有组成环的加工误差都会积累在开口环上，因此，通常将尺寸链中最不重要的尺寸作为开口环。这样，才能保证主要尺寸的精度，使零件既符合设计要求，又降低了加工成本。封闭尺寸链是指首尾相接，绕成一整圈的一组尺寸，如图 8 – 14b 所示的标注即为封闭尺寸链，因而从机械加工的角度来说是错误的。在标注尺寸时，应避免标注成封闭的尺寸链。

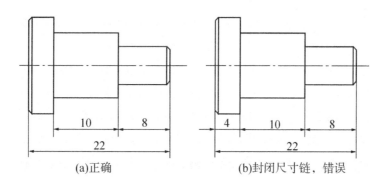

图 8 – 14　尺寸链的封闭与开口

（3）标注尺寸应考虑工艺要求

非主要尺寸是指那些不影响机器或部件的工作性能，也不影响零件间的配合性质和精度的尺寸。这类尺寸从便于加工、测量的角度考虑进行标注。

1）标注尺寸要符合加工顺序、便于测量。

如图 8 – 15a、c、e 中标注的尺寸便于测量，合理；而 8 – 15b、d、f 中标注的尺寸则不便于测量，不合理。

在图 8 – 16 中，零件的加工顺序如图 8 – 16a 所示。因此，图 8 – 16b 的尺寸标注法符

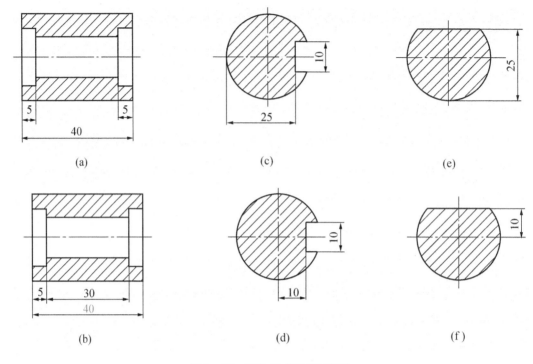

图 8 - 15 标注尺寸要便于测量

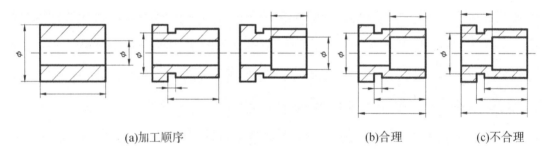

(a)加工顺序　　　　　　　　　(b)合理　　　　(c)不合理

图 8 - 16 按加工顺序标注尺寸

合加工顺序，标注合理；而图 8 - 16c 的尺寸标注法不符合加工顺序，不合理。

　　按加工顺序标注尺寸，便于制造者读图和按图加工、测量，也便于工艺设计人员制订加工工艺。如图 8 - 17 所示的泵轴，除了长度方向的主要尺寸 24 要直接标注外，其余尺寸都按加工顺序标注。

　　其加工顺序一般是：① 先平左端面，车外圆 $\phi20$，如图 8 - 18a 所示；② 车外圆 $\phi16$，长 38，如图 8 - 18b 所示；③ 车退刀槽 $2 \times \phi14$，保证 $\phi16$ 轴段长为 24，如图 8 - 18c 所示；④ 车右端外圆 $\phi15$，倒角，如图 8 - 18d 所示；⑤ 调头，平右端面，保证总长为 80，车右端外圆 $\phi15$，保证 $\phi20$ 轴段长为 4，如图 8 - 18e 所示；⑥ 车退刀槽 2×0.5，如图 8 - 18f 所示；⑦ 车右端外圆 $\phi14$，长为 26，倒角，如图 8 - 18g 所示；⑧ 车退刀槽，$1.1 \times \phi13.4$，距右端面为 2，如图 8 - 18h 所示。

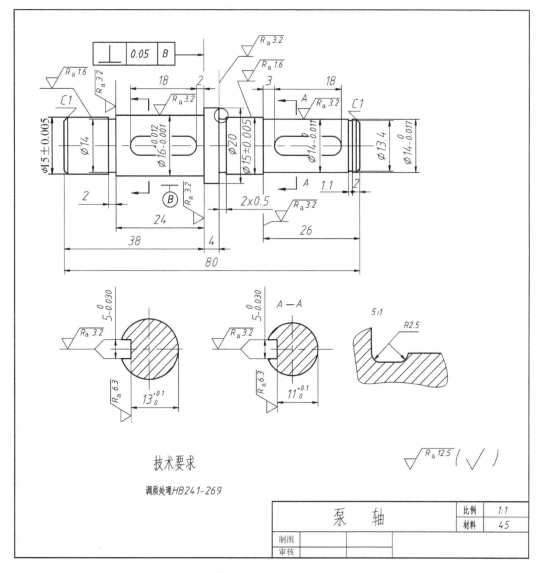

图 8 - 17　泵轴零件图

2）当零件需要经过多道工序加工时，同一工序中用到的尺寸应尽可能集中标注零件的加工。零件一般不仅仅用一种加工方法，而是经过几种不同的加工方法才能制成，如车、钻、刨、铣、磨等。在标注尺寸时，最好将不同加工方法的相关尺寸集中标注。

如图 8 - 17 泵轴上的键槽是在铣床上加工的，它们的尺寸分别各自集中标注在 18、2、5、13 和 18、3、5、11。

3）加工面与非加工面之间应按两组尺寸分别标注，各方向的加工面与非加工面之间只允许有一个联系尺寸（如图 8 - 19 中的尺寸 15），其余则为非加工面与非加工面或加工面与加工面的联系尺寸。

4）零件中的标准结构要素，如键槽、退刀槽、螺纹、销孔、齿轮的轮齿、滚花、中心孔等，应按国标的有关标准规定的形式标注。常见孔的尺寸标注如表 8 - 1 所示。

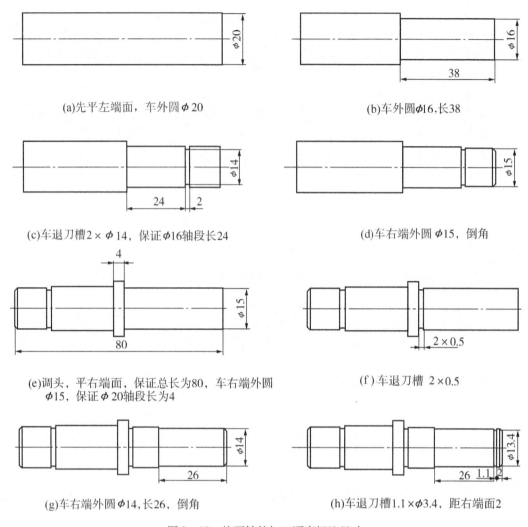

(a)先平左端面，车外圆 φ20

(b)车外圆φ16，长38

(c)车退刀槽2× φ14，保证φ16轴段长24

(d)车右端外圆 φ15，倒角

(e)调头，平右端面，保证总长为80，车右端外圆
φ15，保证 φ20轴段长为4

(f) 车退刀槽 2×0.5

(g)车右端外圆φ14，长26，倒角

(h)车退刀槽1.1×φ3.4，距右端面2

图 8－18　按泵轴的加工顺序标注尺寸

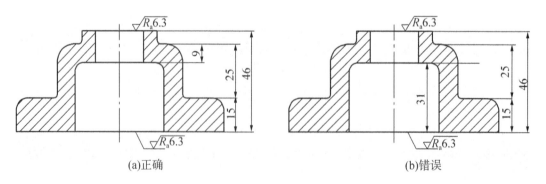

(a)正确

(b)错误

图 8－19　加工面与非加工面之间的联系尺寸

表 8－1　常见孔的尺寸标注

结 构 类 型		标注方法		说 明
		旁注法	普通注法	
光孔	一般孔	4×φ4▽10	4×φ4▽10　4×φ4 10	4×φ4 表示 4 个直径为 φ4 并均匀分布的光孔
	精加工孔	4×φ4H7▽10 孔▽12	4×φ4H7▽10 孔▽12　4×φ4H7 10 12	光孔深度为 12，φ4H7 的深度为 10
	锥销孔	锥销孔φ4 配作	锥销孔φ4 配作	φ4 是与锥销孔相配的圆锥销小端直径，锥销孔通常是在两零件装在一起时加工的
螺孔	通孔	3×M6-7H	3×M6-7H　3×M6-7H	3×M6 表示 3 个大径为 6 并均匀分布的螺孔
	不通孔	3×M6-7H▽10 孔▽12	3×M6-7H▽10 孔▽12　3×M6-7H 10 12	不通的螺孔，需标注螺纹深度和钻孔深度

结 构 类 型	标注方法		说 明
	旁注法	普通注法	
沉孔 — 锥形沉孔	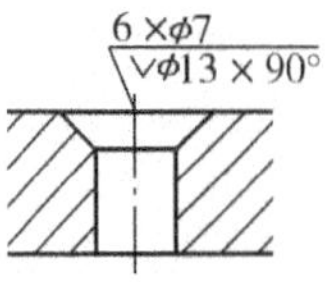 6×φ7 ∨φ13×90°	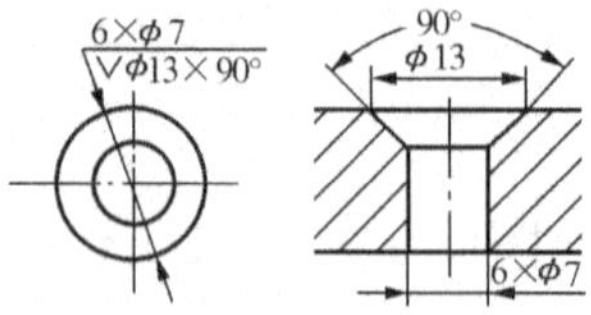 6×φ7 ∨φ13×90°　　90° φ13 6×φ7	6×φ7 表示 6 个直径为 7 并均匀分布的孔，锥形部分的尺寸可旁注，也可直接标注
沉孔 — 柱形沉孔	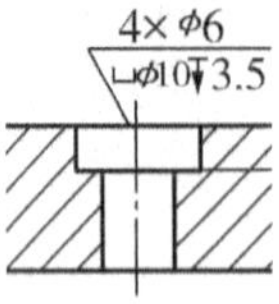 4×φ6 ⊔φ10▽3.5	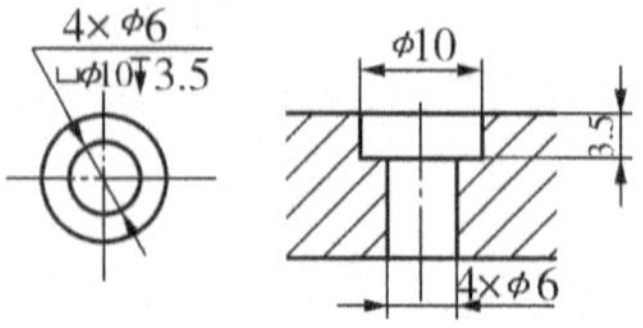 4×φ6 ⊔φ10▽3.5　　φ10 3.5 4×φ6	柱形沉孔的小直径为 φ6，大直径为 φ10，深度 3.5 均需标出
沉孔 — 锪平面	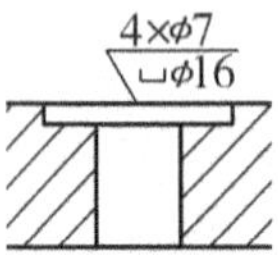 4×φ7 ⊔φ16	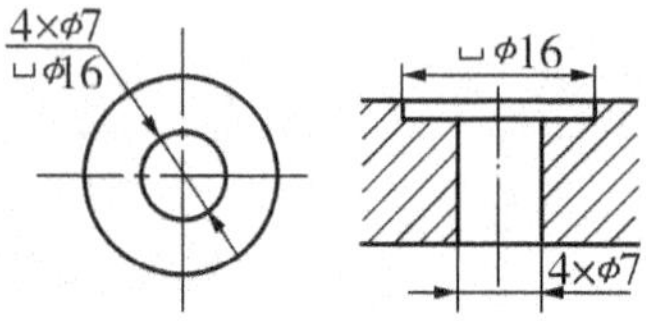 4×φ7 ⊔φ16　　⊔φ16 4×φ7	锪平深度不需标出，一般锪平到不出现毛面为止

8.2.2.4 合理标注尺寸的步骤

① 确定尺寸基准；

② 考虑设计要求，直接注出主要尺寸；

③ 考虑工艺要求，注出一般结构尺寸；

④ 用形体分析法补齐所有尺寸；

⑤ 检查是否产生封闭尺寸链，如产生封闭尺寸链，应予以改正。

现以轴承座为例，给出标注尺寸的步骤（图 8 - 20）。

（1）分析零件的作用、结构形状及与相邻零件的装配关系，确定长、宽、高三个方向的主要基准，如图 8 - 20 所示。

（2）分析零件与相邻零件的装配关系，直接标注五个主要尺寸：37、φ32、φ60、100、M14×1.5 - 6H。

（3）考虑各部分结构及加工工艺，标出一般结构尺寸，再用形体分析法将其他定形尺寸和定位尺寸标注完整。

① 顶部凸台尺寸：φ22；

② 轴承孔倒角尺寸：C1.5；

③ 底板外形及底面凹槽尺寸：12、28、R4、45、2；

④ 底板上的螺栓孔及凸台尺寸：2×φ11、φ24、14；

⑤ 总体尺寸：总长 130、总宽 45、总高 70，标注总体尺寸时注意不能出现封闭的尺寸链。

检查有无错漏，各结构尺寸应按国标规定标注，同时合理布局，分别标注在各视图中。

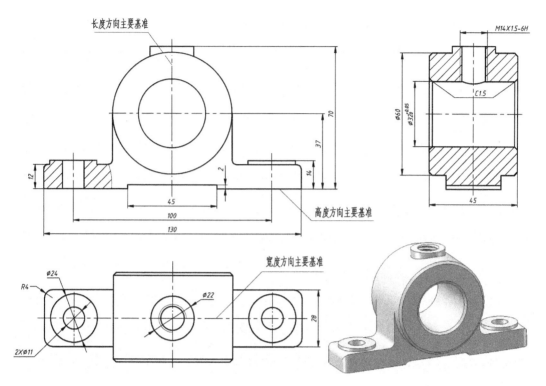

图 8 - 20 轴承座尺寸标注示例

8.2.3 各类零件的视图选择和尺寸标注实例分析

在生产中，零件的形状是千变万化的，但就结构特点来分析，大致可分为：轴套类、轮盘类、叉架类、箱体类、薄板冲压件等。每一类零件应根据自身的特点来确定它的表达方案。

8.2.3.1 轴套类零件

（1）结构特点 这类零件的各组成部分都是同轴回转体，且轴向尺寸大于径向尺寸，根据设计和工艺要求，这类零件多带有键槽、轴肩、螺纹、挡圈槽、退刀槽、越程槽、中心孔等局部结构。

图 8 - 21 泵轴

（2）表达方法 这类零件主要在车床上加工，为了加工时看图方便，选择主视图时，按加工位置将轴线水平放置，大头朝左，键槽朝前，把垂直于轴线的方向作为主视图的投影方向。这样既符合加工位置的要求，同时又反映了轴类零件的主要结构特征和各组成部分的相对位置。其他视图常采用断面图、局部视图、局部剖视图等来表达键槽、退刀槽、孔等结构。有些细小结构可用局部放大图表示。

如图 8-21 所示为柱塞泵中泵轴，图 8-17 为其零件图。该轴上需安装凸轮、滚动轴承和传动齿轮等零件。选择与加工位置一致的轴线水平放置的主视图表达该轴的整体形状；选用 A—A、B—B 移出断面图表示各键槽的形状；另外，用一个局部放大图表示轴肩处的细部结构。

（3）尺寸分析

在标注轴套类零件的尺寸时，常以它的轴线作为径向的主要尺寸基准。如图 8-17 所示，由于轴径尺寸左右两端的 $\phi14$ 需要安装滚动轴承，$\phi15$ 轴段需要安装齿轮和 $\phi16$ 轴段需要安装凸轮，这四个尺寸是泵轴的主要径向尺寸，因而都有尺寸公差要求。为了使泵轴转动平稳，部件运转正常，要求四段圆柱体在同一根轴线上。因此，泵轴的径向设计基准就是轴线。这样就把设计上的要求和加工时的工艺基准（轴类零件在车床上加工时，两端用顶尖顶住轴的中心孔，或者一端用卡爪一端用顶尖）统一起来了，从而保证加工后所得的尺寸容易达到设计要求。而轴向设计基准常选用重要的端面、接触面（如轴肩等）或重要的加工面等。由于 $\phi16$ 轴段是安装凸轮的，而凸轮的轴向位置直接影响着柱塞泵的工作性能，因此，凸轮的轴向定位很重要，而凸轮的轴向定位是由轴肩来保证的，所以泵轴的轴向主要基准（设计基准）为轴上凸轮的定位轴肩（$\phi20$ 轴段的左端面）。从设计基准出发直接标注轴向主要尺寸 24，其余尺寸按加工顺序标注，其他的端面均为辅助基准，如以左轴端为辅助基准，标注轴的总长 80，以右轴端为辅助基准，标注尺寸 2 和 26。

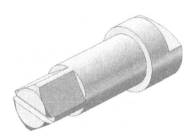

图 8-22　阀杆

如图 8-22 所示为球阀中的阀杆零件，图 8-23 为其零件图。该零件的轴线水平放置，主视图方向为垂直于轴线的方向；用一个左视图表达扳手和阀杆配合处的形状；另外用一个 A 向局部视图来补充表达阀杆与阀芯配合处的形状。

尺寸分析：如图 8-23 所示，径向的尺寸基准仍然为轴线，由此标注 $\phi11$、$\phi14$、$\phi18$、$\phi9$ 等。而长度方向的主要基准则选择如图所示表面结构 R_a 为 6.3 的 $\phi18$ 轴段的左轴肩，由此标注尺寸 12；以阀杆右端作为长度方向的辅助基准，从而标注阀杆的总长 50 和尺寸 7；再以阀杆左端为长度方向的辅助基准，从而标注尺寸 2 和 14。

8.2.3.2　轮盘类零件

（1）结构特点　这类零件是指各种手轮、皮带轮、法兰盘、端盖等，结构的主体部分多由回转体组成，且轴向尺寸小于径向尺寸，其中往往有一个端面是与其他零件连接的重要接触面，通常还带有各种形状的凸缘、均布的圆孔（沉孔或螺孔）、键槽、肋板、轮辐等局部结构。

（2）表达方法　这类零件主要在车床上加工，选择主视图时，按加工位置和形状特征原则选取，一般将轴线水平放置，垂直于轴线的方向作为投影方向。这类零件多采用两个基本视图，主视图用剖视表达内部结构；左视图或右视图表达零件的外形及各组成部分如孔、肋、轮辐等的分布情况。如两端面都较复杂，还需增加另一端面视图。

如前面图 8-2 所示球阀中的阀盖模型，其零件图如图 8-1。主视图选择轴线水平放

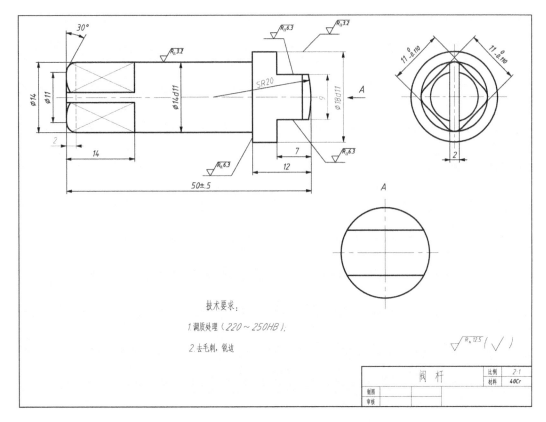

图 8 - 23　阀杆零件图

置，采用全剖视图表达阀盖的基本形状特征以及内部孔的结构形状，选用左视图表达其带圆角的方形凸缘的形状以及四个均布圆孔的位置和大小，因此用两个视图就完整、清晰地表达了阀盖这一较简单的零件。

（3）尺寸分析　在标注盘盖类零件的尺寸时，常选用通过轴孔的轴线作为径向尺寸基准，长度方向的尺寸基准常选用重要的端面（加工精度最高的面和与其他零件的接触面）。如图 8 - 1 所示阀盖的零件图，长度方向的尺寸基准为 $\phi50$ 处的右端面，因为此处是阀盖与阀体的接触面，属于重要的端面，以此为尺寸基准，标注尺寸 4、44 和 6。图中的尺寸 $\phi50$ 为阀盖与阀体的径向配合尺寸，因而精度要求较高。孔 $\phi35$ 处因为要安装密封圈，因而尺寸要求较高。轴线为宽度和高度方向的尺寸基准。左视图中与阀体连接的方形凸缘的外形尺寸 75、75 以及四个安装孔的定位尺寸 $\phi70$、45° 必须直接标注。另外与相邻零件连接的螺纹 M36×2 及其螺纹长度 15，管子口径 $\phi20$ 等都是主要尺寸，必须直接标注。

如图 8 - 24 为一带轮，其零件图为图 8 - 25，主视图轴线水平放置，因为带轮的外形比较简单，内部结构较为复杂，因而用全剖视图表达带轮的内部结构形状，另外用一个局部视图表达轮毂内键槽以及倒角的形状。

尺寸分析：长度方向的主要基准为 $\phi56$ 圆柱的左端面，由此基准出发标注尺寸 2 和 56。宽度和高度方向的主要基准为轴线。轴孔直径 $\phi28$ 和键槽宽 8 均为主要尺寸，有尺寸公差要求。

8.2.3.3 叉架类零件

（1）结构特点　叉架类零件主要起支承和连接作用。其结构形状按功能不同分为三部分：工作部分、安装固定部分和连接部分。此类零件形状多不规则，且往往带有倾斜结构，一般由铸造或锻造产生毛坯，然后再经各种加工而成，因此加工位置多变。一般在选择主视图时，主要考虑工作位置和形状特征。其外形结构比内腔复杂，通常有圆筒、肋板、定位板等结构。

（2）表达方法　叉架类零件的形体结构较前两类复杂，其基本视图一般不少于两个，而且还应按具体表达的需要加画其他视图。根据此类零件的特点常加画局部视图、局部剖视图，如果零件上有斜面，还应加画斜视图。此外，此类零件往往都带有肋，为清晰表达还应加画各种断面图等。

图 8-24　带轮

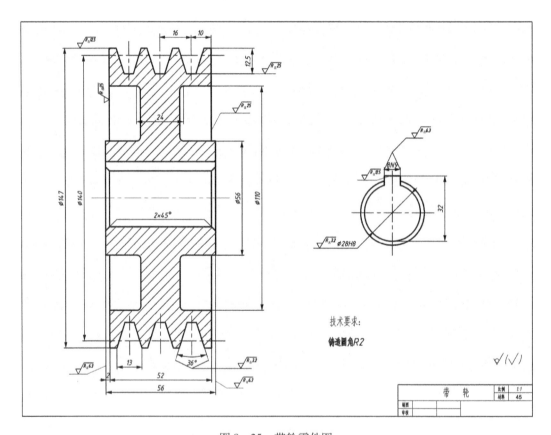

图 8-25　带轮零件图

如图 8-26 所示为一踏架零件，其零件图为图 8-27。用带有局部剖切的主视图和俯视图两个基本视图来表达，主视图按工作位置放置，着重表达各部分左右、上下的相对位置；主视图右边的局部剖用来表达踏架右上方凸台中孔的结构；俯视图表达各部分前后位置关系，右端用局部剖表达圆筒内孔的结构；连接部分肋板的断面形状用移出断面图表示；另外用一个 A 向局部视图来补充表达左端安装板的形状以及两安装孔的形状和相对位置。

（3）尺寸分析 在标注叉架类零件的尺寸时，通常选用安装基面或零件的对称面作为尺寸基准。如图 8 - 27 所示，长度方向的主要尺寸基准为安装板的左端面，从此基准出发标注尺寸 12、74、4；高度方向的主要尺寸基准为安装板的上下对称面，从此基准出发标注 80、95；宽度方向的主要尺寸基准为零件的前后对称面，尺寸 30、40、60、90 都从该基准出发标注。

如图 8 - 28 所示为球阀中的扳手零件的模型，其零件图为图 8 - 29。主视图按工作位置和形状特征原则来选择，左端采用局部剖视图来表达扳手内孔的结构形状，另外用俯视图来表达主视图没有表达清楚的零件各组成部分的形状特征以及前后位置关系。

图 8 - 26 踏架

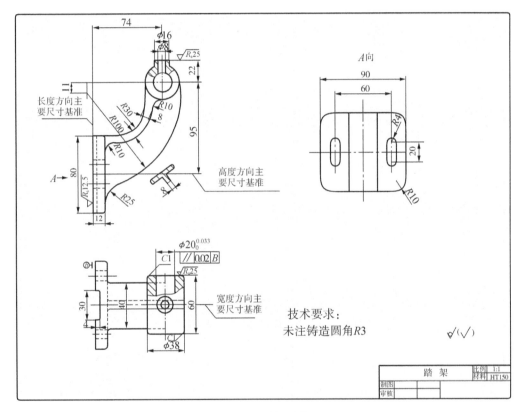

图 8 - 27 踏架零件图

尺寸分析：如图 8 - 29 所示，长度方向的尺寸基准为左端的轴线，从此基准出发标注尺寸 152；高度方向的基准为扳手的下端面，因为此处为扳手和阀杆的接触面，属于重要的端面。从此基准出发标注 3、10、30°等尺寸。宽度方向的尺寸基准为前后对称面。

8.2.3.4 箱体类零件

（1）结构特点 箱体类零件包括箱体、壳体、机座、底座等，一般是机器或部件的主体。箱体类零件基本上是铸件，对其他零件起支承、包容和定位等作用，其内部有安装各种零件的空腔，结构形状复杂。工作部分要有防尘、防漏、润滑、散热等结构；安装部分要有安装板、安装孔、定位销孔、凸台、凹坑等；连接部分有板块，必要时有提高刚性的加强筋；还有自身的支承、安装、连接、固定和加工工艺等要求的结构。

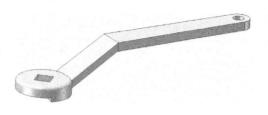

图 8 - 28　扳手

（2）表达方法　箱体类零件的加工部位多、工序多，所以主视图主要按工作位置和结构形状特征作为选择原则；由于其结构复杂，故基本视图一般不少于三个，此外，还应根据清晰表达的原则，综合运用各种机件表达方法来绘制视图，如全剖视图、半剖视图、局部剖视图、简化画法和断面图等。

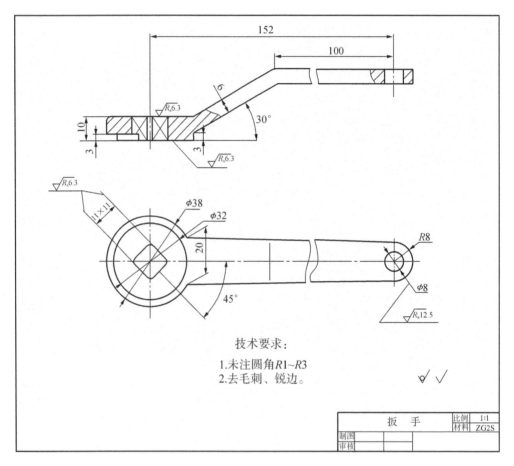

图 8 - 29　扳手零件图

如图 8 - 30 所示为球阀的阀体模型，图 8 - 31 为其零件图，它由球形主体结构、左端安装凸缘、上方圆柱和右端圆柱四部分组成。用了三个基本视图来表达它的内外形状，主视图根据工作位置和形状特征原则来选择，由于阀体零件外形简单，内部结构复杂，因此用全剖视图来表达；由于零件前后对称，左视图采用半剖视图，着重表达左端凸缘的外形

及螺孔的分布，还补充表达球形主体结构的外形、上方圆柱部分
内部安放阀杆处的空腔；俯视图主要表达阀体的外形以及各组成
部分的相对位置关系，还表达了用来控制扳手和阀杆旋转角度的
90°扇形限位凸块。

（3）尺寸分析 如图 8-31 所示，长度方向的主要基准为阀
体垂直孔的轴线，宽度方向的主要基准为前后对称面，高度方向
的主要基准为阀体水平轴线。阀体左端与阀盖部分的径向配合尺
寸 $\phi50H11$、中间与密封圈有配合关系的尺寸 $\phi35H11$、上方与阀
杆的配合尺寸 $\phi18H11$、上部阶梯孔与填料压紧套有配合关系的
尺寸 $\phi22H11$ 均为重要的配合尺寸，必须直接标注；与阀盖连接

图 8-30 阀体

的左端面方形凸缘部分的外形尺寸 75、75 以及四个螺孔的定位尺寸 $\phi70$、45°必须直接标
注；同时还应标注扇形限位块的角度尺寸 45°±30′；另外与相邻零件连接的螺纹 $M36×2$
及其螺纹长度 15，管子口径 $\phi20$ 等都是主要尺寸，必须直接标注。

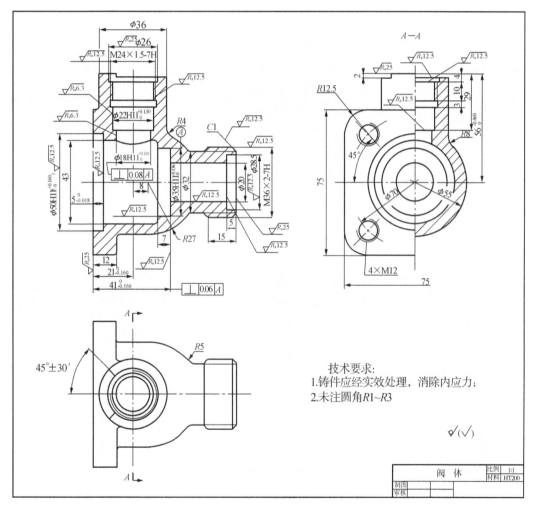

图 8-31 阀体零件图

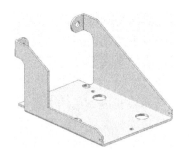

图 8-32　电器架

8.2.3.5　薄板冲压件

（1）结构特点　薄板冲压件是将金属板料经冲压、剪切而制成的零件。这类零件在电器设备中常用，如簧片、罩壳、机箱、安装板等。冲压件常用板料先冲裁落料后再弯曲成形或拉延而成。为防止零件在弯曲部分产生裂纹，弯曲处应留有小圆角。

（2）表达方法　冲压件的板壁很薄，它上面的孔一般都是通孔，因此，这些孔只在反映实形的视图上表示，其他视图中绘制轴线即可，不必用剖视或虚线表示。对于弯曲成形的零件，为表达它在弯曲前的外形尺寸，以便开料，往往要绘制展开图（简单零件可不画展开图）。零件的结构有简单的，也有很复杂的，所以这些零件多以表达形状特征的视图为主视图，其他视图的多少则视零件的复杂程度而定。

图 8-32 为某电器设备的电器架，图 8-33 为其零件图。

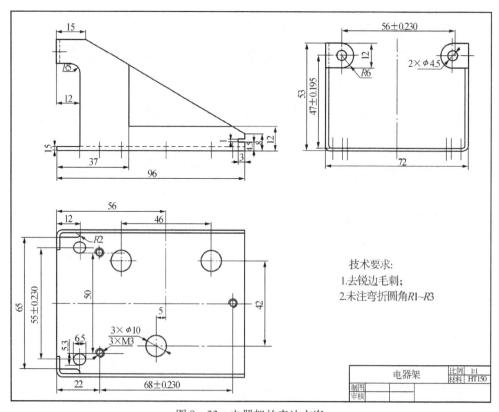

图 8-33　电器架的表达方案

8.3　零件图上常见的工艺结构

机器中大部分零件都要经过铸造和机械加工制成。在设计零件时，必须考虑到制造工艺的特点，使绘制的零件图正确地反映工艺要求，以避免加工困难或产生废品。

8.3.1　铸造工艺结构

铸造件的一些工艺结构，如壁厚均匀或逐渐变化、圆角、拔模（脱模）斜度、凸台和凹坑等，它们的作用、特点和表示方法如表 8 - 2 所示。

表 8 - 2　铸造工艺结构

结构名称	说　明	图　例
铸件壁厚	为了避免浇铸零件时各部分因冷却速度不同而产生的缩孔和裂纹，铸件的壁厚应尽量均匀或逐渐变化	 合理　　合理　　不合理
铸造圆角	为了满足铸造工艺要求，防止砂型落砂及铸件冷却时突然在转角（尖角）处产生缩孔和裂纹，在铸件毛坯各表面相交处做成圆角过渡。铸造圆角半径在视图上一般不注出，而集中注写在技术要求中	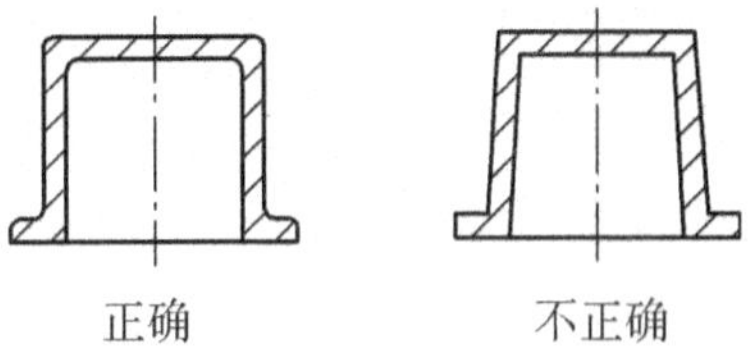 正确　　　　不正确
拔模（或脱模）斜度	为了使铸件在造型时将木模拔出方便，一般在木模的拔出方向上作出 1∶20 的斜度。在零件图中如无特殊要求，一般不画出拔模斜度也不必标注	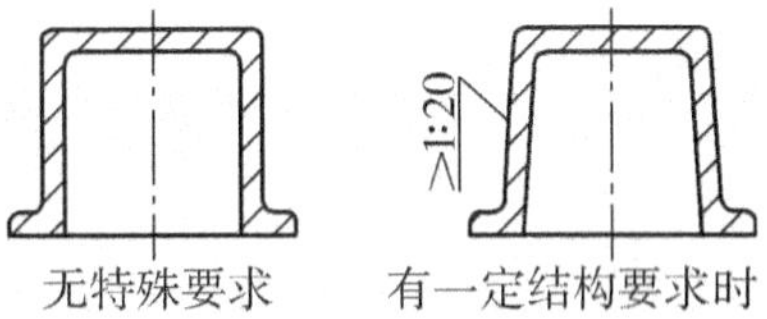 无特殊要求　　有一定结构要求时
箱座类零件底面上的凹槽	为了使箱座类零件的底面在装配时接触良好，应合理地减少接触面积，这样的结构对铸件还可减少加工面积，节省加工成本	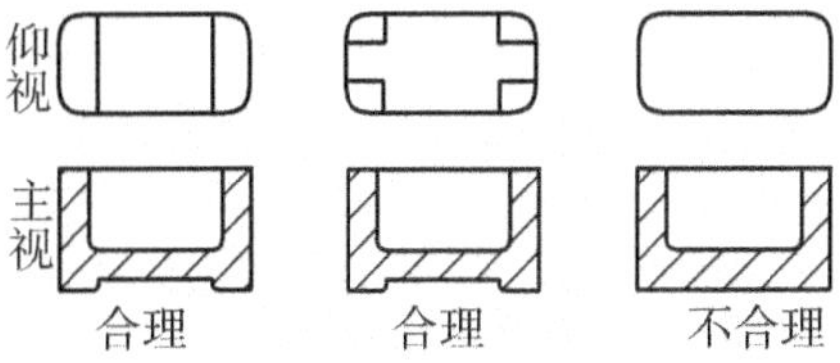 仰视　主视 合理　　合理　　不合理

结构名称	说　明	图　例
铸件上的凸台和凹坑	为了使螺栓、螺母、垫片等紧固件或其他零件与相邻铸件装配时接触良好，并减少加工面积，或为了使钻孔时钻头不致偏斜或折断，常在铸件上制出凸台、凹坑或锪平等结构	 凸台　　凹坑　　锪平 不正确　　正确　　正确

8.3.2　机械加工工艺结构

机械加工工艺结构，如倒角、螺纹退刀槽、砂轮越程槽、钻孔结构等，它们的作用、特点和表示方法如表 8 - 3 所示。

表 8 - 3　机械加工工艺结构

结构名称	说　明	图　例
中心孔	为了对轴类零件进行加工时便于定位和装夹，常在轴的一端和两端预先加工出中心孔	A型　　B型 代号标注示例 B3/7.5 说明：B3/7.5是中心孔的代号 其中：B—B型中心孔 　　　3—d=3mm 　　　7.5—D_{max}=7.5mm
倒角和倒圆	为了便于装配和安全，在轴和孔的端部加工出倒角，以去除毛刺、锐边。为避免应力集中而产生裂纹，常在阶梯轴的孔和轴肩处加工成倒圆	

结构名称	说　明	图　例
退刀槽和砂轮越程槽	在加工时，为了便于退出刀具或使砂轮可以稍微越过加工面使相关零件装配时易于靠紧，常在加工面的末端预先车出退刀槽和砂轮越程槽	标注一　标注二　标注三 标注一　标注二　标注三
钻孔	用钻头加工的不通孔或阶梯孔，其末端锥顶角为120°，但在图中不必注明角度尺寸。孔的深度尺寸不包括锥坑（常见孔的尺寸注法见表 8 - 1）	

8.4　零件图中的技术要求

　　零件的质量对整部机器的正常运转有着重要的影响，而零件的质量又取决于零件的材料及其热处理和机械加工质量等因素。凡属于机械加工质量方面的要求称为加工精度，加工精度主要包括表面结构、尺寸精度、形状和位置精度等。

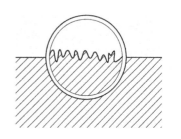

图 8 - 34　微观下表面凹凸不平示意

8.4.1 表面结构

为了保证零件装配后的使用要求，要根据功能需要对零件的表面结构给出质量的要求。表面结构是表面粗糙度、表面波纹度、表面缺陷、表面纹理和表面几何形状的总称。表面结构的图样表示法在 GB/T 131—2006 中均有具体规定。本节简要介绍表面结构表示法。

8.4.1.1 表面结构的图样表示法

加工零件时，由于刀具在零件表面上留下刀痕和切削分裂时表面金属的塑性变形等影响，使零件表面存在着间距较小的轮廓峰谷，如图 8 - 34 所示。这种表面上具有较小间距的峰谷所组成的微观几何形状特性，称为表面结构。机器设备对零件各个表面结构的要求不一样，如配合性质、耐磨性、抗腐蚀性、密封性、外观要求等各有不同。一般说来，凡零件上有配合要求或有相对运动的表面，表面结构参数值小。因此，应在满足零件表面功能的前提下，合理选用表面结构参数。

8.4.1.2 评定表面结构常用的轮廓参数

对于零件表面结构的状况，可由三大类参数加以评定：轮廓参数（由 GB/T 3505—2000 定义）、图形参数（由 GB/T 18618—2002 定义）、支承率曲线参数（由 GB/T 18778.2—2003 和 GB/T 18778.3—2006 定义）。其中轮廓参数是我国机械图样中目前最常用的评定参数。这里仅介绍评定粗糙度轮廓（R 轮廓）中的两个高度参数 R_a 和 R_z。

（1）R_a 是指在一个取样长度内纵坐标值 $Z(x)$ 绝对值的算术平均值，如图 8 - 35 所示。

（2）R_z 是指在同一取样长度内，最大轮廓峰高和最大轮廓谷深之和的高度，如图 8 - 35 所示。

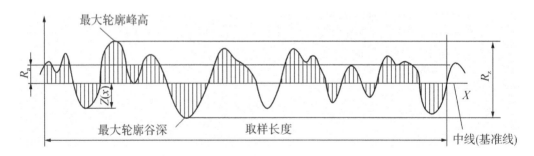

图 8 - 35　评定表面结构常用的轮廓参数

轮廓算术平均偏差（R_a）的数值规定如表 8 - 4 所示。补充系列可参照相关标准。

表 8 - 4　轮廓算术平均偏差（R_a）的数值规定　　　　　单位：μm

0.012	0.1	0.8	6.3	50
0.025	0.2	1.6	12.5	100
0.05	0.4	3.2	25	

算术平均偏差（R_a）的应用举例如表 8 - 5 所示。

表 8-5 轮廓算术平均偏差（R_a）的应用举例

$R_a(\mu m)$	加工方法	应用举例
100 50 25 12.5	气割、锯、模锻、粗刨、粗铣、粗车、钻孔、粗砂轮等加工	在混凝土基础上的机座底面等
		非配合表面，如倒角、退刀槽、轴端面、齿轮及皮带轮侧面，螺钉通过孔，支架、外壳、衬套、盖等端面，平键及键槽上、下面等
6.3 3.2 1.6	半精车、半精铣、半精刨、精镗、精铰、刮研等	要求有定心及配合特性的固定支承面，轴肩、键和键槽工作面，燕尾槽表面，箱体结合面，低速转动的轴颈，三角皮带轮槽表面等
0.8 0.4 0.2	精车、精铣、精拉、精铰、半精磨等	中速转动轴颈，过盈配合的孔 H7，间隙配合的孔 H8、H7，滑动导轨面，滑动轴承轴瓦的工作面，分度盘表面，曲轴、凸轮的工作面等
0.1 0.05 0.025 0.012	精磨、抛光、研磨、珩磨、金刚车、超精加工等	活塞和活塞销表面，要求气密的表面，齿轮泵轴颈，液压传动孔表面，阀的工作面，汽缸内表面等
		摩擦离合器的摩擦表面，量块工作面，高压油泵中柱塞和柱塞套的配合表面，仪器的测量表面，光学测量仪器中的金属镜面等

8.4.1.3 标注表面结构的图形符号

标注表面结构要求时的图形符号种类、名称、尺寸及其含义如表 8-6 所示。

表 8-6 表面结构符号

符号名称	符 号	含 义
基本图形符号	$d' = 0.35mm$ （d'-符号线宽） $H_1 = 3.5mm$ $H_2 = 7mm$	基本符号，表示表面可用任何方法获得，当不加注表面结构参数值或有关说明（如表面处理、局部热处理状况等）时，仅适用于简化代号标注
扩展图形符号		基本符号加一短划线，表示表面是用去除材料的方法获得。例如：车、铣、钻、磨、剪切、抛光、腐蚀、电火花加工、气割等
		基本符号加一小圆，表示表面是不去除材料的方法获得。例如：铸、锻、冲压变形、热轧、冷轧、粉末冶金等

符号名称	符 号	含 义
完整图形符号		在以上各种符号的长边上加一横线，以便注写对表面结构的各种要求

注：表中 d'、H_1 和 H_2 的大小是当图样中尺寸数字高度选取 $h = 3.5mm$ 时按 GB/T 131—2006 的相应规定给定的。表中 H_2 是最小值，必要时允许加大。

8.4.1.4 表面结构代号

表面结构符号中注写了具体参数代号及数值等要求后即称为表面结构代号。表面结构代号的示例及含义如表 8 - 7 所示。

表 8 - 7　表面结构代号的示例及含义

序号	代号示例	含义/解译
1	$\sqrt{R_a0.8}$	表示不允许去除材料，单向上限值，R 轮廓，算术平均偏差 $0.8\mu m$
2	$\sqrt{R_{zmax}0.2}$	表示去除材料，单向上限值，R 轮廓，粗糙度最大高度的最大值 $0.2\mu m$

8.4.1.5 表面结构表示法在图样中的注法

表面结构要求对每一表面一般只注一次，并尽可能注在相应的尺寸及其公差的同一视图上。除非另有说明，所标注的表面结构要求是对完工零件表面的要求，如表 8 - 8 所示。

表 8 - 8　表面结构表示法在图样中的注法

图 例	说 明
	为了表示表面结构的要求，除了标注表面结构参数和数值外，必要时应标注补充要求，包括加工工艺、表面纹理及方向、加工余量等。这些要求在图形符号中的注写位置： 位置 a：注写表面结构的单一要求 位置 a 和 b：注写两个或多个表面结构要求，在位置 a 注写第一表面结构要求，在位置 b 注写第二表面结构要求 位置 c：注写加工方法，如"车"、"磨"、"镀"等 位置 d：注写表面纹理和纹理的方向，如"="、"X"、"M" 位置 e：注写加工余量

图　　例	说　　明
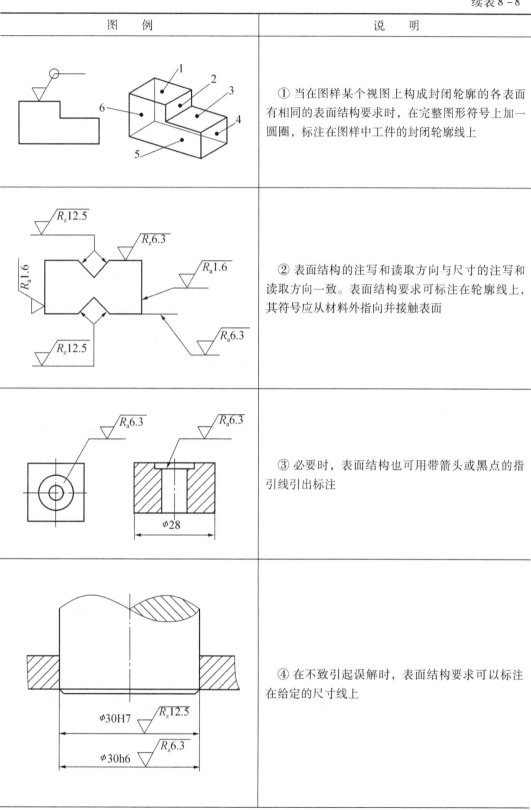	① 当在图样某个视图上构成封闭轮廓的各表面有相同的表面结构要求时，在完整图形符号上加一圆圈，标注在图样中工件的封闭轮廓线上
	② 表面结构的注写和读取方向与尺寸的注写和读取方向一致。表面结构要求可标注在轮廓线上，其符号应从材料外指向并接触表面
	③ 必要时，表面结构也可用带箭头或黑点的指引线引出标注
	④ 在不致引起误解时，表面结构要求可以标注在给定的尺寸线上

图　　例	说　　明
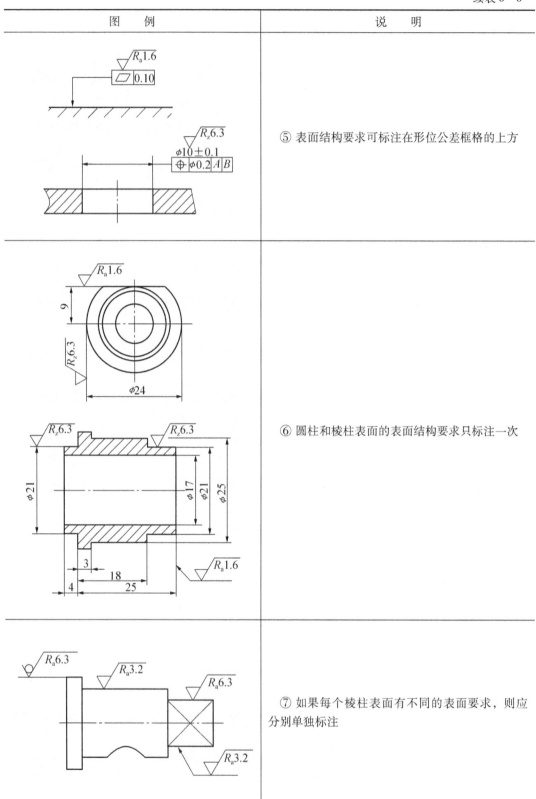	⑤ 表面结构要求可标注在形位公差框格的上方
	⑥ 圆柱和棱柱表面的表面结构要求只标注一次
	⑦ 如果每个棱柱表面有不同的表面要求，则应分别单独标注

8.4.1.6　表面结构要求在图样中的简化注法

有相同表面结构要求的简化注法如表 8-9 所示。

表 8-9　有相同表面结构要求的简化注法

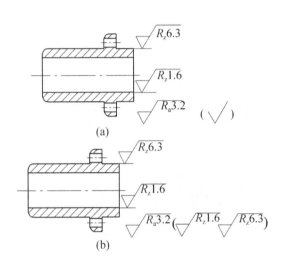 (a) (b)	不同的表面结构要求应直接标注在图形中。 　① 如果在工件的多数（包括全部）表面有相同的表面结构要求时，则其表面结构要求可统一标注在图样的标题栏附近。此时，表面结构要求的符号后面应有：在圆括号内给出无任何其他标注的基本符号（图 a） 　② 在圆括号内给出不同的表面结构要求（图 b）
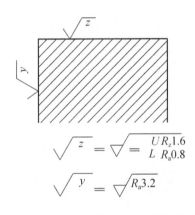	③ 多个表面有共同要求的注法，用带字母的完整符号的简化注法，以等式的形式，在图形或标题栏附近，对有相同表面结构要求的表面进行简化标注
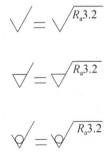	④ 只用表面结构符号的简化注法，用表面结构符号以等式的形式给出对多个表面共同的表面结构要求

8.4.2 极限与配合

8.4.2.1 互换性

机器中相互配合的零件的配合性质，取决于它们在机器中的作用，有些要求能做相对运动、有些要求紧密的配合、有些则要求较严格的对中。在大批量生产中，要求成批生产出来的相同零件，不需经过选择或修配，装配起来就能满足使用要求，零件的这种性质叫作互换性。零件具有互换性有利于机械工业广泛地协作，有利于进行高效率的专业化生产，还可以缩短生产周期、降低成本、保证质量、便于维修等。

8.4.2.2 极限与配合的基本概念（GB/T 1801—1999）

（1）极限偏差

在零件的加工过程中，由于受到机床、刀具、夹具、量具和操作人员的技术水平等方面的影响，加工出来的零件尺寸必然存在一定的误差。因此，在设计时，应根据零件的使用要求，给零件规定一个允许的误差范围，这个误差范围由极限偏差来保证。为了使零件具有互换性，在制造时必须严格按照所规定的极限偏差进行加工和检验。

有关尺寸极限的基本术语和定义见 GB/T 1800.1—1997 规定。

① 基本尺寸。设计时根据零件的使用要求确定的尺寸，如图 8-36 及图 8-37 中的 φ30。

② 实际尺寸。通过测量获得的某一孔、轴的尺寸。

③ 极限尺寸。一个孔或轴允许的尺寸的两个极端尺寸。它包括最大极限尺寸和最小极限尺寸。

最大极限尺寸：孔或轴允许的最大尺寸，如图 8-36 及图 8-37 中孔的尺寸 φ30.021、轴的尺寸 φ29.993。

最小极限尺寸：孔或轴允许的最小尺寸，如图 8-36 及图 8-37 中的尺寸 φ30 和轴的尺寸 φ29.98。

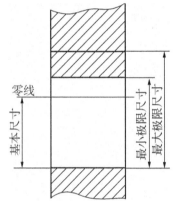

图 8-36 基本尺寸、极限尺寸

④ 偏差。某一尺寸（实际尺寸、极限尺寸等）减其基本尺寸所得的代数差。

⑤ 极限偏差。指上偏差和下偏差。轴的上、下偏差代号用小写字母 es、ei 表示；孔的上、下偏差代号用大写字母 ES、EI 表示，如图 8-38 所示。

上偏差（ES、es）：最大极限尺寸减其基本尺寸所得的代数差。

下偏差（EI、ei）：最小极限尺寸减其基本尺寸所得的代数差。

⑥ 尺寸公差（简称公差）。最大极限尺寸减最小极限尺寸之差，或上偏差减下偏差之差。它是允许尺寸的变动量。尺寸公差是一个没有符号的绝对值，如图 8-38 所示。

⑦ 零线。在极限与配合图解中，表示基本尺寸的一条直线，以其为基准确定偏差和公差，如图 8-37、图 8-38 所示。

通常，零线沿水平方向绘制，正偏差位于其上，负偏差位于其下。

⑧ 公差带。由代表上偏差和下偏差或最大极限尺寸和最小极限尺寸的两条直线所限定的一个区域，称为公差带。它是由公差大小和其相对零线的位置如基本偏差来确定的。

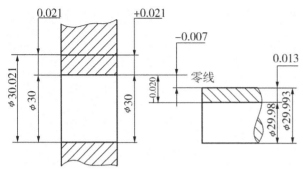

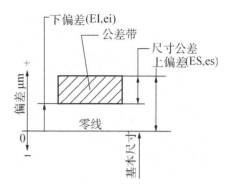

图 8 - 37　配合与公差带的示意图　　　　　图 8 - 38　公差带的图解

将上、下偏差和基本尺寸的关系，按同一放大的比例画成的简图，称为公差带图，如图 8 - 38 所示。

⑨ 极限制。经标准化的公差与偏差制度。

（2）标准公差与基本偏差

零件的公差是由"公差带大小"和"公差带位置"这两个要素组成的。"公差带大小"由标准公差确定，"公差带位置"由基本偏差确定。

① 标准公差（IT）：在国家标准（GB/T 1800.1—1997）极限与配合制中，所规定的任一公差。

标准公差数值与基本尺寸分段和公差等级有关。公差等级用以确定尺寸精确的程度。字母 IT 为"国际公差"的符号。

② 标准公差等级：在国家标准（GB/T 1800.1—1997）极限与配合制中，同一公差等级（例如 IT 7）对所有基本尺寸的一组公差被认为具有同等精确程度。

标准公差等级代号用符号 IT 和数字组成，例如 IT 7。当其与代表基本偏差的字母一起组成公差带时，省略 IT 字母，如 h7。

标准公差等级分 IT 01、IT 0、IT 1、IT 2 至 IT 18 共 20 级。基本尺寸至 3～500mm 的各级的标准公差数值见 GB/T 1800.3—1998（附录 1）。标准公差等级从 IT 01 至 IT 18 的尺寸精确程度依次降低，而相应的标准公差数值依次增大。

注意：属于同一公差等级的公差，对所有基本尺寸，虽数值不同，但被认为具有同等的精确程度。选用公差等级时，在满足使用要求的前提下，尽量选择较低的公差等级。一般机器的配合尺寸，孔用 IT 6～IT 12，轴用 IT 5～IT 12。

③ 基本偏差：在国家标准（GB/T 1800.1—1997）极限与配合制中，它是确定公差带相对零线位置的那个极限偏差，可以是上偏差或下偏差，一般为靠近零线的那个偏差，如图 8 - 39 所示。

当公差带位于零线上方时，基本偏差为下偏差；当公差带位于零线下方时，基本偏差为上偏差。

基本偏差代号，对孔用大写字母 A，B，C，…，X，Y，Z，ZA，ZB，ZC 表示；对轴用小写字母 a，b，c，…，x，y，z，za，zb，zc 表示，如图 8 - 41 所示，孔和轴的基本偏差系列各有 28 个基本偏差代号，其中基本偏差 H 代表基准孔；h 代表基准轴。

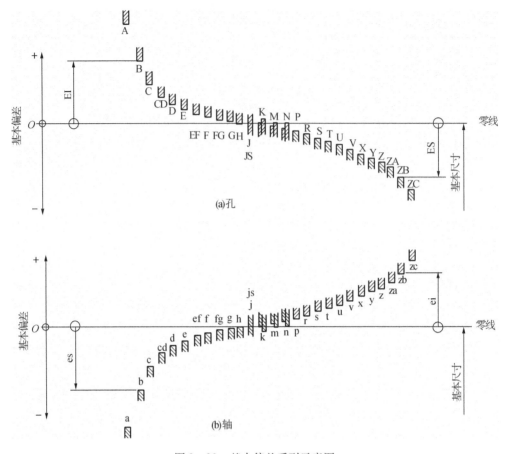

图 8 – 39　基本偏差系列示意图

基本尺寸至 3 ～ 500mm 的各级轴和孔的基本偏差数值，见 GB/T 1800.3—1998。

孔和轴的另一偏差，上偏差（ES、es）和下偏差（EI、ei）可由孔和轴的基本偏差和标准公差（IT）求得：

孔的另一偏差：上偏差 ES ＝ EI + IT 或下偏差 EI ＝ ES – IT

轴的另一偏差：上偏差 es ＝ ei + IT 或下偏差 ei ＝ es – IT

（3）配合

基本尺寸相同的相互结合的孔和轴公差带之间的关系称为配合。根据使用要求的不同，孔和轴之间的配合有松有紧，从而形成了间隙或过盈的情况。国家标准规定有间隙配合、过盈配合和过渡配合三类。

① 间隙配合：具有间隙（包括最小间隙为零）的配合。间隙配合时孔的公差带在轴的公差带之上，如图 8 –40、图 8 –43a 所示。

② 过盈配合：具有过盈（包括最小过盈为零）的配合。过盈配合时孔的公差带在轴的公差带之下，如图 8 –41、图 8 –43b 所示。

③ 过渡配合：可能具有间隙或过盈的配合。这种配合孔的公差带和轴的公差带相互交叠，如图 8 –42、图 8 –43c 所示。

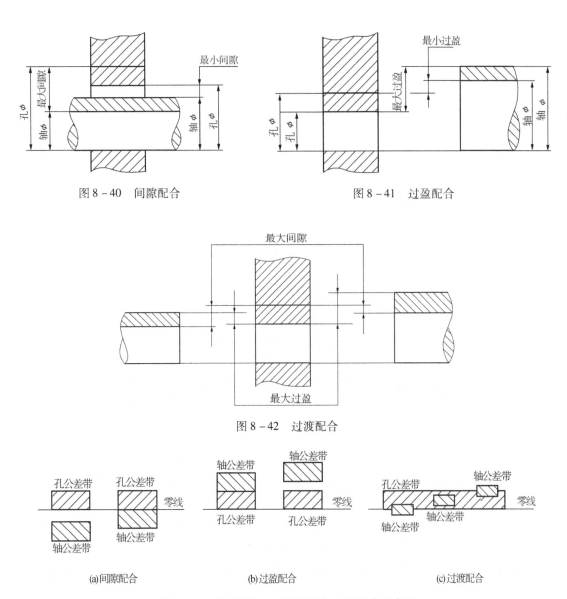

图 8 - 40 间隙配合　　　　　　　　图 8 - 41 过盈配合

图 8 - 42 过渡配合

(a)间隙配合　　　　　　(b)过盈配合　　　　　　(c)过渡配合

图 8 - 43 间隙配合、过盈配合与过渡配合示意图

（4）配合制

同一极限制的孔和轴组成配合的一种制度称为配合制。

为了实现配合的标准化，统一标准件的极限偏差，从而达到减少刀具和量具的规格和数量，获得较好的技术经济效果。国家标准对配合规定了两种基本准制，即基孔制和基轴制。

① 基孔制配合。基本偏差为一定的孔的公差带，与不同基本偏差的轴的公差带形成各种配合的一种制度称为基孔制配合。

对标准（GB/T 1800.1—1997）极限与配合制，是孔的最小极限尺寸与基本尺寸相等，孔的下偏差为零的一种配合制，如图 8 - 44 所示。图中，水平实线代表孔或轴的基本偏差，虚线代表另一极限，表示孔和轴之间可能的不同组合与它们的公差等级有关。

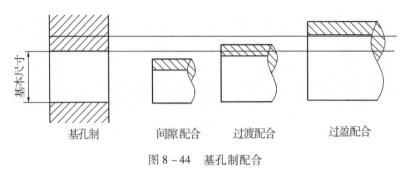

图 8 - 44　基孔制配合

基孔制配合中的孔称为基准孔，其代号为 H，基准孔的最小极限尺寸等于基本尺寸，下偏差为零。

② 基轴制配合。基本偏差为一定的轴的公差带，与不同基本偏差的孔的公差带形成各种配合的一种制度称为基轴制配合。

对标准（GB/T 1800.1—1997）极限与配合制，是轴的最大极限尺寸与基本尺寸相等，轴的上偏差为零的一种配合制，如图 8 - 45 所示。图中，水平实线代表孔或轴的基本偏差，虚线代表另一极限，表示孔和轴之间可能的不同组合与它们的公差等级有关。

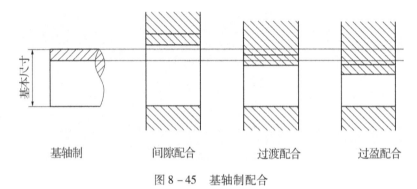

图 8 - 45　基轴制配合

基轴制配合中的轴称为基准轴，其代号为 h，基准轴的最大极限尺寸等于基本尺寸，上偏差为零。

基孔制和基轴制都各有过盈配合、间隙配合和过渡配合，如图 8 - 44、图 8 - 45 所示。

采用基孔制还是基轴制，应根据实际情况而定，一般情况下应优先采用基孔制。因为加工轴比加工孔较为方便，而且加工孔的刀具、量具规格繁杂、成本较高。但当必须选用标准件或与外厂的成品件相配时，采用基孔制就不一定合适，如图 8 - 46 所示，与滚动轴承的外圈相配合的孔，应采用基轴制；在同一基本尺寸的轴上要装上不同配合的零件时，若采用基孔制，轴要制成阶梯形，使成本提高，不如采用基轴制好，如图 8 - 47 中活塞销与活塞以及和连杆头衬套孔的配合用的是基轴制。

8.4.2.3　极限与配合在图样上的标注

（1）装配图上配合的标注方法

在装配图上标注配合代号，是在基本尺寸的后面加一分数式，分子写孔的公差带代号，分母写轴的公差带代号，如图 8 - 48 所示。

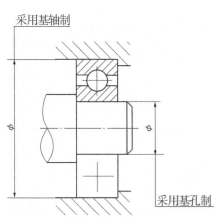

图 8-46 滚动轴承的外圈相配合

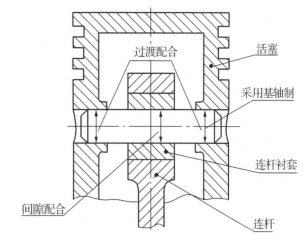

图 8-47 活塞销的配合

（2）零件图上公差的标注有三种形式：

① 在基本尺寸后面注公差带代号，如图 8-49a 所示。

② 在基本尺寸后面注极限偏差数值，如图 8-49b 所示。

③ 在基本尺寸后面同时注公差带代号和偏差数值，如图 8-49c 所示。

标注极限偏差时，偏差数值应比基本尺寸小一号，偏差数值前应带有正负号；当上偏差或下偏差为零时，用数字"0"标出。偏差数值在图样上以毫米为单位进行标注。

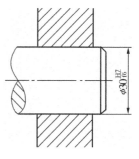

图 8-48 装配图上配合的标注

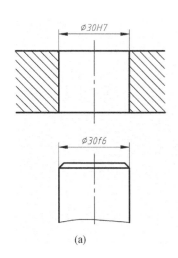

(a)

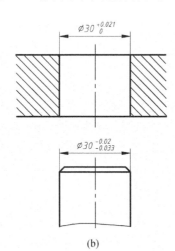

(b)

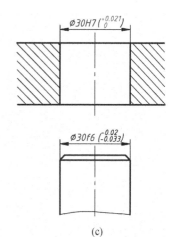

(c)

图 8-49 零件图上公差的标注

8.4.2.4　查表方法举例

例 8-1　确定孔 ϕ 52JS7 的极限偏差数值。

解：孔的基本尺寸为 ϕ 52，孔的公差等级为 7，由本书附录 1 查得标准公差值为 0.030；又由于孔的基本偏差代号为 JS，由本书附录 3 查得基本偏差为 $\pm IT_n/2$，因此，其极限偏差数值为 $\pm 0.030/2$，即为 0.015。所以 ϕ 52JS7 可写成 ϕ 52 $\pm$ 0.015。

例 8-2　确定轴 ϕ 25k6 的极限偏差数值。

解：轴的基本尺寸为 ϕ 25，轴的公差等级为 6，由本书附录 1 查得标准公差值为 0.013；又由于轴的基本偏差代号为 k，由本书附录 2 可知，基本偏差为 k 所在的列又分为两种情况：$k \leqslant 3$ 或 $k > 7$；k 值为 $4 \sim 7$，因为本题的 k 值为 6，应属于第二种情况，因此查得其上偏差为 +0.002，由上偏差和公差可计算出其下偏差为 -0.011，所以 ϕ 25k6 可写成 $\phi 25^{+0.002}_{-0.011}$。

例 8-3　确定 ϕ 50 中孔和轴 $\dfrac{H7}{g6}$ 的极限偏差数值。

解：对照配合代号可知，$\dfrac{H7}{g6}$ 为基孔制间隙配合，其中 H7 为基准孔的公差带代号、孔的基本偏差代号为 H、孔的公差等级为 7；g6 为配合轴的公差带代号、轴的基本偏差代号为 g，轴的公差等级为 6。

对于 ϕ 50H7 基准孔，可由附录 3 查得标准公差值为 0.025，由于是基准孔，故其下偏差为 0，上偏差即为 +0.025。所以 ϕ 50 H7 可写成 $\phi 50^{+0.025}_{0}$。

对于 ϕ 50 g6 配合轴，可由本书附录 1 查得标准公差值为 0.016。由附录 2 查得其上偏差为 -0.009，由上偏差和公差可计算出其下偏差为 -0.025。所以 ϕ 50 g6 可写成 $\phi 50^{-0.009}_{-0.025}$。

8.4.3　形状和位置公差

零件加工后，不仅有尺寸的误差，而且零件几何要素的实际形状对理想形状，或实际位置对其理想位置也会有误差。若零件的形状或位置的误差过大，也会影响机器的质量。在一般情况下零件的形位公差可由尺寸公差、机床的精度和加工工艺加以保证，因此只有对要求较高的零件才在图样上标注形状误差和位置误差的允许范围，即形状公差和位置公差，简称形位公差（GB/T 1182—1996）。

形状公差为单一实际要素的形状所允许的变动全量，而位置公差为关联实际要素的位置或方向对基准所允许的变动全量。构成零件几何特征的点、线、面统称为要素。用来确定被测要素的方向或（和）位置的要素称为基准要素；理想的基准要素称为基准。

8.4.3.1　形位公差的代号

国家标准规定了 14 项形位公差特征项目及符号，如表 8-10 所示。

表 8-10　形位公差特征项目

分类		特征项目	符号	有或无基准要求	分类		特征项目	符号	有或无基准要求
形状	形状	直线度	—	无	位置	定向	平行度	//	有
		平面度	▱	无			垂直度	⊥	有
		圆度	○	无			倾斜度	∠	有
		圆柱度	⌭	无		定位	位置度	⊕	有或无
							同轴（同心）度	◎	有
形状或位置	轮廓	线轮廓度	⌒	有或无			对称度	=	有
		面轮廓度	⌓	有或无		跳动	圆跳动	↗	有
							全跳动	⌰	有

8.4.3.2　形位公差标注

（1）形位公差在图样的标注方法

形位公差的标注方法如图 8-50 所示，形位公差的框格用细实线画出，分成两格或多格，可水平或垂直放置。框格中的数字、字母一般应与图中的字体同高。框格的一端与指引线相连；箭头指向被测表面，并垂直于被测表面的可见轮廓线或其延长线，箭头的方向就是公差带宽度的方向。

基准所在处用粗的短画表示。短画应画在靠近基准要素的轮廓线或其延长线。短画上的指引线与框格的一端相连。如不便相连时，则需标注基准代号。圆框的直径与框格的高度相等，如图 8-50 所示。短画上的线或箭头与有关尺寸线对齐，表示基准要素或被测要素是轴心线或对称平面。

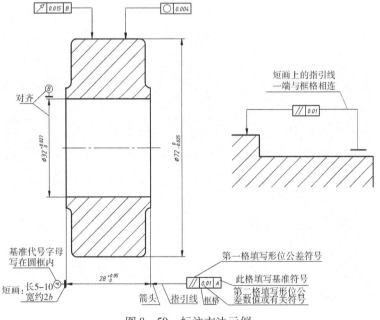

图 8-50　标注方法示例

（2）形位公差标注示例

形位公差的综合标注示例如图 8 – 51 所示，图中标注的各个形位公差代号的含义是：

① 基准 A 为 φ16f7 圆柱的轴心线。

② φ16f7 圆柱面的圆柱度公差为 0.005mm。

③ M8×1 的轴线相对基准 A 的同轴度公差为 φ0.1。

④ $\phi 36 _{-0.34}^{0}$ 的右端面对基准 A 的垂直度公差为 0.025。

⑤ $\phi 14 _{-0.24}^{0}$ 的右端面对基准 A 的端面圆跳动公差为 0.1。

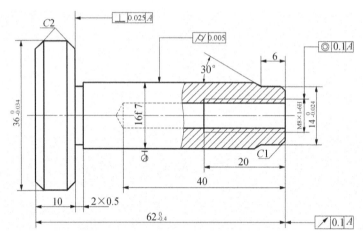

图 8 – 51 综合标注示例

8.5 零件测绘

在改进或维修机器或部件时，有时会碰到机器或部件中某一零件损坏，而又无配件或图纸，这时就必须对零件进行测量并绘制该零件的零件图，作为制造该零件的依据。这种依据已有零件绘制零件图的过程称为零件测绘。由于这一工作常在现场进行，不能直接把被测零件画成零件工作图，因此，首先要徒手绘制零件草图，然后再由零件草图绘制零件工作图。

零件草图因是徒手绘制的，线型不如零件工作图平直、圆滑，大小也不能绝对准确，但其他内容都应完全符合生产图纸的要求。零件草图虽名为草图，但决不可潦草马虎。草图是画零件图的重要依据。因此，画零件草图时，必须做到认真细致，不能有错误或遗漏，否则将会给画零件图带来很大的困难。

零件草图的要求是：视图正确，表达完全，尺寸齐全，线型分明，图面整齐，技术要求完全，并要有图框和标题栏。

本节介绍绘制零件草图的方法和步骤及几种常见的测量零件尺寸的方法。

8.5.1 绘制零件草图的方法和步骤

（1）分析零件、确定视图表达方案

分析零件，主要是了解所绘零件的名称、作用、材料和制造方法，以及与其他零件的相互关系，进行形体分析和结构分析。如图 8－52 所示的端盖，属于盘盖类零件，主要在车床上加工，材料为铸铁。

主视图按加工位置放置，选取垂直于轴线的方向作为主视图的投射方向，主视图作全剖视以表达端盖的内部结构，另外还需要一个左视图表达端盖上孔的分布。

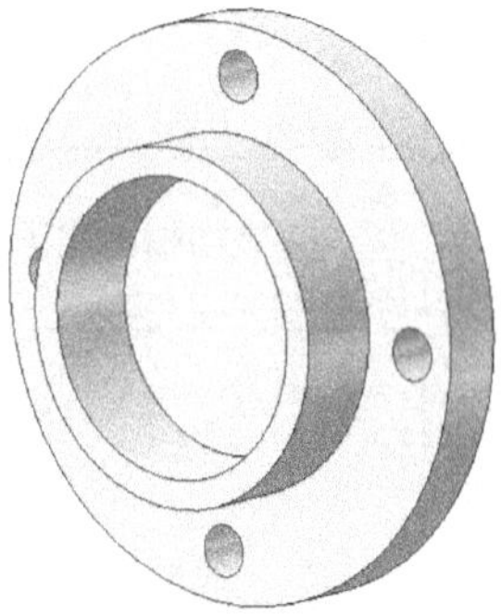

（2）选择图样比例和图纸幅面

根据零件大小和视图表达方案，选择图样比例和图纸幅面。机械图一般采用 1∶1 的比例，小而复杂的零件可采用放大的比例。本例零件较大，宜采用 1∶2 的比例，按尺寸计算需用 A3 图幅。

（3）布置图面

首先绘制图框和标题栏外框，然后在图纸上定出各视图的位置，画出各视图的基准线、轴线和对称中心线，如图 8－53a 所

图 8－52 端盖

示。布置视图时，要考虑到各视图间应留有足够的空间以便标注尺寸。

（4）绘制视图、剖视图、断面图

按形体把零件分成几部分，先画主要部分，后画次要部分；先定位置，后定形状；先画主要轮廓，后画细节；先画反映形体形状特征的投影，后画其他投影。画图时，注意各几何形体的投影在基本视图上应尽量同时绘制，以保证正确的投影关系。如图 8－53b、c 所示。

（5）描深

先描虚线、中心线，其次画剖面符号，再画尺寸界线、尺寸线和箭头，标注表面结构代号、形位公差，最后加深粗实线。如图 8－53d、e 所示。

（6）注写尺寸、填写标题栏

测量尺寸并逐个填写尺寸数字（有配合要求的尺寸还要注上极限偏差值）以及其他技术要求。

对零件的非配合尺寸，一般取整数。对两零件有配合关系的尺寸，应同时测量，统一标注。对于有标准规定的结构要素（如螺纹、退刀槽等）的尺寸在测量时要查对有关标准，取最接近的标准值。

在标题栏中填写零件名称、图号、数量、材料、比例等，全面检查后，签上制图者姓名和绘图日期。如图 8－53f 所示。

8.5.2 常用的简便测量尺寸的方法

测量零件常用的简单量具有外卡钳、内卡钳和直尺，较精密的量具有游标卡尺等，如图 8－54 所示。

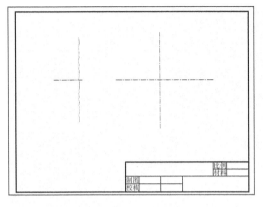

(a)定图幅、比例、布图画基准线

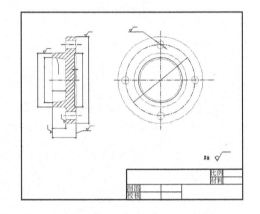

(b)画主要结构

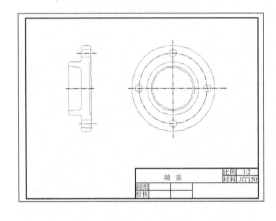

(c)画次要结构

(d)检查、描深，画剖面线、尺寸线、尺寸界线、标注表面结构代号

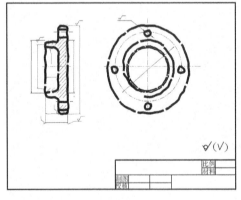

(e)加深粗实线

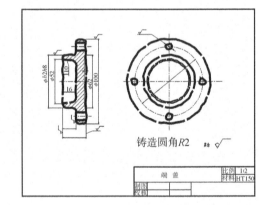

(f)标注尺寸，填写标题栏

图 8－53　端盖零件的草图绘制

　　内、外卡钳上没有尺寸刻度，用其测量尺寸时，必须与直尺配合使用，才能读出尺寸。而游标卡尺上有尺寸刻度，用它测量时，可直接从刻度上读出尺寸。

　　下面介绍几种常用的简便测量方法。

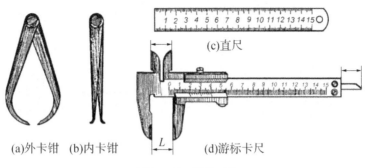

(a)外卡钳　(b)内卡钳　　(c)直尺　　(d)游标卡尺

图 8 – 54　测量工具

（1）测量直线尺寸（长、宽、高）

一般用直尺或游标卡尺直接量取，如图 8 – 55 所示。

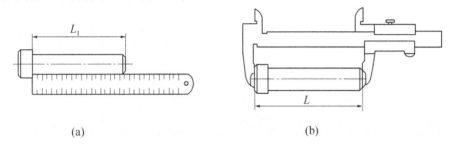

(a)　　　　　　　　　　　　　　　(b)

图 8 – 55　测量直线的尺寸

（2）测量回转面直径

测量外径用外卡钳，测量内径用内卡钳，游标卡尺则可测内、外径，如图 8 – 56 所示。

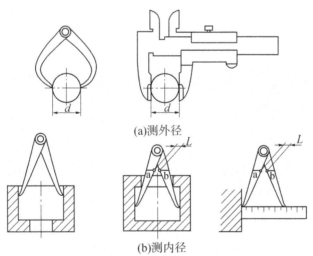

(a)测外径

(b)测内径

图 8 – 56　测量回转面直径

（3）测量壁厚

壁厚可用直尺直接量取或用卡钳测量，如图 8 – 57 所示。

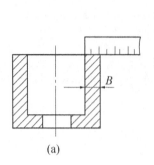 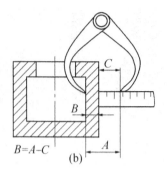

图 8 – 57　测量壁厚

（4）测量深度

深度可用直尺直接测量，如图 8 – 58a 所示。若孔径较小时，可用测量深度的游标卡尺测量，如图 8 – 58b 所示。

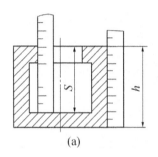 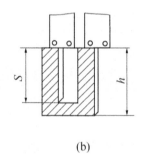

图 8 – 58　测量高度和深度

（5）测量两孔之间的中心距

两孔之间的中心距可用卡钳或直尺测量，也可用游标卡尺测量，如图 8 – 59 所示。

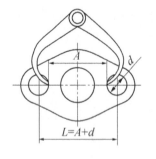 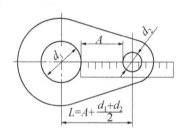

(a)两孔直径相同时(先测出 A 及 d)　(b)两孔直径不同时(先测量 A、d_1 及 d_2)

图 8 – 59　测量孔中心距

（6）测量中心高

中心高可用直尺、卡尺或游标卡尺测量，如图 8 – 60 所示。

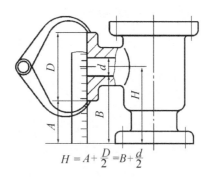

$$H = A + \frac{D}{2} = B + \frac{d}{2}$$

图 8 - 60 测量曲线轮廓

（7）测量曲线轮廓

常采用拓印法或铅丝法确定曲线轮廓尺寸。即先用纸拓印出轮廓，或用铅丝沿零件轮廓弯成实形后，得到如实的平面曲线，然后判断该曲线的圆弧连接情况，选圆弧上三点用几何作图的方法找出半径、圆心位置、切点等，如图 8 - 61 所示为拓印法。

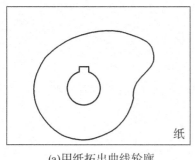

(a)用纸拓出曲线轮廓

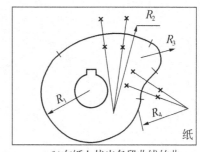

(b)在纸上找出各段曲线的曲
率中心、半径及连接点

图 8 - 61 测量曲线轮廓

8.6 读零件图

在设计制造工作中，经常需要读零件图。如设计零件时，往往需要参考同类的零件图；在制造零件时，要读懂零件图。因此工程技术人员必须掌握正确的读图方法和具备读图的能力。

8.6.1 读零件图要求

（1）了解零件的名称、材料、比例和作用。
（2）分析零件图形，弄清零件的结构形状、相对位置及功用。
（3）了解零件的制造方法和技术要求。

8.6.2 读零件图的方法和步骤

（1）看标题栏。了解零件的名称、材料、比例等，大致了解零件在机器或部件中的作用和形体概貌。

（2）分析视图。表达零件结构的视图是按投影关系配置的。分析视图时，一般按以下顺序进行：

① 首先找到主视图，再看有多少视图、剖视图和断面图；

② 弄清各视图、剖视图和断面图的名称、剖切位置、剖切方法及各视图之间的投影关系；

③ 有无局部放大图和简化画法。

（3）分析形体，想象零件结构形状。这是读零件图的关键环节，形体分析法和线面分析法是读图的基本方法，还要根据零件的作用及零件的工艺性对零件作结构分析以加深对零件的理解。看图的顺序一般是：先看整体后看细节；先看主要部分后看次要部分；先看容易看懂的部分后看难懂的部分。

看图时有时还要查阅有关的技术资料，如部件装配图和说明书等，以便了解零件各部分的功用，并确定其形状。

（4）分析尺寸。分析尺寸要先分析零件的长、宽、高三个方向的尺寸基准，运用形体分析法，分析各部分的定形尺寸和定位尺寸，分清哪些是主要尺寸，把视图、尺寸、形体结构分析三者结合起来，看清零件的结构特点。

（5）分析技术要求。了解零件的尺寸公差、形位公差、表面结构等技术要求。

8.6.3 读图实例

例 8 - 4 读柱塞泵中泵体的零件图（图 8 - 62）

解：读零件图的一般方法和步骤为：

（1）从标题栏中可知零件名称为泵体，材料为铸铁 HT150，比例为 1：1，该泵体是用来容纳柱塞和柱塞套、弹簧等零件的。

（2）分析视图，了解零件结构形状。

该零件图采用了三个基本视图，全剖的主视图、局部剖的俯视图和左视图。主视图按工作位置放置。主视图着重表达泵体沿铅垂轴线（柱塞轴线）剖切后的内腔结构；左视图为外形视图，主要表达两块三角形安装板及其上螺纹孔的结构形状和相对位置；俯视图为局部剖视图，着重表达泵体的主体部分、左端安装板、泵体右方和后方的进出油口的结构形状以及相对位置关系，所作的局部剖是为了表达进出油口中的内螺纹。

柱塞泵是一种供油装置，而泵体是用来安装柱塞、柱塞套、弹簧等零件和连接管路的一个箱体类零件。根据投影关系，用形体分析法弄清零件结构。从反映零件形体特征的主视图看起，结合其他两个视图，可以将泵体零件分为三部分：① 半圆柱形的壳体和圆柱形内腔，用来容纳泵体的柱塞、柱塞套、弹簧等；② 泵体左端为两块三角形的安装板，其上有用于安装泵体的两个螺纹孔；③ 泵体右方和后方有圆柱形进出油口。

综合各部分结构形状分析可想象箱体的结构形状如图 8 - 63 所示。

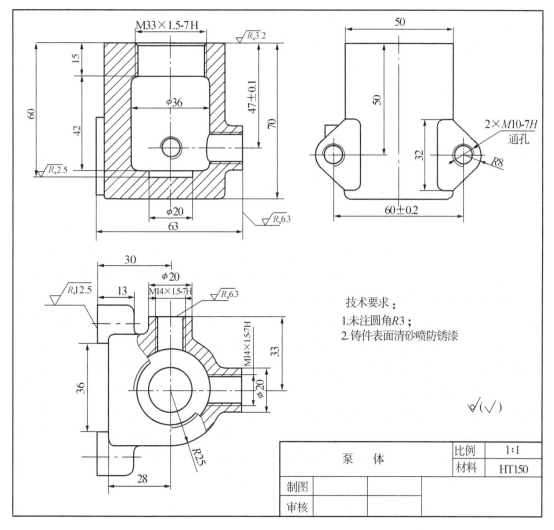

图 8－62　泵体零件图

（3）分析尺寸。

尺寸基准：长度方向的基准是泵体安装板的左端面；宽度方向的基准是泵体的前后对称面；高度方向的基准是泵体的上端面。

主要尺寸：进出油孔中心高 47±0.1，两安装螺孔的中心距 60±0.2 是主要尺寸，在加工时必须保证。

（4）分析技术要求。

重要的尺寸标出尺寸公差，如进出油孔中心高 47±0.1、两安装螺孔的中心距 60±0.2 等。泵体顶面的表面结构为 $\sqrt{R_a3.2}$，进出油口的端面等要与其他零件接触的表面结构为 $\sqrt{R_a6.3}$，安装板的左端面为 $\sqrt{R_a12.5}$。泵体的大多数表面为不加工表面。在技术要求中注明了未注圆角的尺寸为 R3、铸件表面清砂喷防锈漆。

例8-5 读蜗轮壳体的零件图（图8-64）

解： 读蜗轮壳体零件图的一般方法和步骤为：

（1）从标题栏中可知零件名称为蜗轮壳体，材料为铸铁 HT150，比例为 1：1，该箱体主要用来支承和容纳蜗轮蜗杆。

（2）分析视图，了解零件结构形状。

该零件图采用了三个基本视图和一个局部视图以及一个移出断面图。根据视图的配置关系可知，主视图为全剖视图，按工作位置放置，着重表达通过蜗轮轴线的正平面剖切后的箱体内部结构，以及各组成部分的相对位置关系；左视图为 B—B 半剖视图，从主视图可找到其剖切位置，其中剖视部分着重表达通过蜗杆轴线的侧平面剖切后的箱体内部结构，视图部分补充表达箱体的外形及螺孔的分布，

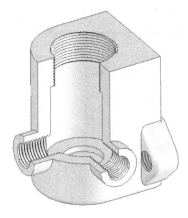

图8-63　泵体

另外，左视图上还做了一个局部剖，以便表达底板上的沉孔；俯视图为 C—C 半剖视图，进一步表达其内形（如空腔内凸台的形状等）及外形（如圆柱上的凸台及小孔，底板上的四孔等）；A 向局部视图，主要表达箱体前方的凸台及其上孔的分布，从左视图右侧可找出该视图的投射方向；移出断面图主要表达肋板的形状。

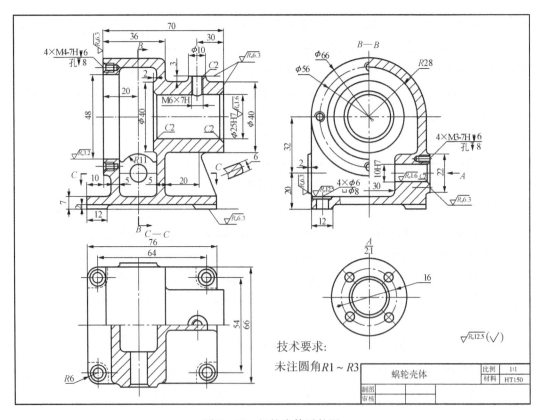

图8-64　蜗轮壳体零件图

194

对视图分析之后，再根据投影关系，用形体分析法弄清零件结构。从反映零件形体特征的主视图看起，将零件分为四部分：① 箱体左上部的半圆柱形外形及空腔，用来容纳啮合的蜗轮、蜗杆，它的内壁前后各设计出一个凸台并开有通孔以支承蜗杆轴，其外侧设计有圆柱形凸台用以装配轴承端盖；②箱体下部为长方形底板，四角有用于安装箱体的沉孔，底板用于安装和连接之用；③箱体右上方伸出一开孔的圆柱，以支承蜗轮轴，圆柱上方有一个凸台并带有小螺纹孔；④箱体右下方为肋板，用于加强以上三部分之间的相互连接。综合各部分结构形状分析可想象箱体的结构形状如图 8 - 65 所示。

图 8 - 65　蜗轮壳体模型

（3）分析尺寸。

尺寸基准：高度方向的主要基准是底板的底面；长度方向的主要基准是半圆柱形腔体部分凸台的左端面；宽度方向的主要基准是箱体的前后对称面。

主要尺寸：箱体中蜗轮蜗杆轴承孔直径，如尺寸ϕ25H7、ϕ10H7。轴承孔中心距32，它影响蜗轮蜗杆的啮合传动情况，蜗杆轴线与安装底面的距离或中心高20；蜗杆轴线与箱体左端面的距离20，它影响蜗轮的轴向位置和减速器与其他部分的连接。此外，安装孔中心距尺寸54、64和各螺孔的定位尺寸ϕ16、ϕ56等均属箱体的主要尺寸。肋板厚度6也需直接标出。

（4）技术要求。

有配合要求的表面标出尺寸公差，如轴承孔直径ϕ25H7、ϕ10H7。轴承孔的表面结构为$\sqrt{\dfrac{R_a3.2}{}}$，底面、孔端面等要与其他零件接触的表面结构为$\sqrt{\dfrac{R_a6.3}{}}$，沉孔各表面结构为$\sqrt{\dfrac{R_a12.5}{}}$。箱体的大多数表面为不加工表面。在技术要求中注明了未注圆角为 $R1$ ～ $R3$。

第9章 装配图

【学习目标】

了解装配图的内容、作用，掌握装配图的绘制方法和阅读方法。

【学习内容】

装配图的内容和作用；装配图的表达特点；装配图的尺寸标注及技术要求；装配图的绘制与阅读。

9.1 装配图的作用和内容

9.1.1 装配图的作用

表达装配体（机器或部件）的图样，称为装配图。在设计新设备、改进旧设备时，一般先画出机器或部件的装配图，然后根据装配图画出所有非标准零件的零件图；在机器的生产过程中，先根据零件图把零件加工出来，再根据装配图将零件装配成机器；在使用和维修过程中，装配图可帮助人们了解机器或部件的构造、各零件间的相对位置、连接装配关系和该机器的工作原理，为人们进行安装、调整、检验、使用和维修提供技术资料。因此，装配图是设计、制造、安装、使用和维修机器或部件的重要技术文件。

9.1.2 装配图的内容

图9-1、图9-2分别表示千斤顶的轴测图和装配图，图9-3、图9-4分别表示滑动轴承轴测图和装配图。由装配图可知，一张完整的装配图应具有下列基本内容：

① 一组视图。用以表达机器或部件的工作原理、结构形状、各零件的装配关系、零件的连接方式以及零件的主要结构形状。

② 必要的尺寸。用来表达机器或部件的规格、性能以及装配、安装、检验、运输等方面所必需的尺寸。

③ 技术要求。用文字或符号来说明机器或部件在装配、调整、检验、试验和使用等方面的要求。

④ 零件的序号、明细表和标题栏。用

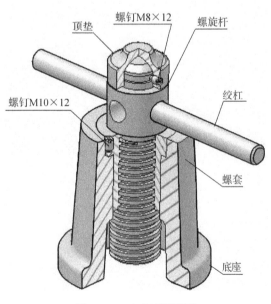

图9-1 千斤顶轴测图

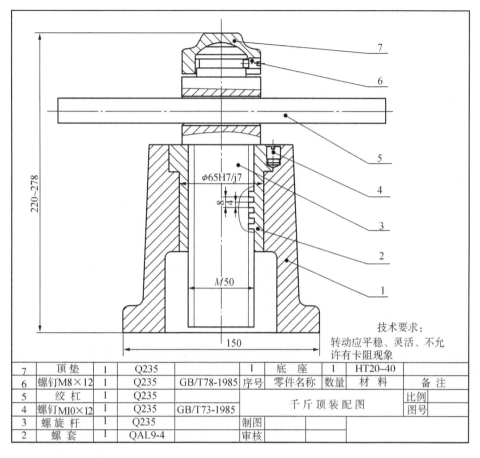

7	顶垫	1	Q235			1	底 座		HT20-40	
6	螺钉M8×12	1	Q235	GB/T78-1985	序号	零件名称	数量	材料		备注
5	绞 杠	1	Q235							比例
4	螺钉M10×12	1	Q235	GB/T73-1985		千斤顶装配图				图号
3	螺旋杆	1	Q235		制图					
2	螺 套	1	QAL9-4		审核					

图 9－2 千斤顶装配图

以说明机器或部件中各零件的名称、数量、材料、标准件规格等以及机器或部件的名称、图样比例、绘图者姓名等内容。

千斤顶工作原理：

如图 9－2 所示，工作时，绞杠 5 穿在螺旋杆 3 顶部的孔中，旋动绞杠 5，螺旋杆 3 在螺套 2 中靠螺纹作上、下移动，顶垫 7 上的重物则随之而升、降。螺套 2 镶在底座 1 里，并用螺钉 M10×12 定位，磨损后便于更换修配。螺旋杆 3 的球面形顶部，套一个顶垫 7，靠螺钉 M8×12 与螺旋杆 3 连接而不固定，既可防止顶垫 7 随螺旋杆 3 一起旋转又不致脱落。

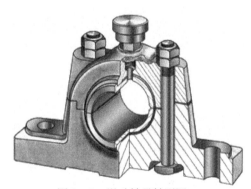

图 9－3 滑动轴承轴测图

滑动轴承工作原理：

滑动轴承是支撑转动轴的一个部件，轴承做成上下结构，上、下轴瓦用青铜作材料以减少摩擦，分别安装于轴承盖和轴承座中，且采用油杯进行润滑，中间开有油槽使润滑更均匀。轴承盖与轴承座之间做成阶梯止口配合，以防盖与座之间轴向错动，固定套防止轴瓦发生转动。采用方头螺栓连接轴承盖和轴承座，并采用双螺母防松。

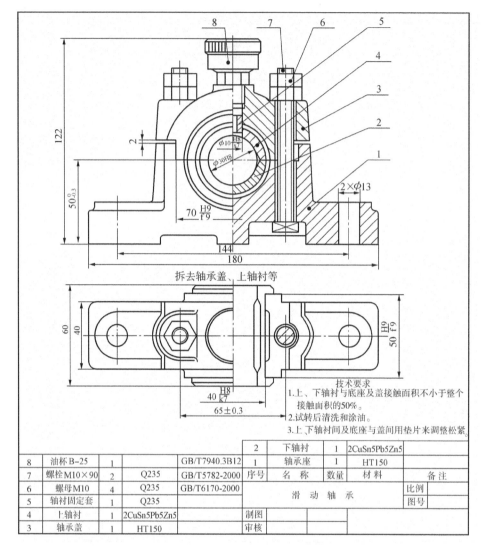

图 9-4　滑动轴承装配图

9.2　装配图的表达方法

装配图和零件图的表达方法基本相同，即关于零件图的各种表达方法（视图、剖视、断面等）和选用原则在表达机器或部件时都适用。但是零件图所表达的是单个零件的图样，装配图所表达的则是由若干个零件所组成的机器或部件的图样，因而表达的侧重也就不同，装配图着重表达部件的工作原理、各零件间的装配关系以及主要零件的基本形状。因此，除了前面所讨论的各种表达方法外，还有一些表达机器和部件的规定画法和特殊表达方法。

9.2.1　装配图的规定画法

装配体是由若干零件装配而成的，因此装配图首先要反映零件间的结合情况，也要能正确区分不同的零件。画装配图时，应遵守以下几点规定（如图 9 - 5 所示）：

（1）两相邻零件的接触面或配合面画一条线；而不接触面或非配合面，即使其间隙很小，也必须画出两条线。

（2）两相邻金属零件的剖面线倾斜方向应相反，或者方向一致而间隔不等，或互相错开；同一零件的剖面线，在各个视图上其倾斜方向和间隔都应保持一致。

（3）对于一些标准件（如螺栓、螺钉、螺母、垫圈、销和键等）和实心件（如轴、手柄、连杆、拉杆和球等），若剖切平面通过其基本轴线或对称平面时，则这些零件按不剖绘制，如图 9 - 5 主视图中键及轴均按不剖画。必要时，对需表达部分作局部剖视，主视图需表达轴上键的装配关系，则对轴作局部剖视。若剖切平面垂直于上述零件的基本轴线或对称平面时，则应画出剖面线，如 A—A 断面图中的键和轴均画剖面线。

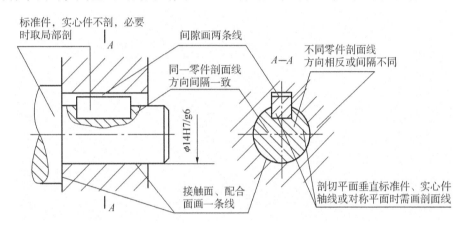

图 9 - 5　装配图规定画法

9.2.2　装配图的特殊画法

零件的各种表达方法如视图、剖视图、断面图等都可以用来表达部件的结构形状。由于部件是由若干零件装配而成的，因此在画装配图时可能会出现零件之间的相互遮挡问题，也有的零件要求表示它的运动范围等等，针对装配图的特点规定了一些特殊的表达方法。

9.2.2.1　沿结合面剖切或拆卸画法

在装配图的某个视图上，为了使机器或部件的某些部分表达得更清楚，可假想将某些零件拆卸或沿结合面剖切后再绘制（需要说明时可加注"拆去××件等"）。

如图 9 - 4 滑动轴承装配图中的俯视图的右半部是沿零件 1、3 间的结合面剖切后画出。结合面不画剖面线，被剖切到的零件（如螺栓）则画剖面线。

如图 9 - 6 折角阀装配图中的俯视图是拆去零件 6、7 后画出的。

9.2.2.2　单独画某一个零件

当个别零件在装配图中未表达清楚时，可单独画出该零件的视图或断面图，在所画视

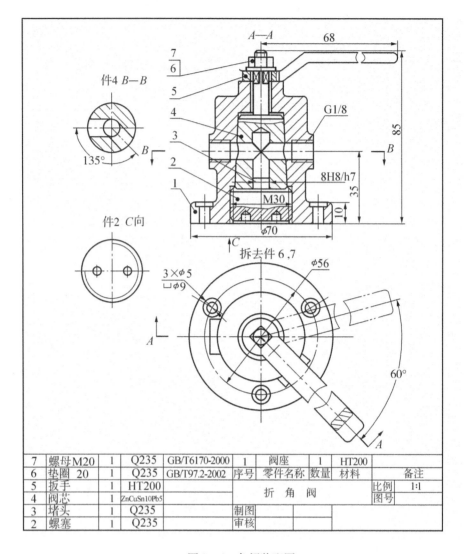

7	螺母 M20	1	Q235	GB/T6170-2000	1	阀座	1	HT200	
6	垫圈 20	1	Q235	GB/T97.2-2002	序号	零件名称	数量	材料	备注
5	扳手	1	HT200					比例	1:1
4	阀芯	1	ZnCuSn10Pb5			折 角 阀		图号	
3	堵头	1	Q235		制图				
2	螺塞	1	Q235		审核				

图 9-6　角阀装配图

图的上方应注出该零件的名称，其标注方法与局部视图一样，如图 9-6 中"件 4 B—B"、"件 2 C 向"所示。

9.2.2.3　假想画法

（1）在装配图中，当需要表示运动件的活动范围和极限位置时，可采用假想画法，用双点画线画出运动件的活动范围和极限位置。如图 9-6 中俯视图手柄表示的两个极限位置，一个用粗实线画出，一个则用双点画线画出。如图 9-8 主视图中，当三星轮扳在位置Ⅰ时，齿轮 2、3 都不与齿轮 4 啮合；在位置Ⅱ时，传动路线由齿轮 1 经 2 传至 4；在位置Ⅲ时，则传动路线由齿轮 1 经 2、3 传至 4（齿轮 4 的转向便与前一种情况相反）。这里Ⅱ、Ⅲ位置用假想画法表示。

（2）在装配图中，若需表达与本部件有关，但又不属于本部件的零件时，也可采用假想画法，用双点画线画出相关部分的轮廓。如图 9-8 的 A—A 展开图中双点画线表示相邻的零、部件（床头箱）。

9.2.2.4 简化画法

（1）对于装配图中螺栓连接若干相同的零件组，允许仅详细地画出一组或几组，其余则以点画线表示中心位置（图 9-7）。

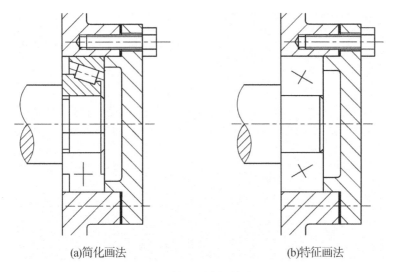

(a)简化画法　　　　　　　　　　　(b)特征画法

图 9-7 装配图中的简化画法

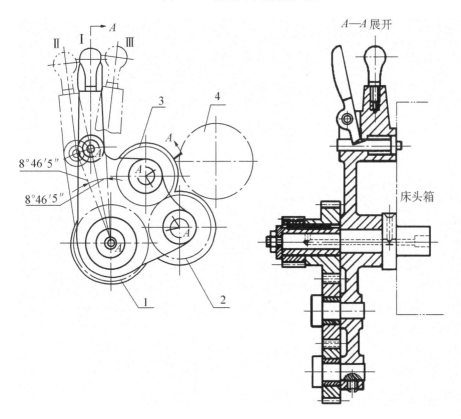

图 9-8 三星齿轮传动机构的展开画法

（2）装配图中滚动轴承，若需较详细表达其主要结构时，可采用简化画法（图 9 - 7a）；若只需简单表达其主要结构时，可采用特征画法（图 9 - 7b）。

（3）装配图中，零件的工艺结构，如圆角、倒角、退刀槽等允许省略不画。图 9 - 7 中的螺栓头部的零件倒角及因倒角产生的曲线允许省略。

9.2.2.5 夸大画法

在装配图中，当绘制直径或厚度小于 2mm 的孔或薄片以及较小的间隙时，允许该部分不按原绘图比例而夸大画出。

9.2.2.6 展开画法

在装配图中，为了表达传动机构的传动路线和零件间的装配关系，可假想按传动顺序沿轴线剖切，然后依顺序展开在一个平面上画出剖视图。图 9 - 8 的 A—A 展开为车床上三星齿轮传动机构的展开画法。

9.3 装配图的尺寸标注和技术要求

9.3.1 装配图的尺寸标注

装配图表达的是机器或部件，它与零件图的作用不同，因而对尺寸标注的要求也不同。装配图中通常只需标注下列几种尺寸：

（1）性能（规格）尺寸 说明机器或部件的性能、规格和特征的尺寸，是设计和用户选用产品的主要依据。如图 9 - 4 中滑动轴承的孔径 $\phi30H8$，图 9 - 6 中的 G1/8 等。

（2）装配尺寸 保证机器或部件正确装配及说明装配要求的尺寸。装配尺寸包括：

①配合尺寸：表示两零件间配合性质的配合尺寸，如图 9 - 2 中的 $\phi65H7/j7$，图 9 - 4 中的 $\phi10\dfrac{H8}{s7}$、$70\dfrac{H9}{f9}$、$40\dfrac{H8}{k7}$、$50\dfrac{H9}{f9}$，图 9 - 6 中的 $\phi8H8/h7$ 等。

② 相对位置尺寸：表示零件装配时需保证的相对位置尺寸，如图 9 - 4 中的 65 ± 0.3 。

③ 安装尺寸：表示部件安装到机器或其他部件上所需的尺寸。如图 9 - 4 中的 144、2 × ϕ13，图 9 - 6 中的 ϕ56、3 × ϕ5。

④ 总体尺寸：表示机器或部件所占空间大小的尺寸，即总长、总宽和总高。它是机器或部件在包装、运输、厂房设计时所需的数据。如图 9 - 4 中的尺寸 180、60、122，图 9 - 6 中的尺寸 85、ϕ70 和 68 等。

⑤ 其他重要尺寸：在设计过程中，经计算或选定的尺寸，不包括在上述四类尺寸中而又应该标注出的尺寸。如图 9 - 4 中表示孔的中心高尺寸 $50_{-0.3}^{\ 0}$，图 9 - 6 中螺纹孔的中心高 35 和手柄转动的角度 60°等。

上述五类尺寸，并非在每张装配图上都需注全，同时有些尺寸往往具有多种作用。因此，在装配上到底应注哪些尺寸，需对机器或部件具体分析而定。

9.3.2 装配图的技术要求

不同性能的机器或部件，其技术要求也就不同。装配图中的技术要求，一般可以从以下几个方面考虑。

（1）装配要求　机器或部件在装配过程中需注意的事项以及装配后的机器或部件所必须达到的要求。

（2）检验要求　机器或部件基本性能的检验、试验及操作时的要求。

（3）使用要求　机器或部件的基本性能及维护、保养、使用时的注意事项及要求。

上述各项技术要求在装配图中不一定全部注写，通常根据机器或部件的具体情况而定。技术要求用文字注写在标题栏、明细栏上方或图纸下方的空白处；也可以另写成技术文件，附在图纸的前面。

9.4　装配图中的零件序号、明细表和标题栏

9.4.1　装配图中的零件序号

9.4.1.1　一般规定

① 装配图中所有的零件必须编写序号。

② 装配图中形状、大小相同的零件只编写一个序号，数量在明细栏中填写。

③ 装配图中零件的序号应与明细栏中的序号一致。

9.4.1.2　序号的编排方法

① 在所指零、部件的可见轮廓内画一小圆点，然后从圆点开始画指引线（细实线），在指引线的另一端画一水平线（细实线）或圆（细实线），在水平线上或圆内注写序号。序号字高比装配图中所注尺寸数字高度大一号或两号。如图 9-9a、b 形式，也允许用图 9-9c 的形式。但同一装配图中编写的序号形式应一致。

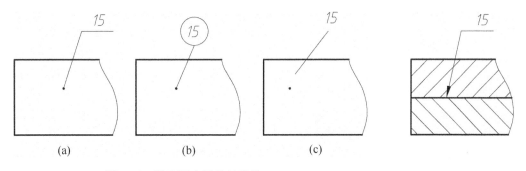

（a）　　　　　　　（b）　　　　　　　（c）

图 9-9　装配图中零件的序号　　　　　图 9-10　指引线末端画箭头

② 若所指部分（很薄的零件或涂黑的剖面）内不便画圆点时可在指引线的末端画出箭头，并指向该部分的轮廓（图 9-10）。

③ 一组紧固件以及装配关系清楚的零件组，可以采用公共指引线（图 9-11）。

④ 指引线不能相交；当通过剖面线的区域时，指引线不应与剖面线平行；指引线尽量不画成竖直线；指引线可以画成折线，但只可曲折一次。

⑤ 装配图中序号应按水平或垂直方向排列整齐，同时按逆时针或顺时针方向按顺序排列，如图 9-12 所示。如在整个图上无法连接时，可只在每个水平或垂直方向按顺序排列。

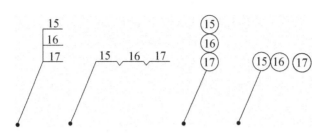

图 9 - 11　公共指引线

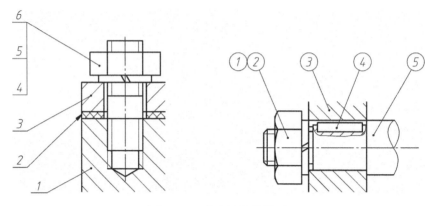

图 9 - 12　装配图序号排列

9.4.2　装配图中的明细表和标题栏

装配图中的明细表一般绘制在标题栏的上方，按零件序号自下而上填写，若地方不够，可将余下的部分移至标题栏左方继续填写。明细栏的左边一条竖直线为粗实线，横线为细实线。

明细栏的填写内容包括零件序号、名称、数量、材料、备注等。对于标准件，要在备注中注明标准号，如 GB/T 5782—2000，并在名称一栏注出规格尺寸，如螺栓 M10×90，可不填写材料。明细栏和标题栏的格式如图 9-2、图 9-4、图 9-6 所示。

9.5　装配工艺结构的合理性

为使机器或部件中的各零件的结构合理、装拆方便，应在装配图的视图中恰当地表达有关的装配工艺结构。常见的装配工艺结构有：两零件接触面处的结构、圆锥面配合处的结构、接触面转折处的结构、方便装拆的结构、轴上定位的装置、并紧及防松装置、防漏密封装置等。

为保证装配体能达到应有的性能要求，又考虑安装与拆卸的方便，设计装配图时应注意装配结构的合理性。下面介绍一些常见的装配工艺结构，供作图时参考。

9.5.1　接触面与配合面的结构

9.5.1.1　接触面的数量

两零件在同一方向上应只有一对接触面，否则会给零件的制造和装配带来困难。如图

9 – 13a 所示。两零件的轴线方向只能有一对接触面，如图 9 – 13b 所示。这样，既保证两零件接触良好，又给加工带来方便。

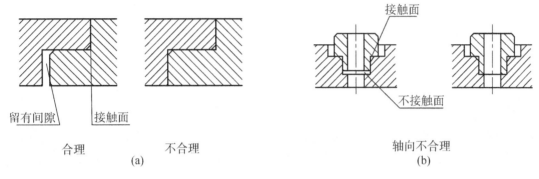

图 9 – 13　同方向上只能有一对接触面

9.5.1.2　轴和孔的配合面

为了保证配合面 ϕA 的良好配合，ϕB 和 ϕC 就不能再形成配合，否则会给零件的加工带来困难。如图 9 – 14 中 ϕC 应大于 ϕB。

9.5.1.3　锥面的配合

锥面的配合能同时确定零件轴向和径向的位置，因此，当锥孔不通时，锥体顶部与锥孔底部之间必须留有间隙，如图 9 – 15 中 L_2 应大于 L_1，否则得不到良好配合。

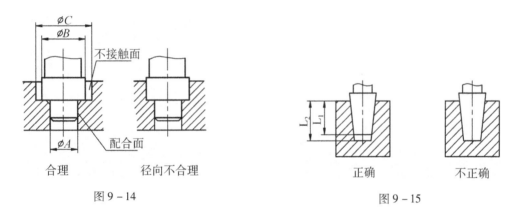

图 9 – 14

图 9 – 15

9.5.2　接触面转折处结构

孔与轴配合，且轴肩与孔的端面互相接触时，孔应加工成倒角或轴的根部加工成退刀槽。为保证零件接触良好，易于装配，两零件接触（或配合）面转折处，不能加工成相同的尖角、倒角或倒圆，如图 9 – 16 所示。

9.5.3　考虑装拆维修方便

（1）滚动轴承外圈如用孔肩定位，孔肩高度应小于外圈厚度，内圈如用轴肩定位，轴肩高度应小于内圈厚度，否则将难以拆卸，如图 9 – 17 所示。

（2）当用螺纹紧固件连接时，应考虑足够的安装和拆卸空间，如图 9 – 18 所示。

图 9 – 16　接触面转折处的结构

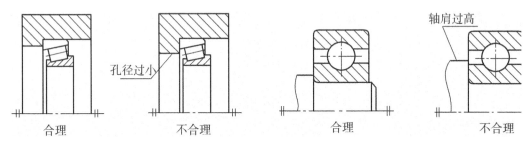

图 9 – 17　滚动轴承轴向定位结构

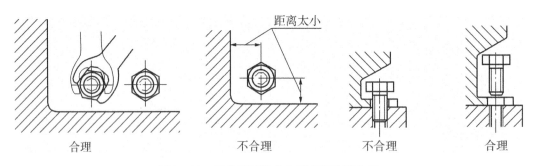

图 9 – 18　螺纹紧固件应有适当的装拆空间

9.5.4　常见的定位、密封及防松装置

（1）为防止滚动轴承产生轴向窜动，需采用一定的结构固定其内、外圈。常采用轴肩、孔肩、端盖、弹性挡圈等结构，如图 9 – 19 所示。

（2）为了防止灰尘、杂屑等飞入轴承和防止润滑油外溢，以及在阀门和管路中防止液体的泄漏，一般采用密封装置，常见的密封装置有：毡圈式密封、挡片和油沟式密封、填料密封、垫片密封等。如图 9 – 20 所示为三种滚动轴承的密封装置，图 9 – 21 为两种防漏结构。

（3）机器运转时，由于受到振动或冲击，螺纹紧固件可能会发生松动，这不仅妨碍机器正常工作，有时甚至会造成严重事故。为了防止螺纹连接松开，需采用各种螺纹防松（或锁紧）装置。采用的防松结构有：双螺母结构、弹簧垫圈结构、止动垫圈结构和开口销结构等，如图 9 – 22 所示为四种防松结构。

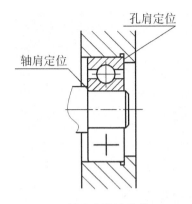
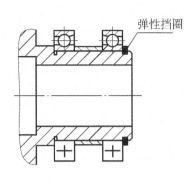

轴肩和孔肩定位　　　　　　　弹性挡圈定位

图 9－19　轴承的定位

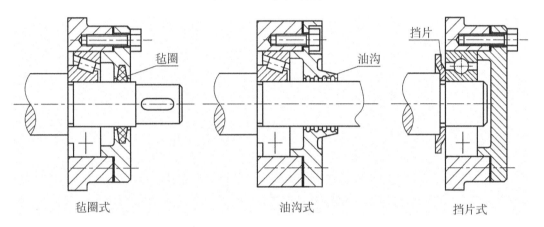

毡圈式　　　　　　　　　油沟式　　　　　　　　　挡片式

图 9－20　滚动轴承的密封装置

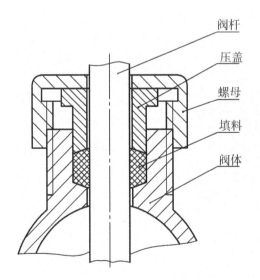
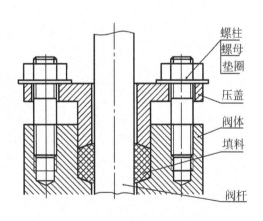

图 9－21　防漏结构

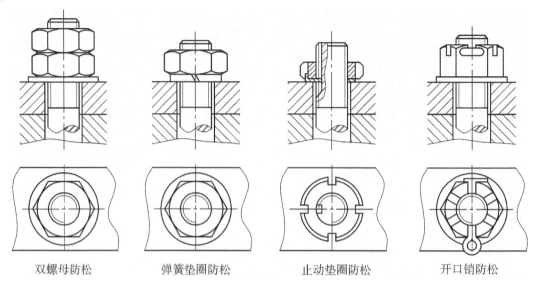

| 双螺母防松 | 弹簧垫圈防松 | 止动垫圈防松 | 开口销防松 |

图 9 – 22　防松结构

9.6　部件测绘及画装配图

9.6.1　部件测绘

　　对现有机器或部件进行测量，绘制出零件草图，然后根据这些草图应用传统绘图方法或计算机绘画零件图和装配图的过程称为部件测绘。在实际生产中，无论是某种引进的先进设备的改造，还是对原有设备的修配以及新产品的设计都需要对现有设备进行测绘，并画出其装配图和零件图。测绘是工程技术人员必须掌握的基本技能之一。部件测绘的一般步骤是：对测绘对象进行了解、画出装配示意图；拆卸、测绘零件，徒手画零件草图；根据装配示意图和零件草图绘制装配图。下面以齿轮油泵（图 9 – 23）为例介绍测绘的方法和步骤。

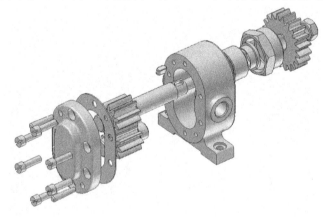

图 9 – 23　齿轮油泵轴测分解图

9.6.1.1　了解和分析部件

通过阅读产品说明书、同类产品有关图纸资料或向有关人员了解部件的使用情况和改进意见等，对部件进行全面分析，了解部件的性能、功用、工作原理、传动系统、结构特点，以及零件间的装配关系、大致的性能、使用和运转情况；了解部件的制造、试验、修理以及构造、拆卸等情况。

图 9 – 23 为齿轮油泵分解图，其用途是通过一对齿轮传动，把油从低处送往高处，或增加油压作为其他机构的动力来源。

齿轮油泵由 14 种零件组成，标准件 5 种，非标准件 9 种。其主要零件有泵盖、泵体、一对啮合的齿轮轴。主动齿轮轴和从动齿轮轴由泵体和泵盖的轴孔支承。泵体和泵盖由两个圆柱销定位，并用六个螺钉连接固定。外部动力传递给传动齿轮，再通过键传递给主动齿轮，带动从动齿轮轴产生啮合转动。主动齿轮伸出端装有密封圈，通过压紧套和压紧螺母将密封圈压紧。传动齿轮用键连接在主动齿轮轴上，用弹簧垫圈和螺母轴向定位紧固。

齿轮油泵的工作原理：当主动齿轮转动时带动从动齿轮旋转，泵体进口处的空气被压走，空腔体积逐渐扩大，内压力降低，油被吸入泵内。齿隙中的油随着齿轮的旋转带动到出口端，此时，该端空腔体积减小，齿隙带出的油以较高的压力从出口处流出，如图 9 – 24 所示。

9.6.1.2　拆卸部件

在拆卸部件前，应先考虑拆卸的顺序和方法，准备好必要的工具和量具。

（1）准备标签。对拆下的零件进行编号；对标准件不必绘制，但还是要进行测量，看与其他有连接关系的零件尺寸是否一致；边拆边画出装配示意图，以便记录零件的装配位置、名称。

（2）注意拆卸过程。对于不可拆连接（如焊、铆接，过盈配合）一般不拆，对于较紧配合的也可以不拆，精度要求较高的、有配合要求的零件，应尽量少拆，以免装配时影响机器或部件的性能和精度；要求还原装配体后仍然保持配合精度不变，运转自如，能满足生产或使用要求。

拆卸时注意按装配干线顺序拆卸，齿轮油泵的拆卸（参见图 9 – 23）顺序为：

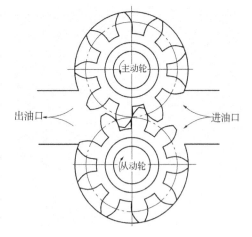

图 9 – 24　齿轮油泵的工作原理图

拆螺钉 2、销钉 6 ——→ 左端盖 3 ——→ 从动齿轮轴 4 ——→ 螺母 14 及垫圈 13 ——→ 传动齿轮 11 ——→ 压盖螺母、压盖及密封圈——→ 齿轮轴 1。

9.6.1.3　画装配示意图

装配示意图用来表示部件中各零件的相互位置和装配关系（图 9 – 25），以便根据它重新装配已拆散的零件。同时，在根据零件草图画装配图时，又可按照装配示意图中的相互位置关系作为参考进行绘画。

装配示意图是将装配体看作透明体来画的，在画出外形轮廓的同时，又画出其内部结构。

装配示意图可参照国家标准《机械制图　机构运动简图符号》（GB4460—84）绘制。对于国家标准中没有规定符号的零件，可用简单线条勾出大致轮廓。这种示意图只要求用简单的线条和符号、大致的轮廓，将各零件之间的相对位置、装配连接关系及工作情况、活动路线等表达清楚。图 9 – 25 为齿轮油泵的装配示意图。画出装配示意图后，按图上所编序号填写零件明细。表 9 – 1 为齿轮油泵零件明细表。

表 9 – 1　齿轮油泵零件明细表

序号	零件名称	数量	材料
1	泵体	1	HT200
2	螺钉 M6×20 GB/T 65—2000	6	35
3	泵盖	1	HT200
4	从动齿轮轴 $m=3$　$z=9$	1	45
5	主动齿轮轴 $m=3$　$z=9$	1	45
6	销 A5×26 GB/T 117—1986	2	35
7	垫片 $t=1$	1	纸
8	密封圈	1	橡胶
9	压紧套	1	QSn6 – 6 – 3
10	压紧螺母	1	35
11	传动齿轮 $m=2.5$　$z=20$	1	45
12	键 5×10 GB/T 1096—1979	1	45
13	垫圈 12 GB/T 93—1987	1	65Mn
14	螺母 M12 GB/T 6170—2000	1	35

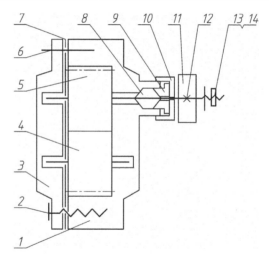

图 9 – 25　齿轮油泵的装配示意图

9.6.1.4　测量零件，画零件草图

部件中的零件可分为两类：一类是标准件，如螺栓、螺母、垫圈、销、键及轴承等，这类零件只要测出其规格尺寸然后查阅手册，按规定标记登记在标准件明细栏内，不必画草图；另一类零件是非标准件。这类零件则应画出全部的零件草图。测绘草图的方法与第八章介绍的零件测绘一样，不再赘述。测绘零件草图时应注意：

（1）绘画零件草图应遵循"先画视图、后画尺寸线，最后统一测量，逐个填写尺寸数字"的原则。标注尺寸时，注意零件间有连接或配合关系的尺寸的标注。

（2）对于零件的表面粗糙度、公差与配合、表面处理等技术，可根据零件的作用，参考类似产品的图样或技术资料，用类比法加以确定。

零件草图画完后，应逐一进行校核。看看视图是否将零件表达清楚，投影是否正确，尺寸是否有遗漏，配合零件的相关尺寸是否一致，标题栏和技术要求等内容是否完全等。完成全部零件草图后，将所有零件按原样装配复原成部件。齿轮油泵的零件图如图 9 - 26 所示。

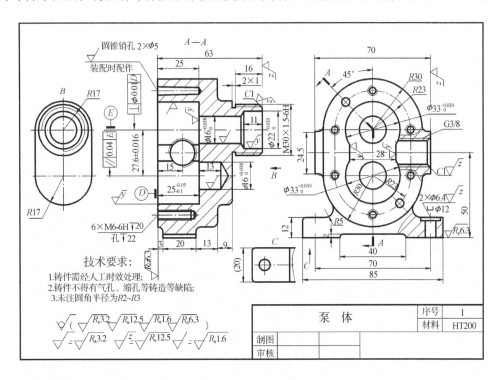

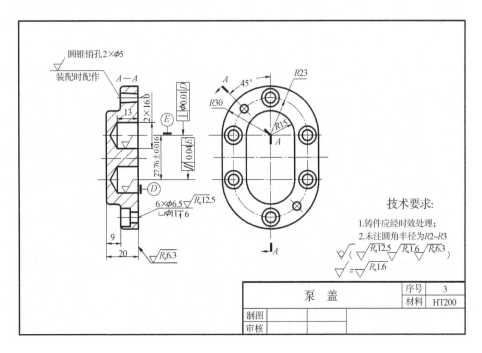

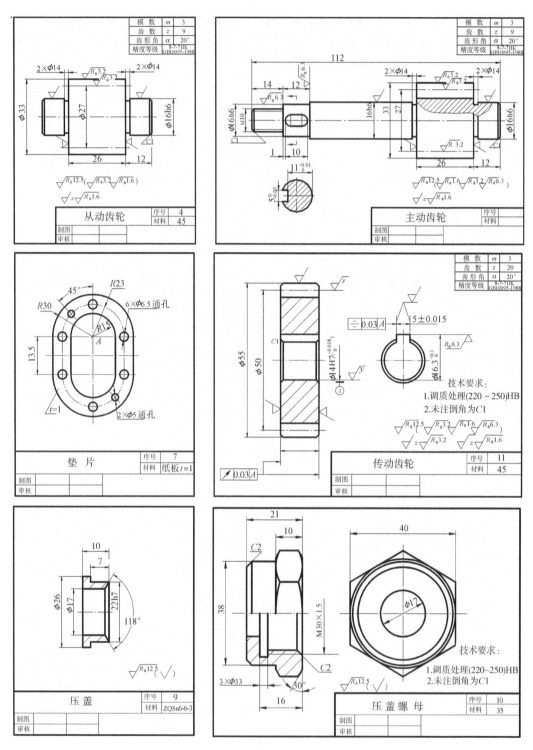

图 9-26 齿轮油泵零件图

9.6.2　根据装配示意图和零件草图绘制装配图

在实际设计及测绘工作中，根据装配示意图和零件草图就可以绘制装配图了。绘制装配图的过程，就是虚拟的部件装配过程，可以检验零件的结构是否合理、尺寸是否正确，若发现问题，可以返回去修改零件结构及尺寸，因此，画装配图时，零件的尺寸一定要画准确，装配关系不能错，对于零件的错误应及时修改。

9.6.2.1　拟定表达方法

表达方案包括选择主视图、确定视图数量和表达方法。

（1）主视图的选择

一般按机器（部件）的工作位置且反映较多主要零件的方向作为主视图方向，使主视图能够反映机器或部件的工作原理、传动系统、零件间主要的装配关系。

机器上都存在一些装配干线，例如以一根轴为主线装配，为了清楚地表达装配关系，常通过装配干线（轴线）将部件剖开，画出剖视图作为装配图的主视图。

（2）确定其他视图和视图数量

在确定主视图后，还要根据部件的结构形状特征，按照把机器或部件的工作原理、各零件的装配关系、零件的连接方式及零件的主要结构形状完整、清晰表达的原则，选用其他表达方法，补充在主视图中尚未表达清楚之处。一般情况下，部件中的每一种零件至少应在视图中出现一次。

齿轮泵装配图的主视图为通过前后对称面剖切的全剖视图，着重表达装配关系、各零件之间的相对位置。左视图为沿泵体和泵盖结合面剖切的 A—A 半剖视图，同时在底板上的沉孔和进油口处分别作局部剖，着重表达油泵的工作原理、进出油口的结构。用局部的仰视图（D 向）表达泵体安装底板的形状。另外，把零件 10 右视图（C 向）的一半单独画出，表达其外六角结构。

9.6.2.2　画装配图步骤

（1）定比例、定图幅、画图框

拟定视图表达方案后，根据部件的大小、视图的数量，选取适当的绘图比例和图幅，画出标题栏、明细表框格。齿轮泵的总体尺寸为长 120 mm、宽 85 mm、高 93.5 mm。故该齿轮泵应选择一张 A3 图纸。

（2）布置视图、画出基准

根据装配图中各视图的大小，合理美观地布置各个视图，注意留出标注尺寸、编列零件序号的位置，画出各视图的主要基准线，如图 9 - 27a 所示。

（3）画底稿

从主视图入手，先画基本视图，在画每一个视图时，要考虑从外向内画还是从内向外画的问题。从外向内画是先画出机器的机体，按装配关系逐个向里画出各个零件，该方法便于从整体的合理布局出发，决定主要零件的结构和尺寸，多用于对已有机器进行测绘。从内向外画就是从核心零件（轴）开始，从里面的主要干线出发，按装配关系逐层扩展画出各个零件，再画壳体等包容件，该方法层次分明，可避免多画被挡住零件的不可见轮廓线，多用于新机器设计。两种方法各有优缺点，可结合使用。

本齿轮泵的视图从泵体开始绘制，画图顺序为：①泵体，如图 9 - 27b 所示；②主动齿轮轴、从动齿轮轴，如图 9 - 27c 所示；③泵盖，如图 9 - 27d 所示；④键、销、填料、填料压盖、压盖螺母，如图 9 - 27e 所示；⑤传动齿轮、垫圈、螺母等，如图 9 - 27f 所示。注意：每一零件的各视图要同时画出，一个零件各视图画出后再画与之有装配关系的零件，然后考虑擦除被遮挡的图线。先画大结构，再画细节，如键、销、螺纹连接的画法。

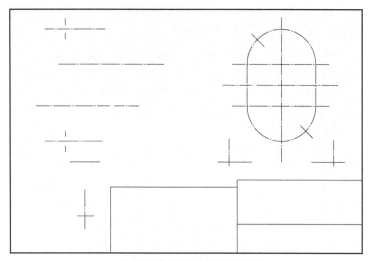

（a）画出各视图的主要基准线

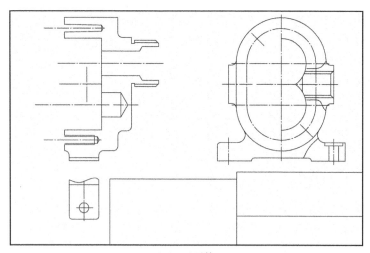

（b）画泵体

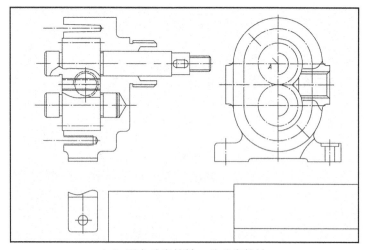

（c）画主动齿轮轴、从动齿轮轴

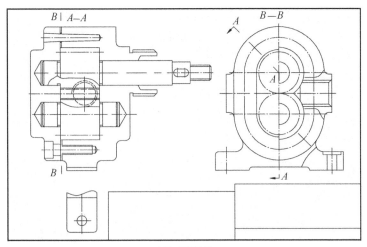

（d）画泵盖

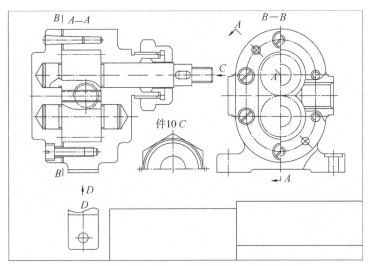

（e）画键、销、填料、填料压盖、压盖螺母等

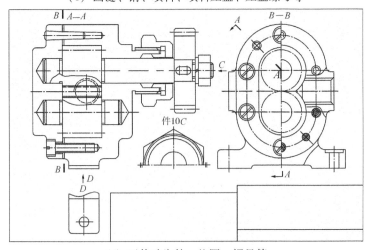

（f）画传动齿轮、垫圈、螺母等

图 9 – 27　画齿轮泵装配图的步骤

（4）画剖面线，标注尺寸

标注尺寸时，应标注哪些尺寸，可参看前面介绍。初学者应注意，不能把零件图上的尺寸全部搬到装配图上。

（5）检查底稿无误后进行编号和加深。

（6）填写明细表、标题栏和技术要求。

（7）完成全图后应仔细审核，然后签名，注上时间。

齿轮泵装配图如图 9 – 28 所示。

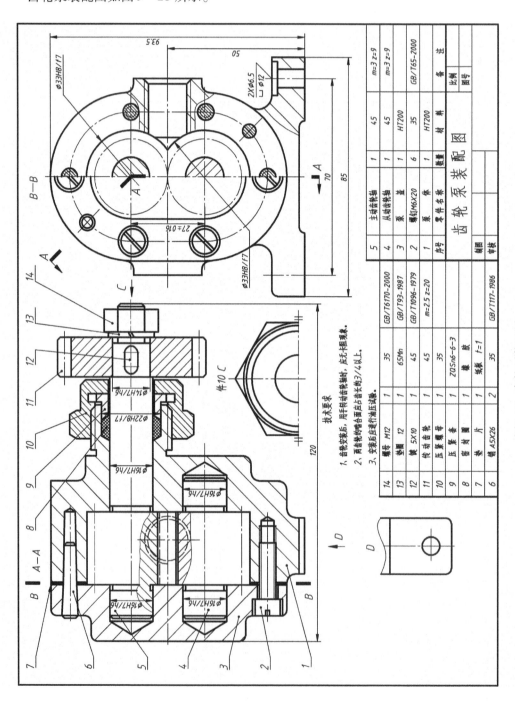

图9–28 齿轮泵装配图

9.7　读装配图并拆画零件图

画装配图是用图形、尺寸、符号或文字来表达设计意图和设计要求的过程；而读装配图是通过对现有图形、尺寸、符号和文字的分析，了解设计者的意图和要求的过程。

在装配或安装机器或部件时，必须读懂装配图才能正确地进行工作；在交流和学习先进技术过程中，也经常要读各种装配图，了解机器或部件的用途、性能、工作原理等内容；在设计过程中，往往还要根据装配图绘制零件图，因此必须掌握阅读装配图的方法。

9.7.1　读装配图的要求

① 了解机器或部件的用途和工作原理。
② 了解各零件间的装配关系、连接形式。
③ 搞清各零件的名称、数量、材料及其结构形状和作用。

9.7.2　读装配图的方法和步骤

现以镜头架装配图（图 9 – 29）为例说明读装配图的方法和步骤。

9.7.2.1　概括了解

从装配图的标题栏和有关说明书中了解机器或部件的名称、用途和工作原理，并从零件明细栏对照图中的零件序号，了解零件和标准件名称、数量及其在机器或部件中的位置。

镜头架是电影放映机上用来夹持放映镜头，调节焦距，使图像清晰的一个重要部件。从明细表和零件序号可知，它由 10 种零件组成，其中标准件 4 种，非标准件 6 种，件 6 调节齿轮为组合件。

初步观察，镜头架的外形尺寸是长 112 mm，宽比 60 mm 稍大，高 99 mm，是一形体不大的放映机上部件。

9.7.2.2　分析视图

根据图纸上的视图、剖视图、断面图等的配置和标注，找出各视图的投射方向、剖切位置，是否用了装配图的规定画法、特殊画法等，从而了解每个视图所表达的重点。

镜头架装配图采用两个基本视图。主视图是用两个平行的剖切平面剖切的全剖视图，表达了镜头架的主要装配关系和工作原理；采用假想画法表达镜头架用销钉定位并用螺钉固定在电影机放映机主体零件上。左视图采用 B—B 局部剖视，主要反映件 4 架体的外形轮廓，并表达了件 6 调节齿轮与件 2 内衬圈上齿条啮合的情况，同时反映调节齿轮上捏手的形状。

9.7.2.3　分析装配关系和工作原理

将装配体分成几条装配干线，了解各组成部分的装配关系和装拆顺序，深入分析机器或部件的装配关系和工作原理，弄清零件之间的相对位置关系。

镜头架装配图的主视图较完整地表达了它的装配关系。由图 9 – 29 可知，所有零件都装在架体（件 4）上，架体 $\phi70$ 的大孔中前后移动的内衬圈（件 7）；架体下方的 $\phi22$ 圆孔的轴线是一条主要装配干线，在装配干线上装有锁紧套（件 9），它们采用的是 $\phi22H7/g6$ 的间隙配合。锁紧套内装有调节齿轮（件 6），它们的配合分别为 $\phi6H8/f7$ 和 $\phi15H11/c11$ 的间隙配合，因有 M3×10 的螺钉（件 5）的轴向定位，调节齿轮只能在锁紧套内做旋转运动，通过与内衬圈上齿条的啮合传动，带动内衬圈前后移动。锁紧套右端的外螺纹处装有锁紧螺母（件10），当调节齿轮与内衬圈到位后，旋紧锁紧螺母，则将锁紧套拉向右方，锁紧套上的圆柱面槽迫使内衬圈收缩而锁紧镜头。

镜头架的装配过程如下：将锁紧套套上垫圈（件8），旋上锁紧螺母，将调节齿轮装入锁紧套内，并将它们一起装入镜头架下部 $\phi22$ 的圆孔，锁紧套的圆槽向上。将内衬圈装入架体上部 $\phi70$ 的大孔中，使其齿条向下并与齿轮啮合。将螺钉旋入架体的螺孔中，最后用两个螺钉和两个销将镜头架固定在电影放映机上。

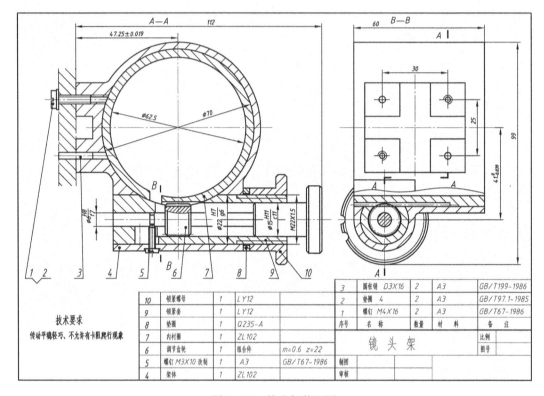

3	圆柱销 D3X16	2	A3	GB/T199-1986
2	垫圈 4	2	A3	GB/T97.1-1985
1	螺钉 M4X16	2	A3	GB/T67-1986
序号	名 称	数量	材 料	备 注

10	锁紧螺母	1	LY12	
9	锁紧套	1	LY12	
8	垫圈	1	Q235-A	
7	内衬圈	1	ZL102	
6	调节齿轮	组合件	m=0.6 z=22	
5	螺钉 M3X10 改制	1	A3	GB/T67-1986
4	架体	1	ZL102	

镜 头 架

技术要求
传动平稳轻巧、不允许有卡阻爬行现象

图 9-29 镜头架装配图

镜头架的工作原理如下：松开锁紧螺母，将镜头放入内衬圈的 $\phi62.5$ 的孔中，M3 × 10 的螺钉能使调节齿轮轴轴向定位，旋转调节齿轮的捏手，通过齿轮齿条啮合带动内衬圈做前后方向的直线运动，从而达到调整焦距的作用，当图像清晰后，旋紧锁紧螺母，锁紧套向右移动，此时通过锁紧套上圆柱面的槽子，迫使内衬圈收缩而锁紧镜头。

9.7.2.4 分析零件

从零件的编号、投影轮廓的剖面线的方向和间隔（不同零件的剖面线方向相反或间隔不同，同一零件在所有视图中剖面线方向和间隔一致）以及某些规定画法（如实心件不剖等），来分析零件的投影，了解各零件的结构、形状和作用，也可分析其与相关零件的连接关系。对分离出来的零件各投影，可用形体分析和线面分析法结合其结构进行仔细分析。具体可按两个步骤进行。

（1）分离零件

依据零件在各个视图的投影轮廓画出它的范围，除用丁字尺、三角板、圆规找投影关系外，还要利用剖面线的方向、间距把所要看的零件的投影从其他零件中分离开来。

从镜头架装配图的投影轮廓线及其剖面线方向和标注的 $\phi22H7/g6$ 可知，锁紧套是一个圆柱形零件，它内部有一大（右）一小（左）两个圆柱形阶梯孔，上部开有圆柱面槽与内衬圈的圆柱面贴合；下部开有长圆形孔，以便螺钉穿过，使调节齿轮轴向定位；右端开有外螺纹，以便与锁紧螺母旋合。通过这些分析可构想出锁紧套的结构形状。图 9 - 30 所示为锁紧套零件图，图 9 - 31 为锁紧套轴测图。

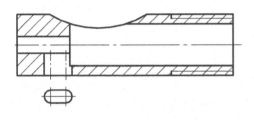

图 9 - 30　锁紧套零件图

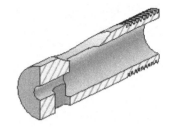

图 9 - 31　锁紧套轴测图

从镜头架装配图中可以看出架体由一大一小相互垂直的偏交、贯通的两个圆筒组成，大圆筒内装有带齿条的内衬圈，小圆筒内装有锁紧套，为使架体在放映机上安装、定位，大圆筒外壁的左侧伸出一个长方体；在四棱柱的左端面上分别设有带螺孔和销孔的四个方形凸台。小圆筒外形是上方下圆的柱体，下部半圆柱壁上有一个带锪平沉孔的螺纹通孔，它与调节齿轮轴向定位的螺钉旋合。图 9 - 32 为架体轴测图。从装配图的主、左视图中分离出架体的投影轮廓，如图 9 - 33 所示。

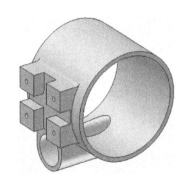

图 9 - 32　架体轴测图

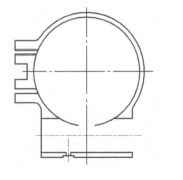

图 9 - 33　分离出架体的视图轮廓

（2）弄清零件的形状

主要运用形体分析法，根据分离出来的零件投影进行形体分析，想象出零件的空间形状，补全零件图中所缺的投影轮廓线。

从装配图的视图中分离出架体投影轮廓后还需补画被其他零件挡住的投影轮廓。主视图是采用两平行剖切平面剖切的全剖视图，表达了架体的外形轮廓及内部结构，左视图用局部剖剖出大圆孔结构，外形表达长方形实形及螺孔、销孔的相对位置。画完视图后，还需标注全部尺寸和技术要求、尺寸公差及表面粗糙度等。架体零件图如图 9 - 34 所示。

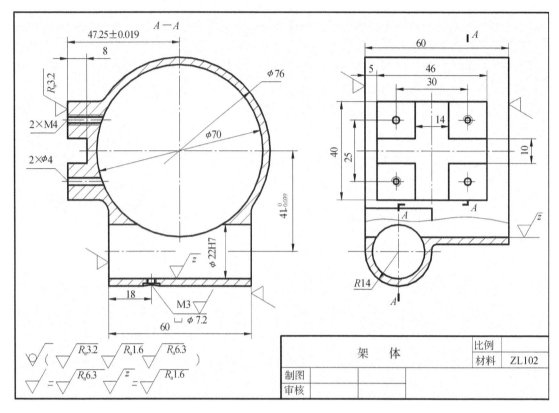

图 9－34　架体零件图

上述两个步骤不是截然分开，而是互有联系的。分离零件投影的过程也是想象零件形状的过程，但第一步侧重于了解零件的大致轮廓，第二步则是进一步看懂零件各细部的结构，从而想象出零件的完整形状。

9.7.2.5　总结

对各个零件的形状、结构了解以后，最后再对部件的工作情况、装配和连接关系、装拆顺序等重新研究、总结，想象出整个部件的结构形状。如图9－35 所示为镜头架装配轴测图。

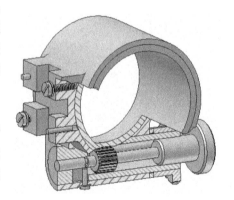

图 9－35　镜头架装配轴测图

9.7.3　由装配图拆画零件图

装配图着重表达的是零件间的装配关系，对零件的具体形状结构不一定完全表达清楚，因此由装配图拆画零件图的过程是设计机器或部件工作的进一步深入的过程。这个过程必须是在对装配图充分读懂的基础上进行的，在这一过程中对装配图上没有表达清楚的零件的某些形状结构，在拆绘零件图时，应根据零件的功能和加工的要求，具体设计并绘制出来。

由装配图拆绘的零件图，除了应该完全按照零件图的内容与要求绘画外，还应注意如下问题。

9.7.3.1　完整分离零件

将零件从装配图中完整分离出来是拆画零件图的关键。从装配图分离零件时，一般可依据下述方法进行：

（1）从零件序号和明细栏中找到要分离零件的序号和名称，然后根据序号指引线所指的部位，找到该零件在装配图中的位置；

（2）根据同一零件在剖视图中剖面线的方向一致、间距相同的规定，将要分离的零件从有关视图中区别开来；

（3）根据视图间的投影规律和基本体的投影特征，从装配图中分离零件形状，从而将零件分离出来。

9.7.3.2　视图方案的重新考虑

在装配图中着重表达的是零件间的装配关系和部件的工作原理，因而零件在装配图中的表达方案不一定就是拆画的零件工作图的视图表达方案。在绘制零件图时，应根据零件的形状特征和结构的复杂程度，重新考虑表达该零件的视图方案，不能简单照抄装配图上零件的视图表达方案。在考虑视图表达方案中应注意：

（1）零件在装配图上未表达清楚的结构、形状，拆图时根据零件的作用和工艺要求，并参考同类产品或有关资料，将这些结构形状确定下来。

（2）在装配图上被其他零件遮住的投影，绘制时应该添上。

（3）在装配图上被省略的工艺结构，如倒角、倒圆、沉孔、退刀槽等，在零件图上要画出来。

9.7.3.3　标注尺寸

在零件图上正确地注出尺寸是拆画零件图的一项重要内容。零件图上的尺寸数值，应根据装配图来决定。其方法通常有：

（1）抄注。凡在装配图上已经标注出的尺寸在零件图上应该如实反映。其中有配合代号的尺寸，应分别按孔、轴注上公差带代号（或查出公差数值），且零件间有配合、连接关系的尺寸应与有关零件取得一致，所选基准也须相适应。

（2）计算。某些尺寸数值，应根据装配图所给定的尺寸，通过计算而定。如齿轮的轮齿部分尺寸、分度圆、齿顶圆等尺寸。

（3）查找。有标准规定的结构尺寸（如倒角、退刀槽、沉孔、键槽、螺纹等）应查有关设计手册，然后再标注在零件图上。

（4）量取。其他尺寸可用尺、针规从装配图上量取并按比例求得真实尺寸。对于一些不重要的尺寸可适当取为整数。

9.7.3.4　技术要求的标注

零件各表面的表面结构参数，应根据该表面的作用和要求来确定。一般接触面，R_a 取 6.3 或 12.5；有配合面要求的表面的数值 R_a 应较小，一般取 3.2 或 1.6；有相对运动

的表面 R_a 值更小，一般取 0.8；自由表面的粗糙度数值一般较大，有的表面不需用去除材料的方法获得。同时，根据零件的作用，还可加注其他必要的技术要求和说明。但正确制定技术要求，涉及许多专业知识，这里不作进一步介绍。

9.7.4 读装配图实例

读如图 9 - 36 所示台虎钳装配图。

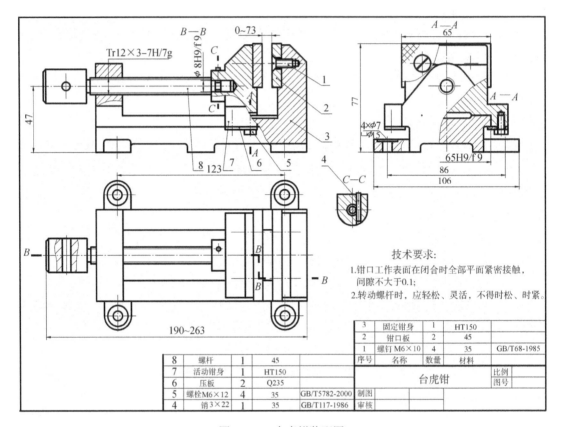

图 9 - 36 台虎钳装配图

9.7.4.1 概括了解

由标题栏、明细表等可粗略了解台虎钳是用来夹持工件的通用夹具，工件夹在两个钳口之间，由螺杆的转动来控制夹具的夹紧和松开。台虎钳由 8 种零件组成，其中 3 种标准件，还有压板、钳口板等结构较简单的零件。复杂零件有固定钳身、活动钳身和螺杆等。

9.7.4.2 分析视图

装配图采用了三个基本视图和 $C—C$ 断面图。主视图的 $B—B$ 是两个平行的剖切面剖切的局部剖视图，着重表达螺杆与固定钳身、螺杆与活动钳身、钳口板与固定钳身、钳口板与活动钳身的连接关系。左视图有两处局部剖，上面局部剖表示钳口板上固定螺钉的位置及钳口板上的滚花，下部 $A—A$ 局部剖着重表达固定钳身与活动钳身的装配情况，压板与钳身的连接装配关系。俯视图表示外形及底部四个安装孔的位置。$C—C$ 断面图表达螺杆与固定钳身的连接关系。

9.7.4.3　分析工作原理、装配传动关系及装配图尺寸

从装配图中可以看出：螺杆 8 与固定钳身 3 是通过螺纹 Tr12×3–7H/7g 旋合在一起，螺杆右端用销 4 和活动钳身 7 相连，活动钳身装在固定钳身上，并在两侧下部用螺栓来固定压板 6（左视图中表示）以防止活动钳身上移。两块钳口板分别用两个螺钉固定在活动钳身和固定钳身上。当转动螺杆时，通过螺纹 Tr12×3–7H/7g，螺杆作轴向运动，带动活动钳身作同方向移动，实现夹紧或松开的工作。该台虎钳中的性能和规格尺寸为 0～73，它能夹住小于 73mm 的工件。螺杆 8 与固定钳身的配合尺寸为 Tr12×3–7H/7g，螺杆 8 与活动钳身之间的配合尺寸为 ϕ8H9/f9；固定钳身与活动钳身之间的配合尺寸为 65 H9/f9，都为基孔制、间隙配合。该装配体的安装尺寸为：定位尺寸 86、123，定形尺寸为 4×ϕ7，台虎钳的总长为 190～263mm，总高为 77mm，总宽为 106mm。

台虎钳的装拆顺序为：

固定钳身 3→活动钳身 7→压板 6→螺栓 5→螺杆 8→销 4→钳口板 2→螺钉 1。

9.7.4.4　分离零件并看懂结构形状

对零件进行逐个分离，仔细读懂零件的结构形状，并画出各个零件的零件图。活动钳身的零件图和轴测图如图 9–37、图 9–38 所示，固定钳身的零件图和轴测图如图 9–39、图 9–40 所示。

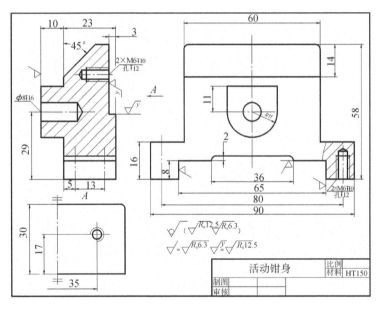

图 9–37　活动钳身零件图

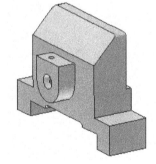

图 9–38　活动钳身轴测图

9.7.4.5　总结归纳

分析全部零件后再重新全面地理解部件的工作原理、装配关系装拆过程以及尺寸、技术要求等。读者可自行归纳总结。如图 9–41 所示为台虎钳装配轴测图。

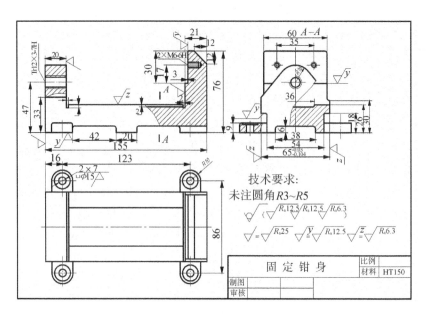

图 9 – 39　固定钳身零件图

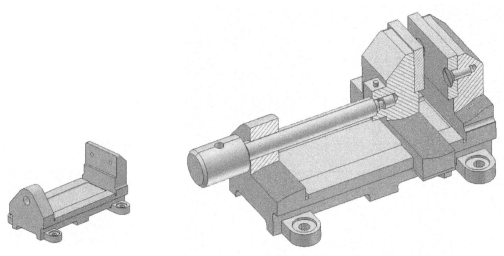

图 9 – 40　固定钳身轴测图

图 9 – 41　台虎钳装配轴测图

第10章　AutoCAD 软件概述

【学习目标】

掌握 AutoCAD 的基本操作；熟悉绘图环境；熟悉激活命令的方式与重复执行命令的技巧。

【学习重点】

AutoCAD 软件的启动与退出，图形文件的管理及交互式绘图数据的输入。

计算机辅助设计是一种使用计算机进行产品设计或工程设计的技术，在当今设计领域，越来越多的设计师和工程技术人员正摒弃传统的手工绘图方式，转而应用计算机辅助设计技术，以缩短设计周期，提高工作效率。目前，国际上广泛应用的软件是 AutoCAD。AutoCAD 是由美国 Autodesk 欧特克公司于 20 世纪 80 年代初为微机上应用 CAD 技术而开发的绘图程序软件包，经过不断的完善和发展，现已经成为国际上广为流行的绘图工具，可以方便准确绘制二维图形，实现三维及三维设计，用户可以用它来创建、浏览、管理、打印、输出、共享及准确使用富含信息的设计图形。

AutoCAD 软件具有如下特点：

（1）具有完善的图形绘制功能。

（2）有强大的图形编辑功能。

（3）可以采用多种方式进行二次开发或用户定制。

（4）可以进行多种图形格式的转换，具有较强的数据交换能力。

（5）支持多种硬件设备。

（6）支持多种操作平台。

（7）具有通用性、易用性，适用于各类用户。

本书主要介绍用 AutoCAD 2008 版绘图软件绘制二维图形。

10.1　启动与退出

10.1.1　进入 AutoCAD 系统

AutoCAD 2008 的启动有两种方式：

● 双击桌面上的 AutoCAD 2008 图标

● 单击桌面左下角的"开始"→"程序"→"Autodesk"→"AutoCAD 2008"→

“Simplified Chinese” → “AutoCAD 2008” 命令。

启动软件后，显示 AutoCAD 2008 绘图界面。有关 AutoCAD 2008 的基础操作方法都将在 AutoCAD 经典环境下进行介绍。绘图界面主要由标题栏、菜单栏、工具栏、状态栏、绘图区域及文本窗口等到几部分组成，如图 10－1 所示。

标题栏
下拉菜单栏
标准工具栏
对象特性栏
绘图工具栏
绘图区
修改工具栏
坐标系
命令行
状态工具栏
状态按钮栏

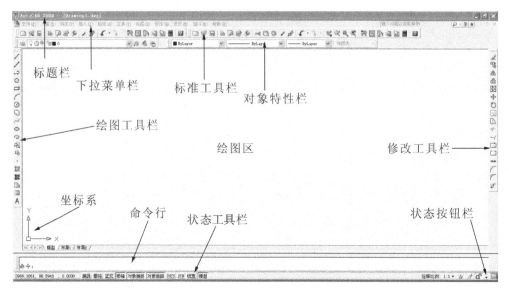

图 10－1　AutoCAD 2008 绘图界面

菜单栏位于窗口的顶部，如图 10－2 所示，用户可以通过鼠标在菜单项中激活命令。

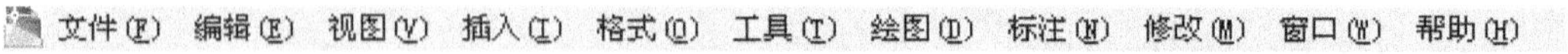

文件(F)
编辑(E)
视图(V)
插入(I)
格式(O)
工具(T)
绘图(D)
标注(N)
修改(M)
窗口(W)
帮助(H)

图 10－2　下拉菜单栏

工具栏也按菜单条目一样分类设置，缺省情况显示“标准工具栏”、“对象特性工具栏”、“绘图工具栏”、“修改工具栏” 四个。用户可以通过鼠标单击工具图标激活命令。右键单击任意工具栏，弹出所有工具栏，选择某一工具栏（如“标注”），单击左键，则屏幕上显示所选中的工具栏。如图 10－3 所示。

CAD 标准
UCS
UCS II
Web
标注
标准
标准注释
布局
参照
参照编辑
插入点
查询
动态观察
对象捕捉
多重引线

图 10－3　工具栏

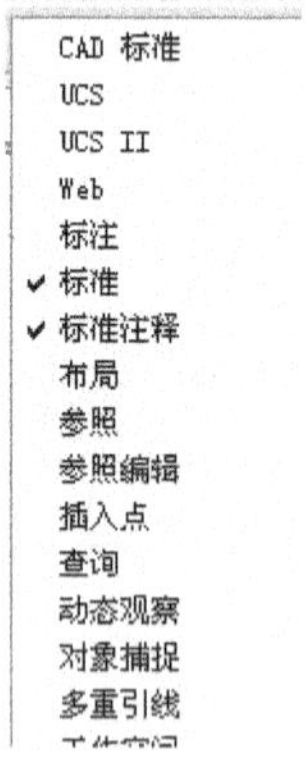

“对象特性” 工具栏主要是图层管理，如图 10－4 所示。

“绘图” 工具栏集中了各种绘图命令，如图 10－5 所示。

“修改” 工具栏集中了各种修改命令，如图 10－6 所示。绘图区显示所画的图形与文字。

文本窗口和命令窗口让用户通过键盘输入命令和数据，并及时反馈信息，使用户能了解和掌握绘图的进程，如图 10－7 所示。

图层特性管理器　　　　　　　　　　　　设置当前层

图层状态管理器

上一个图层

颜色控制　　　　　　　线型控制　　　　　　　线宽控制

图 10-4　"对象特性"工具栏

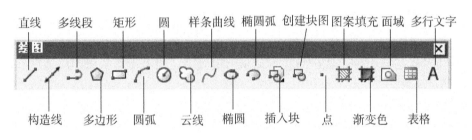

直线　　多线段　　矩形　　圆　　样条曲线　椭圆弧　创建块图　图案填充　面域　多行文字

构造线　　多边形　　圆弧　　云线　　椭圆　　插入块　　点　　渐变色　　表格

图 10-5　"绘图"工具栏

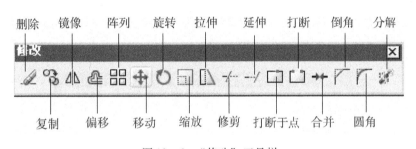

删除　　镜像　　阵列　　旋转　　拉伸　　延伸　　打断　　倒角　　分解

复制　　偏移　　移动　　缩放　　修剪　　打断于点　合并　　圆角

图 10-6　"修改"工具栏

```
指定下一点或 [放弃(U)]:
指定下一点或 [放弃(U)]:

命令:
```

图 10-7　文本和命令窗口

　　状态栏位于主窗口的底部，如图 10-8 所示，显示光标的当前坐标值及各种模式状态。各种模式包括：捕捉、栅格、正交、极轴、对象捕捉、对象追踪、线宽、图纸/模型等，单击显示各模式的按钮或通过按键盘上相应的功能键，可以实现这些功能"打开"与"关闭"的切换，在某一模式按钮上单击右键可以进行设置。

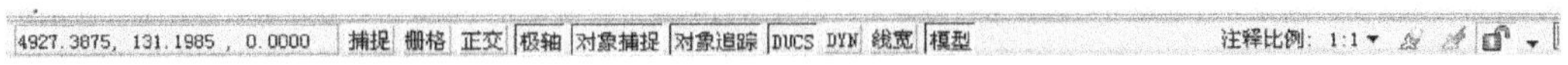

4927.3875, 131.1985 , 0.0000　捕捉 栅格 正交 极轴 对象捕捉 对象追踪 DUCS DYN 线宽 模型　　　注释比例: 1:1 ▾

图 10-8　状态栏

10.1.2 退出

在正常情况下当需要退出 AutoCAD 2008 系统时，从安全角度考虑，都应以"QUIT"命令关闭 AutoCAD 系统。

● 单击下拉菜单"文件"→"退出（X）"；

● 命令行输入：QUIT 后按 Enter 键。

10.2 管理图形文件

10.2.1 新建图形文件

第一次使用 AutoCAD 2008 的时候，打开 AutoCAD 即默认创建了一个新的 AutoCAD 文件 Drawing1.dwg。在 AutoCAD 2008 已经启动的情况下，如果需要新建图形文件，常采用以下两种方式：

● 单击下拉菜单"文件"→"新建"命令。

● 单击"标准"工具栏中的"新建"按钮 。

打开对话框之后，系统自动定位到样板文件所在的文件夹，如图 10-9 所示。不需要做更多设置，在样板列表中选择合适的样板，单击"打开"按钮即可。样板文件中通常包含有与绘图有关的相关设置，如图层、线型、文字样式、尺寸标注样式等的设置。此外还有一些通用图形对象，如标题栏、图幅框等。

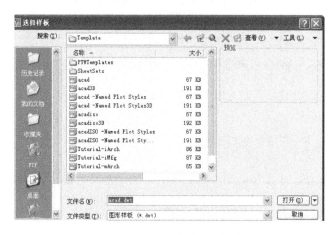

图 10-9 "选择样板"对话框

单击"选择样板"对话框的"打开"按钮右侧的下三角 ，将显示如图 10-10 所示的弹出菜单，用户可以在其中选择采用英制或者公制的无样板菜单创建新图形。执行无样板操作后，新建的图形不以任何样板为基础。

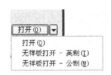

图 10 - 10　打开按钮附加菜单

10.2.2　打开图形文件

有时需要将一个已经保存在本地存储设备上的文件调出来编辑，或者进行其他操作，就需要在 AutoCAD 2008 中打开现有的图形文件，常采用以下两种方式：

● 单击下拉菜单"文件"→"打开"命令。

● 单击"标准"工具栏中的"打开"按钮 ☞。

打开如图 10 - 11 所示的"选择文件"对话框，该对话框用于打开已经存在的 Auto-CAD 图形文件。

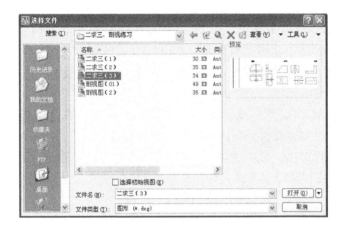

图 10 - 11　"选择文件"对话框

在此对话框内，在"搜索"下拉列表中选择文件所在位置，在文件列表中选择文件，单击"打开"按钮即可打开文件。

10.2.3　保存图形文件

在使用计算机时，往往因为断电或其他意外的机器事故而造成文件的丢失，给我们的工作带来不必要的麻烦，所以使用计算时应养成经常存盘的好习惯，常采用以下两种方式进行存盘：

● 单击下拉菜单："文件"→"保存"命令。

● 单击"标准"工具栏中的"保存"按钮 🖫。

若当前的图形文件已经命名，则按此名称保存文件。如果当前图形文件尚未命名，则弹出如图 10 - 12 所示的"图形另存为"对话框，该对话框用于保存已经创建尚未命名的图形文件。

图 10 - 12 "图形另存为"对话框

在"图形另存为"对话框中,"保存于"下拉列表框用于设置图形文件保存的路径,"文件名"文本框用于输入图形文件的名称,在"文件类型"下拉列表中可以选择文件保存的格式。AutoCAD 2008 中图形文件可以保存为如下几种格式:

① DWG:AutoCAD 的图形文件。

② DXF:包含图形信息的文本文件,其他 CAD 系统可以从此文件读取该图形信息。

③ DWS:二维矢量图形,用于在互联网上发布 AutoCAD 图形。

④ DWT:AutoCAD 样板文件。

提示:在保存为 DWG 图形文件之后,可以发现在文件夹里还有一个 bak 后缀的文件,. bak 文件是一个副本文件,可以用来恢复备份副本。

对于已经保存的文件,可以选择"文件"→"另存为"命令,弹出"图形另存为"对话框,重新设置保存路径、文件名称和文件类型。

10. 3 交互式绘图

10. 3. 1 绘图操作

在 AutoCAD 2008 主窗口中,操作鼠标将十字光标移动到下拉菜单的"绘图(D)"项,单击鼠标左键,显示"绘图(D)"下拉菜单,如图 10 - 13 所示,再单击"直线(L)",即执行画线命令。此时在文本与命令区显示:

命令:_ LINE(直线命令)

指定第一点:0,0,按 Enter (输入直线的第一个端点坐标)

指定下一点或〔放弃(U)〕:100,150,按 Enter (输入直线的第二个端点坐标)

指定下一点或〔放弃(U)〕:按 Enter (结束画直线命令)如图 10 - 14 所示。

可以看出,AutoCAD 软件是人机交互式图形软件,它由用户输入命令来运行,在输入命令后再输入相应的数据就能绘出所需的图形,因此命令和数据的输入就成为操作软件的两个重要问题。

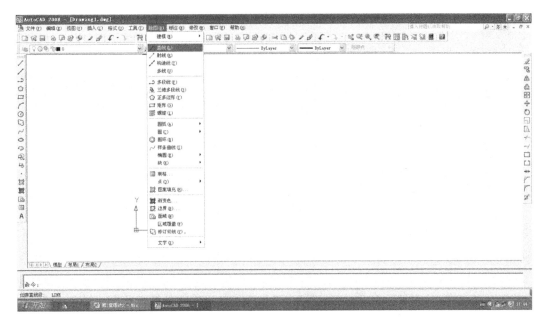

图 10-13　下拉菜单

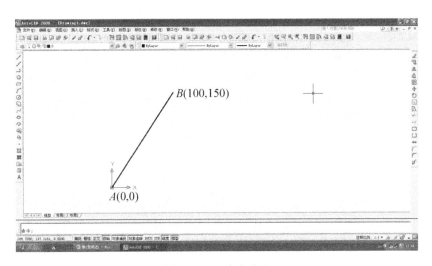

图 10-14　命令输入

10.3.2　命令的激活

激活命令常用有四种方式：

● 通过下拉菜单激活命令，如前例所示。

● 通过工具图标激活命令，如单击直线图标 ╱ （鼠标放在图标上稍微停留，会出现该图标对应的命令）。

● 在命令行中输入命令字符：LINE，按 Enter 。

● 在命令行中输入命令的快捷方式 L，按 Enter 。

命令：LINE

指定第一点 0，0 ，按 Enter （输入直线的第 X 一个端点坐标）

指定下一点或〔放弃（U）〕：100，150，按 Enter （输入直线的第二个端点坐标）

指定下一点或〔放弃（U）〕：按 Enter （回车，结束画直线命令）如图 10 - 14 所示。

10.3.3 数据的输入

数据的输入有如下两种方法。

10.3.3.1 光标中心拾取

绘图时，用户可通过移动绘图光标来输入点即光标定点。当移动鼠标时，AutoCAD 图形窗口上的绘图光标也随之移动。在光标移动到所需要的位置后，按鼠标左键则此点便被输入。

命令：L

指定第一点：（鼠标定点点 A）（移动十字光标中心点到屏幕点 A 处，单击鼠标左键拾取该点，作为直线的起点）

指定下一点或〔放弃（U）〕：（鼠标定点点 B）（取点 B 作为直线的终点）

指定下一点或〔放弃（U）〕：（回车，结束画直线命令）如图 10 - 15 所示。

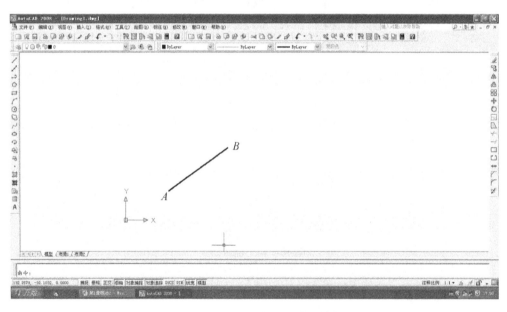

图 10 - 15　十字光标定点输入数据

10.3.3.2 键盘输入数据

用键盘输入数据有三种方式：绝对坐标、相对坐标和极坐标三种形式。

（1）绝对坐标：指相对于坐标系原点的坐标。点的绝对坐标输入形式为"x，y，z"，其中，x 和 y，y 和 z 中间用逗号隔开，x 前和 z 后无括号，如图 10 - 14 中 A 点坐标为（0，0）。

【应用实例 10 - 1】

　　绘制图 10 - 16 所示图形。

解答：

　　由于图给定了三个顶点的坐标值，则不能用十字光标输入点，要通过键盘输入点的坐标。

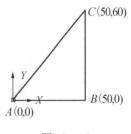

图 10 - 16

　　命令：L

　　指定第一点：0，0 按 Enter

　　指定下一点或〔放弃（U）〕：50，0 按 Enter

　　指定下一点或〔放弃（U）〕：50，60 按 Enter

　　指定下一点或〔闭合（C）/放弃（U）〕：C 按 Enter

　　（2）相对坐标形式：指当前点相对于上一次所选点的坐标距离增量。相对于前一点的坐标增量为相对直角坐标。在 AutoCAD 中，为了与绝对坐标区别，在所有的相对坐标前都添加一个"@"号。相对坐标点的输入形式为"@x，y，z"。

【应用实例 10 - 2】

　　采用相对坐标绘制图 10 - 17 所示图形。

解答：

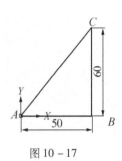

　　命令：L，按 Enter

　　指定第一点：（鼠标定点点 A）

　　指定下一点或〔放弃（U）〕：@50，0　　（以 A 为基点度量 B 的

坐标）

图 10 - 17

　　指定下一点或〔放弃（U）〕：@0，60　　（以 B 为基点度量 C 的

坐标）

　　指定下一点或〔闭合（C）/放弃（U）〕：C

　　（3）相对极坐标形式：指当前点相对于上一次所选点的直线距离和两点连线与 x 轴的夹角。相对极坐标的输入形式为"@距离＜角度"。

【应用实例 10 - 3】

　　绘制图 10 - 18 所示图形。

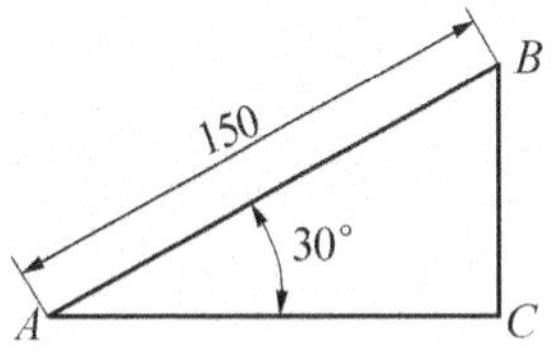

解答：

　　命令：L，按 Enter

　　指定第一点：（鼠标定点点 A）

　　指定下一点或〔放弃（U）〕：@150＜30　　（以 A 为极心，

半径为 150，极角为 30°确定点 B 位置）

图 10 - 18

　　指定下一点或〔放弃（U）〕：@75＜270　　（以 B 为极心，半径为 75，极角为 270°确定点 C 位置）

　　指定下一点或〔闭合（C）/放弃（U）〕：C

　　当在输入数据时，激活状态栏中的"动态输入按钮 DYN 时，移动鼠标会在屏幕上实时显示相关的数据信息，如图 10 - 19 所示。

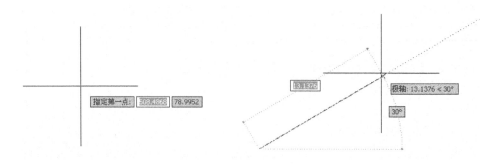

图 10 – 19　动态数据输入

此外还可利用状态栏中的极轴按钮。右键单击状态栏中的按钮 **极轴**，在弹出的菜单中选择"设置"，打开【草图设置】对话框，在"增量角"下拉菜单中输入"15"，表示极轴以 15°及 15°倍数的方向追踪定位，最后单击【确定】按钮，如图 10 – 20 所示。

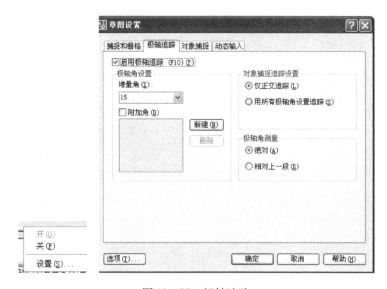

图 10 – 20　极轴追踪

当输入数据时，激活状态栏中的极轴按钮 **极轴**，当移动鼠标时，在屏幕上会实时显示出相关的数据信息，如图 10 – 21 所示。

命令：L　，按 Enter

指定第一点：（鼠标定点）

指定下一点或〔放弃（U）〕：50　　（锁定极角为30°，只要输入直线的长度）

指定下一点或〔闭合（C）/放弃（U）〕：

10.3.4　命令的中止与重复

（1）命令的中止

任何命令，当在执行过程中按下 Esc 键均中止执行。

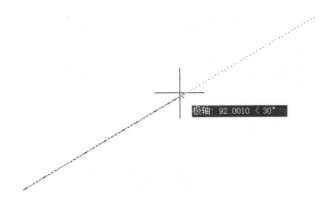

图 10 – 21　极轴追踪数据输入

（2）命令的重复

在命令状态下按回车键或单击鼠标右键，表示重复执行上一条命令。

第 11 章　绘图环境的设置

【学习目标】

掌握 AutoCAD 软件绘图环境设置的方法与步骤；熟悉绘图环境；熟悉运用绘制矩形、绘制直线、文字书写；熟练运用分解、偏移、修剪、复制及文字编辑等修改命令。

【学习重点】

AutoCAD 2008 绘图环境的设置；常用的矩形、直线、文字绘图命令的运用；常用的分解、偏移、修剪、复制等修改命令的使用。

和在图纸上手工绘图一样，计算机绘图时我们把屏幕绘图区当成图纸，在图纸上画工程图时首先考虑的是图幅的大小、绘图的比例和单位。我们可以根据国标及行业的要求，先创建绘图的模板，在模板上把相应的内容都设置好，在每次绘图时利用该模板来绘图，可以节约每次绘图时对基本信息的设置时间。也可以利用 AutoCAD 2008 中的样板文件。此处我们介绍如何主动设置模板，现以图 11 - 1 为例进行介绍。

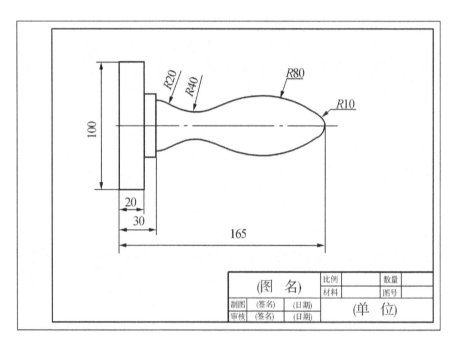

图 11 - 1　绘制平面图形

236

11.1　设置数据单位与精度

绘图时首先确定表示坐标、距离和角度等数据的单位和精度，设置方式有以下两种：

● 单击下拉菜单"格式（O）"→"单位（U）"命令。

● 命令行输入：DDUNITS，按 Enter 。

打开【图形单位】对话框，如图 11 - 2 所示。

图 11 - 2　"图形单位"对话框

根据标准，选择长度类型、角度类型和精度，如图 11 - 2 所示。

11.2　设置绘图界限

一般来说，如果用户不作任何设置，AutoCAD 系统对作图范围没有限制，可以将绘图区域看作是一幅无穷大的图纸，但所绘图形的大小是有限的，因此为了更好绘图，需要设定作图的有效区域，即在当前的"模型"或布局选项卡上，设置并控制栅格显示的界限。设置方式有如下两种：

● 单击下拉菜单"格式（O）"→"图形界限（I）"命令；

● 命令行输入：LIMITS，按 Enter 。

命令行提示如图 11 - 3 所示。可以看出，CAD 缺省的图纸幅面是 A3，我们可以把右上角坐标改为（297，210），而把图纸幅面改为 A4 号图纸或改为其他幅面。

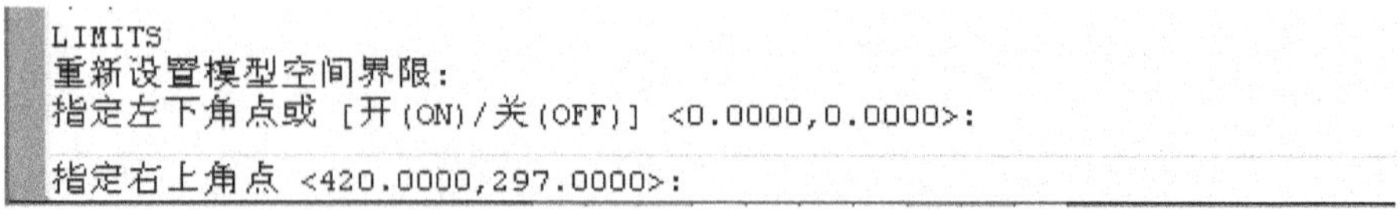

```
LIMITS
重新设置模型空间界限:
指定左下角点或 [开(ON)/关(OFF)] <0.0000,0.0000>:

指定右上角点 <420.0000,297.0000>:
```

图 11 - 3 设置绘图边界

11.3 设置图层

用 AutoCAD 进行机械制图时,通常把同一类型的图形对象放置在一个图层中,不同类型的图形对象分布在不同的图层上,将许多图层叠在一起构成完整的机械图。好比将几张幻灯片叠在一起,构成一幅完整的图画。对每一张"幻灯片"分别进行修改,使设计者在做复杂的机械图时非常方便。通过创建图层,可以将类型相似的对象指定给同一个图层使其相关联。例如,可以将构造线、文字、标注和标题栏置于不同的图层上。通过图层可以控制以下属性:

① 图层上的对象是否在任何视口中都可见;

② 是否打印对象以及如何打印对象;

③ 为图层上的所有对象指定何种颜色;

④ 为图层上的所有对象指定何种默认线型和线宽;

⑤ 图层上的对象是否可以修改;

⑥ 每个图形都包括名为 "0" 的图层,确保每个图形都有一个图层。

根据机械制图国家标准,需要建立以下几个图层:

图层名称	颜色号	线型
01	绿 (3)	实线 Continuous (粗实线用)
02	白 (7)	实线 Continuous (细实线、尺寸标注及文字用)
04	黄 (2)	虚线 ACAD - ISO04W100
05	红 (1)	点画线 ACAD - ISO04W100
07	品红 (7)	双点画线 ACAD - ISO05W100

调用图层设置命令设置图层,有以下三种方式:

● 单击下拉菜单"格式 (O)"→"图层 (L)"命令;

● 单击"对象特性"工具栏中的图层特性管理器按钮 ⬛ ;

● 命令行输入:LAYER , 按 Enter 。

打开"图层特性管理器"对话框,如图 11 - 4 所示。下面以 04 层为例进行图层设置。

单击新建图层图标 ⬛ ,增加一个新图层,在列表中显示出这个图层的信息,如图 11 -5 所示,此时可以创建图层的名称 "04",当此处没有创建时,可以单击鼠标右键,在弹出的对话框中选择"重命名图层"将"图层 1"改为"04",如图 11 - 6 所示。

单击列表区中对应"04"图层的颜色"白",打开"选择颜色"对话框,将颜色改

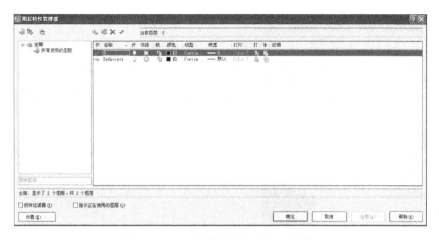

图 11 - 4 "图层特性管理器"对话框

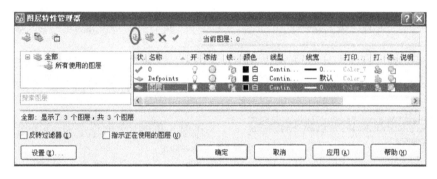

图 11 - 5 "新建图层"对话框

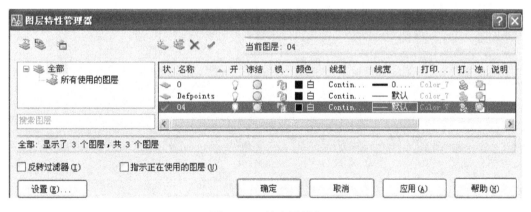

图 11 - 6 输入图层名

为"黄"色,如图 11 - 7 所示。

单击列表区中对应"04"图层的线型"Continuous",打开"选择线型"对话框,如图 11 - 8 所示。

此时在"已加载的线型"列表区中没有"ACAD - ISO04W100"线型,因此要单击
加载(L)... 按钮,打开"加载或重载线型"对话框,如图 11 - 9 所示。选择需要的线型,

图 11-7 "选择颜色"对话框

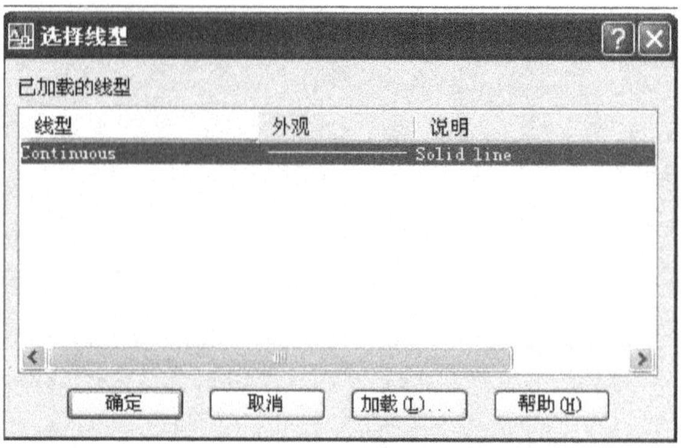

图 11-8 "选择线型"对话框

则在"选择线型"对话框中会出现"ACAD-ISO04W100"线型,再选择该线型,单击 **确定** 按钮,返回到"图层特性管理器"对话框,如图 11-10 和图 11-11 所示。

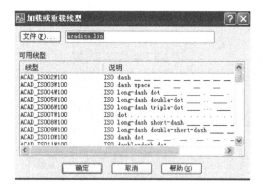

图 11-9 "加载或重载线型"对话框

图 11-10 "选择线型"对话框

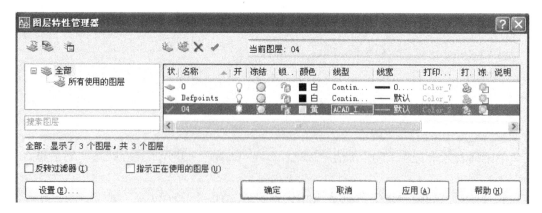

图 11-11 "图层特性管理器"对话框

绘图时需要在一定的图层下绘图，在对象特性工具栏的"图层项目管理"下拉菜单中选择相应的图层把它设为当前图层。如图 11 – 12 所示。

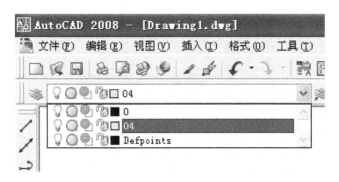

图 11 – 12

11.4 画图框和标题栏

按照图 11 – 13 绘制出图框和标题栏。

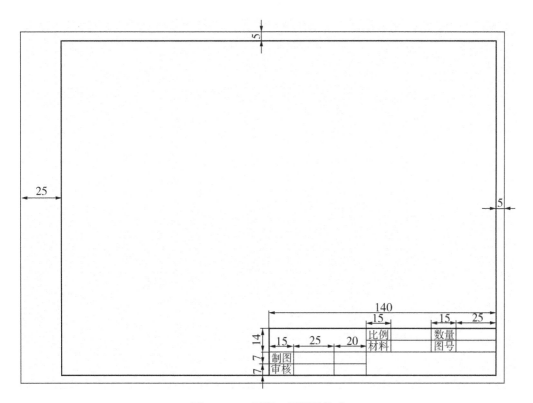

图 11 – 13 图框、标题栏格式

11.4.1 用矩形命令绘制图纸边框和图框

设"02"层为当前图层，绘制图纸边框，如图 11 – 14 所示。

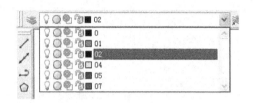

图 11 – 14 设置当前图层

调用矩形命令画出图纸边界，操作如下：

命令行输入：REC（RECTANG），按 Enter

指定第一个角点或［倒角（C）/标高（E）/圆角（F）/厚度（T）/宽度（W）］：0，0，按 Enter

指定另一个角点或［面积（A）/尺寸（D）/旋转（R）］：297，210，按 Enter

设置"01"层为当前图层，绘制图框。

命令：REC （RECTANG），按 Enter

指定第一个角点或［倒角（C）/标高（E）/圆角（F）/厚度（T）/宽度（W）］：25，5，按 Enter

指定另一个角点或［面积（A）/尺寸（D）/旋转（R）］：292，205，按 Enter

11.4.2 画标题栏

每张图纸都需要画出标题栏，标题栏的尺寸如图 11 – 15 所示。

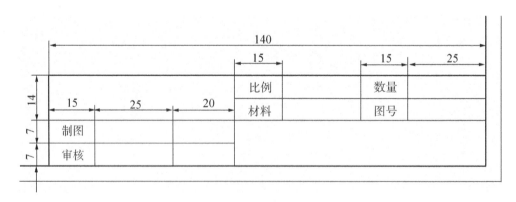

图 11 – 15 标题栏的尺寸

（1）利用矩形命令绘图标题栏的外围尺寸

命令：REC（RECTANG），按 Enter

指定第一个角点或［倒角（C）/标高（E）/圆角（F）/厚度（T）/宽度（W）］：

（以光标定点方式选择 *A* 点）

指定另一个角点或［面积（A）/尺寸（D）/旋转（R）］：@ -140，28，按 <kbd>Enter</kbd>

如图 11 - 16 所示。

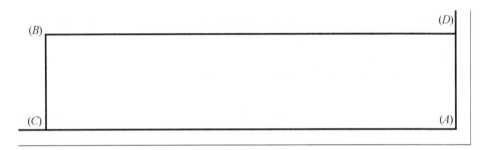

图 11 - 16 标题栏

（2）分解矩形

分解上一步产生的矩形，得出四条独立的直线：*AD*、*BD*、*BC*、*AC*，激活"分解"命令。

命令：X（EXPLODE），按 <kbd>Enter</kbd>

选择对象：（选择矩形）找到 1 个，按 <kbd>Enter</kbd>

（3）利用偏移命令得到其他直线

调用"偏移"命令以得到标题栏内部的其他直线，可利用快捷方式激活命令。

命令：O（OFFSET），按 <kbd>Enter</kbd>

当前设置：删除源 = 否　图层 = 源　OFFSETGAPTYPE = 0

指定偏移距离或［通过（T）/删除（E）/图层（L）］〈25.0〉：7，按 <kbd>Enter</kbd>

选择要偏移的对象，或［退出（E）/放弃（U）〈退出〉：（选择直线 *BD*）

指定要偏移的那一侧上的点，或［退出（E）/放弃（U）］〈下一个对象〉：（移动十字光标至直线 *BD* 的下方，单击鼠标，产生直线 *EF*）

指定要偏移的那一侧上的点，或［退出（E）/放弃（U）］〈下一个对象〉：（移动十字光标至直线 *EF* 的下方，单击鼠标，产生直线 *GH*）

指定要偏移的那一侧上的点，或［退出（E）/放弃（U）］〈下一个对象〉：（移动十字光标至直线 *GH* 的下方，单击鼠标，产生直线 *IJ*）

指定要偏移的那一侧上的点，或［退出（E）/放弃（U）］〈下一个对象〉：按 <kbd>Enter</kbd>

如图 11 - 17 所示。

按 <kbd>Enter</kbd> 键，重复"偏移"命令。

命令：OFFSET

当前设置：删除源 = 否　图层 = 源　OFFSETGAPTYPE = 0

指定偏移距离或［通过（T）/删除（E）/图层（L）］〈8.0〉：15

选择要偏移的对象，或［退出（E）/放弃（U）〈退出〉：（选择直线 *BC*）

指定要偏移的那一侧上的点，或［退出（E）/多个（M）/放弃（U）］〈退出〉：（移

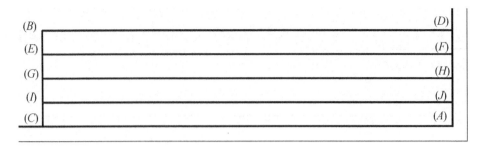

图 11 – 17   标题栏

动十字光标至直线 *BC* 的右方，单击鼠标，产生直线 *KL*)

选择要偏移的对象，或 ［退出（E）/放弃（U）］〈退出〉：按 Enter 键

同样方法得到直线 *MN*、*OP*、*QR*、*ST*、*UV*，如图 11 – 18 所示。

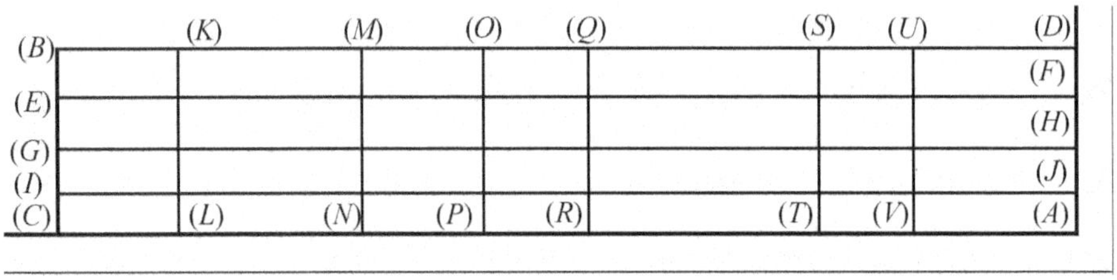

(B)	*(K)*	*(M)*	*(O)*	*(Q)*		*(S)*	*(U)*	*(D)*
(E)								*(F)*
(G)								*(H)*
(I)								*(J)*
(C)	*(L)*	*(N)*	*(P)*	*(R)*		*(T)*	*(V)*	*(A)*

图 11 – 18   绘制标题栏

（4）把标题栏内部的线条改为实细线

把十字光标移到点"1"的位置，单击鼠标左键，再移动鼠标到"2"点的位置，拾取框变如图 11 – 19 所示带有绿色背景的虚线框，单击鼠标左键确定选择区域，选到标题栏内部的线条，如图 11 – 19 所示。

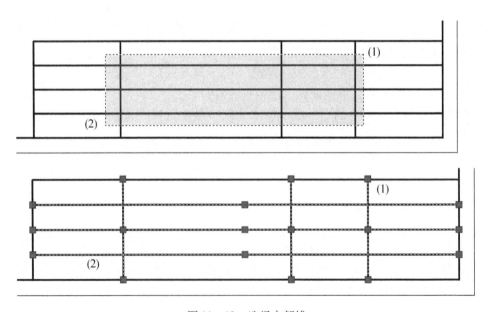

图 11 – 19   选择内部线

单击"图层特性管理器"工具栏的下拉箭头，选择"02"图层，即把所选的线放在"02"图层上，则线变为细实线，如图 11 – 20 所示。

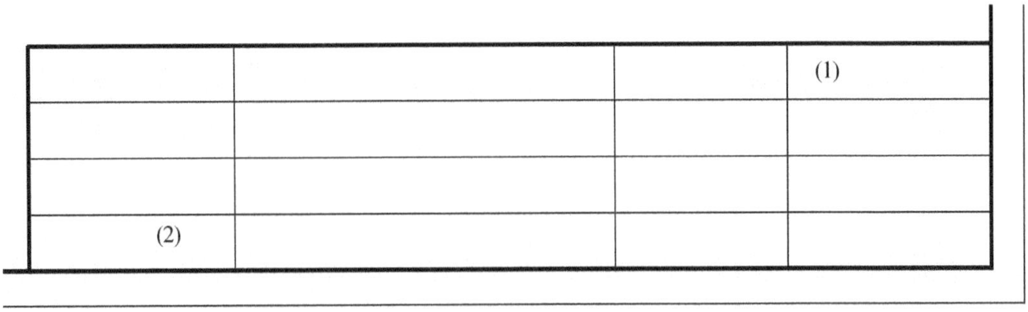

			(1)
(2)			

图 11 – 20　修改线型

注意：当利用鼠标框选的方式选择对象时，选择框从右向左选择时，框会变成虚线形式，此时与框相交和框内的对象都能被选到；当选择框从左向右选择时，仅在框内的对象能被选择到。实际操作时，可根据具体需要选择采用何种框选方式。

（5）修剪直线

调用"修剪"命令修剪直线：

命令：TR（TRIM），按 Enter 键

当前设置：投影 = UCS，边 = 无

选择剪切边...

选择对象或〈全部选择〉：（选择直线 GH 作剪切边）找到 1 个

选择对象：（选择直线 OP 作剪切边）找到 1 个，总计 2 个

选择对象：按 Enter 键

选择要修剪的对象，或按住 Shift 键选择要延伸的对象，或

［栏选（F）/窗交（C）/投影（P）/边（E）/删除（R）/放弃（U）］：（将直线 KL 的多余边剪掉）

选择要修剪的对象，或按住 Shift 键选择要延伸的对象，或

［栏选（F）/窗交（C）/投影（P）/边（E）/删除（R）/放弃（U）］：（将直线 MN 的多余边剪掉）

选择要修剪的对象，或按住 Shift 键选择要延伸的对象，或

［栏选（F）/窗交（C）/投影（P）/边（E）/删除（R）/放弃（U）］：（将直线 QR 的多余边剪掉）

选择要修剪的对象，或按住 Shift 键选择要延伸的对象，或

［栏选（F）/窗交（C）/投影（P）/边（E）/删除（R）/放弃（U）］：（将直线 ST 的多余边剪掉）

选择要修剪的对象，或按住 Shift 键选择要延伸的对象，或

［栏选（F）/窗交（C）/投影（P）/边（E）/删除（R）/放弃（U）］：（将直线 UV 的多余边剪掉）

选择要修剪的对象，或按住 Shift 键选择要延伸的对象，或
［栏选（F）/窗交（C）/投影（P）/边（E）/删除（R）/放弃（U）］：
修剪结果如图 11－21 所示。

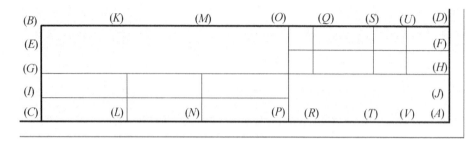

图 11－21　修剪直线

11.4.3　写文字

（1）文字样式

AutoCAD 提供了多种字体，我们可以选择不同的字体；在使用同一种字体时还可通过改变一些参数使字符展宽、压缩倾斜、反写和倒写等，增强字符的表现能力。通过以下两种方式调用命令。

● 单击下拉菜单"格式（O）"→"文字样式（S）"命令。

● 单击"样式"工具栏中文字样式的 **A** 按钮 。

打开"文字样式"对话框，如图 11－22 所示。AutoCAD 系统提供了一个名为"Standard"字样供写文字使用，根据国标的要求，在绘制工程图样时，注写西文字体采用"gbeitc. shx"，勾选"使用大字体"，单击【大字体】下拉列表，选择"gbcgig. shx"作为注写中文字体使用的字体，如图 11－22 所示。

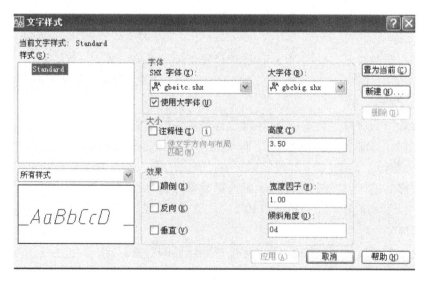

图 11－22　"文字样式"对话框

（2）写文字

设定好文字样式之后，就按图 11 – 15 标题栏中书写文字。利用在输入快捷命令的方式调用文字命令书写文字：

命令：MT（MTEXT），按 Enter

当前文字样式："Standard" 文字高度：2.5　注释性：否

指定第一角点：捕捉交点 G

指定对角点或［高度（H）/对正（J）/行距（L）/旋转（R）/样式（S）/宽度（W）/栏（C）］：J

输入对正方式【左上（TL）/中上（TC）/右上（TR）/左中（ML）/正中（MC）/右中（MR）/左下（BL）/中下（BC）/右下（BR）】：MC

指定对角点或［高度（H）/对正（J）/行距（L）/旋转（R）/样式（S）/宽度（W）/栏（C）］：（捕捉交点 W）

出现如图 11 – 23 所示的"多行文字编辑器"对话框

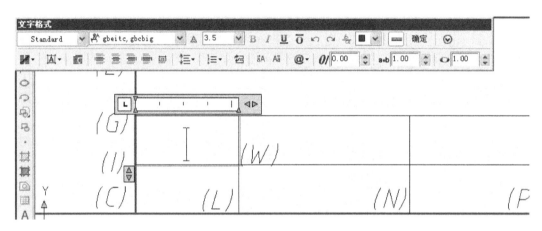

图 11 – 23　"多行文字编辑器"对话框

在文字高度 3.5 栏中输入文字高度为 3.5，输入文字"制图"，之后，单击【确定】按钮，完成中文字符的输入，如图 11 – 24 所示。

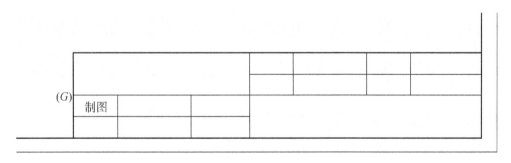

图 11 – 24　文字输入

（3）编辑文字

可以按照步骤 2 的方式创建其他文字，也可以利用"复制"命令复制先完成的文字，

再利用编辑文字命令进行修改，此处我们利用第二种方式生成其他文字。激活"复制"命令

命令：CO（COPY），按 Enter 键

选择对象：（选取"考生姓名"）找到 1 个

选择对象：按 Enter 键

当前设置：复制模式 = 多个

指定基点或［位移（D）/模式（O）］（位移）：（拾取点 G）指定第二个点或〈使用第一个点作为位移〉：（拾取点 I）

指定第二个点或［退出（E）/放弃（U）］（退出）：按 Enter 键

复制文字如图 11 - 25 所示。

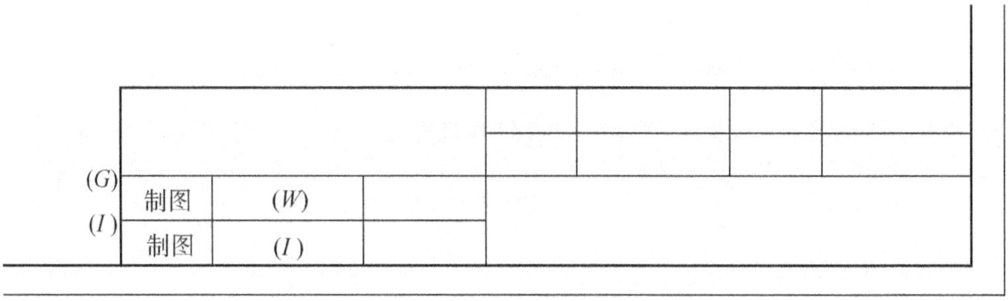

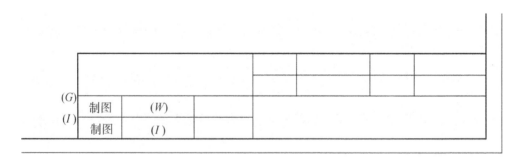

图 11 - 25　复制文字

用文字编辑命令把"制图"修改为"审核"。

命令：DDEDIT，按 Enter 键

打开"多行文字编辑器"对话框，拖动鼠标，选择"制图"字符，输入新字符"审核"，单击 确定 按钮，返回图形界面，如图 11 - 26 所示。

图 11 - 26　文字更新

参照以上编辑文字的方式再得到其他文字，如图 11 - 15 所示。

（4）控制码及特殊字符

在实际绘图时有时需要绘制一些特殊字符，便不能从键盘上直接输入，AutoCAD 提供了以控制码来实现这一目标的手段，控制码是两个百分号"％％"，下面是常用的控制码：

%%D——绘制"度"的符号,"°"

%%P——绘制"正负公差"的符号,"±"

%%C——绘制"圆直径"的符号,"φ"

%%%——绘制"百分号"的符号,"%"

11.5　保存为样板文件

将已设置好绘图单位、图形界限、图层、图框和标题栏、文字样式的文件保存为样板文件。

（1）保存为".dwg"文件

● 单击下拉菜单"文件（F）"→"保存（S）"命令；

● 单击"标准"工具栏中的 另存为 🖫 按钮。

出现"图形另存为"对话框,在"保存于"下拉列表中选择文件保存路径,在"文件名"左侧输入"A4",文件类型为"AutoCAD 2008 图形（∗.dwg）",再单击 保存(S) 按钮。如图 11-27 所示。

图 11-27　"图形另存为"对话框

这样我们创建了一个 A4 图幅的模板文件,在实际绘图时当我们需要在 A4 图幅下绘图时,我们可以打开我们创建的 A4 文件,紧接着把它另存为相应的文件名,这样在创建新文件时我们不需要再进行图层、图框和标题栏、文字样式、标注样式等进行相关设置,节约时间。

（2）保存为".dwt"文件

● 单击下拉菜单"文件（F）"→"保存（S）"命令；

● 单击"标准"工具栏中的 🖫 按钮。

出现【图形另存为】对话框,在"保存于"下拉列表中选择文件保存路径,在"文件名"左侧输入"A4",文件类型为"AutoCAD 图形样板（∗.dwt）",再单击 保存(S) 按钮。如图 11-28 所示。

当保存为样板文件".dwg"文件时，文件缺省是保存在 AutoCAD 的"template"文件中。

图 11-28 "图形另存为"对话框

第12章 平面图形的绘制

【学习目标】

掌握绘制二维图形对象的方法，掌握绘制平面图形的基本技巧，掌握标注样式的设置方法；熟练运用绘制直线、构造线、矩形、圆、椭圆、样条曲线、填充、生成块和插入块等命令，熟练运用复制、镜像、偏移、修剪、延伸、圆角、倒角、阵列等修改命令，熟悉各种形式的尺寸标注。

【学习重点】

AutoCAD 2008 常用的二维绘图命令和编辑修改命令，绘制平面图形的基本技巧。

本章通过两个实例介绍了绘制平面图形时所需的常用的二维绘图命令（直线、构造线、圆、多边形、样条曲线等）及常用的修改命令（复制、镜像、偏移、修剪、延伸、圆角、倒角、阵列）等，并且介绍了在绘图过程中为了提高绘图速度需注意的地方，如拾取对象的技巧、运用极轴和对象追踪等。

12.1 选择对象的方式

在进行图形编辑修改时都需要选择编辑的目标，再进行图形的修改，目标可以是一个也可以是一组图形元素。图形修改命令的操作过程分为三步：

（1）激活修改命令。

（2）选择对象：在已有的图形中选择一个或一组图形元素作为进行修改操作的对象，被选择的图形元素一起称为选择集。

（3）修改：对选择的对象实行指定的修改操作。

每当输入一个编辑命令时，一般会出现提示"选择对象："即要求用户选择需编辑的图形元素，选择对象的方式有多种，灵活恰当地使用可使制图的效率大大提高，以下介绍常用的两种方式。

1. 直接拾点方式

直接移动目标拾取框"□"到要编辑的图形元素上，单击鼠标左键，选取该图形元素，此时该图形元素会改变颜色、线型或增亮，表示其已被选中。接着命令行又提示"选择对象："，用户可以继续选择目标。

2. 窗口方式

当命令行出现提示"选择对象："时，在要选择的图形元素附近单击鼠标左键，则命令行提示：

选择对象：指定对角点：

在用户确定第二个角点的过程中，AutoCAD 动态显示一个窗口，帮助用户作出判断。

（1）若第二角点落在第一角点的右边，则确定了窗口后，完全属于窗口内的图形才被选中，此时的窗口为实线型的矩形窗口——从左至右的方式。

（2）若第二角点落在第一角点的左边，则确定了窗口后，完全属于窗口内的图形及与窗口边界相交的图形均被选中，此时窗口为虚线型的矩形框——从右至左的方式。

12.2 运用极轴追踪和对象捕捉追踪绘图

在绘图之前，把状态栏中的"极轴追踪"、"对象捕捉"和"对象捕捉追踪"打开，如图 12-1 所示。

捕捉 栅格 正交 极轴 对象捕捉 对象追踪 DUCS DYN 线宽 模型

图 12-1　状态栏

12.2.1 极轴追踪

在 AutoCAD 中，正交的功能我们经常用，自从 AutoCAD 2000 版本以来就增加了一个极轴追踪的功能，使一些绘图工作更加容易。其实极轴追踪与正交的作用有些类似，也是为要绘制的直线临时对齐路径，然后输入一个长度单位就可以在该路径上绘制一条指定长度的直线。

【应用实例 12-1】

绘制一条长度为 100 个单位与 X 轴成 30°的直线。

解答：

（1）在状态栏的"极轴追踪"上点击右键弹出如图 12-2 所示的菜单，在"设置"处单击鼠标左键。打开"草图设置"对话框，如图 12-3 所示。选中"启用极轴追踪"并调节"增量角"为 15。点击"确定"。

（2）画直线

在命令行中输入命令的快捷方式：L（line），按 Enter 键

图 12-2　菜单

图 12-3　"草图设置"对话框

指定第一点：单击鼠标左键，指定一点

指定下一点或［放弃（U）］：100　　（慢慢移动鼠标，当光标跨过 0°或者 15°角的倍数时，AutoCAD 将显示对齐路径和工具栏提示，如图 12-4，虚线为对齐的路径，黑底白字为工具栏提示。当显示提示的时候，输入线段的长度 100）

指定下一点或［放弃（U）］：按 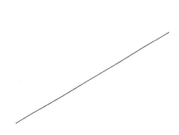 键

那么 AutoCAD 就在屏幕上绘出了与 X 轴成 30°角且长度为 100 的一段直线。当光标从该角度移开时，对齐路径和工具栏提示消失。如图 12-5 所示。

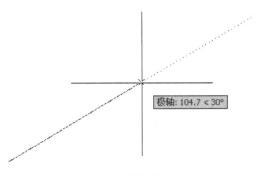

图 12-4　极轴状态下绘图　　　　　　　　　　图 12-5　极轴状态下绘图

12.2.2　对象捕捉

对象捕捉是 AutoCAD 中最为重要的工具之一，使用对象捕捉可以精确定位，用户在绘图过程中可直接利用光标来准确地确定目标点，如圆心、端点、垂足等等。

在 AutoCAD 中，用户可随时通过如下方式进入对象捕捉模式：

● 使用"Object Snap（对象捕捉）"工具条，如图 12-6 所示。

● 按 Shift 键的同时单击右键，弹出对象捕捉快捷菜单，如图 12-7 所示。

● 在命令中输入相应的缩写。

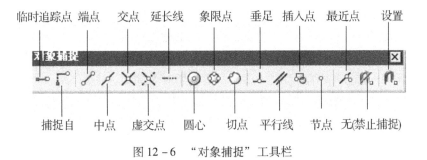

图 12-6　"对象捕捉"工具栏

下面我们分别来介绍各种捕捉类型。

（1）"Temporary track point（临时追踪点）"：缩写为"TT"，可通过指定的基点进行极轴追踪。

（2）"From（起点）"：缩写为"FRO"，可与其他捕捉方式配合使用，用于指定捕捉的基点。

（3）"Endpoint（端点）"：缩写为"END"，用来捕捉对象（如圆弧或直线等）的端点。

（4）"Midpoint（中点）"：缩写为"MID"，用来捕捉对象的中间点（等分点）。

（5）"Intersection（交点）"：缩写为"INT"，用来捕捉两个对象的交点。

（6）"Apparent Intersect（虚交点）"：缩写为"APP"，用来捕捉两个对象延长或投影后的交点。即两个对象没有直接相交时，系统可自动计算其延长后的交点，或者空间异面直线在投影方向上的交点。

（7）"Extension（延长线）"：缩写为"EXT"，用来捕捉某个对象及其延长路径上的一点。在这种捕捉方式下，将光标移到某条直线或圆弧上时，将沿直线或圆弧路径方向上显示一条虚线，用户可在此虚线上选择一点。

图 12-7　"对象捕捉"快捷菜单

（8）"Center（圆心）"：缩写为"CEN"，用于捕捉圆或圆弧的圆心。

（9）"Quadrant（象限点）"：缩写为"QUA"，用于捕捉圆或圆弧上的象限点。象限点是圆上在 0°、90°、180°和 270°方向上的点。

（10）"Tangent（切点）"：缩写为"TAN"，用于捕捉对象之间相切的点。

（11）"Perpendicular（垂足）"：缩写为"PER"，用于捕捉某指定点到另一个对象的垂点。

（12）"Parallel（平行）"：缩写为"PAR"，用于捕捉与指定直线平行方向上的一点。创建直线并确定第一个端点后，可在此捕捉方式下将光标移到一条已有的直线对象上，该对象上将显示平行捕捉标记，然后移动光标到指定位置，屏幕上将显示一条与原直线相平行的虚线，用户可在此虚线上选择一点。

（13）"Insert（插入点）"：缩写为"INS"，捕捉到块、形、文字、属性或属性定义等对象的插入点。

（14）"Node（节点）"：缩写为"NOD"，用于捕捉点对象。

（15）"Nearest（最近点）"：缩写为"NEA"，用于捕捉对象上距指定点最近的一点。

（16）"None（无）"：缩写为"NON"，不使用对象捕捉。

（17）"Osnap（设置）"：缩写为"OS"，进行对象捕捉的设置，打开"草图设置"对话框，可以进行自动对象捕捉的设置，如图 12-8 所示。

12.2.3　对象捕捉追踪

使用对象捕捉追踪沿着对齐路径进行追踪，对齐路径是基于对象捕捉点的。已获取的点将显示一个小加号（+），一次最多可以获取七个追踪点。获取了点之后，当在绘图路径上移动光标时，相对于获取点的水平、垂直或极轴对齐路径将显示出来。

【应用实例 12-2】

已知有一条水平直线 AB，要画一条与水平成 30°角并且与过端点 B 的垂直线相交为

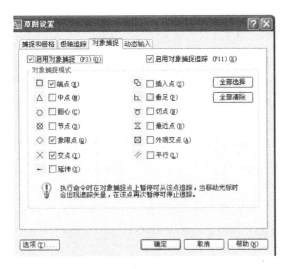

图 12 – 8 "草图设置"对话框

止的线段 AC。

解答：

在下列图例中，开启了"端点"对象捕捉，同时激活"极轴"状态且极轴的增量角设为15°，激活"直线"的命令：

单击直线的起点 A 开始绘制直线，将光标移动到另一条直线的端点 B 处获取该端点，然后沿着垂直对齐路径移动光标，直至出现极轴追踪的路径为止（极轴＜30，垂直＜90），单击鼠标左键定位要绘制的直线的端点 C，如图 12 – 9 所示。

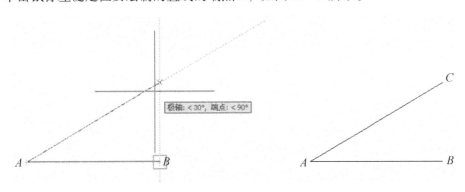

图 12 – 9 利用对象捕捉追踪绘图

12.3 基本的修改命令

对于大部分的 AutoCAD 命令，用户通常可使用两种编辑方法：一种是先启动命令，后选择要编辑的对象；另一种则是先选择对象，然后再调用命令进行编辑。为了叙述的统一，本部分中均使用第一种方法进行修改。对于只能使用一种编辑方法的命令，将在该命令的讲解中予以说明。

12.3.1 ERASE（删除）命令

删除命令可以在图形中删除用户所选择的一个或多个对象。对于一个已删除对象，虽然用户在屏幕上看不到它，但在图形文件还没有被关闭之前该对象仍保留在图形数据库中，用户可利用"UNDO"或"OOOPS"命令进行恢复。当图形文件被关闭后，则该对象将被永久性地删除。

如图 12-10 所示，想删除图中左下角的圆，利用快捷方式激活该命令（图标见图 10-6）。具体操作如下：

命令行：ERASE（或在命令行输入 E）

选择对象：找到 1 个（选择左下角的圆）

选择对象：按 Enter 键

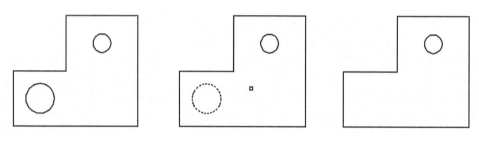

图 12-10　删除图形

12.3.2 COPY（复制）命令

复制命令可以将用户所选择的一个或多个对象生成一个副本，并将该副本放置到其他位置。

如图 12-11 欲把右上角的圆复制一个到右下角，利用快捷方式激活该命令（图标见图 10-6）。具体操作如下：

● 命令：COPY（或在命令行输入 CO）

选择对象：找到 1 个（选择右上角的圆）

选择对象：按 Enter 键

当前设置：复制模式 = 多个

指定基点或［位移（D）/模式（O）］〈位移〉：（单击鼠标左键，指定复制的基点）

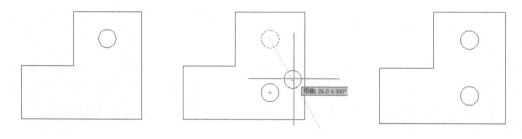

图 12-11　复制对象

指定第二个点或〈使用第一个点作为位移〉:（单击鼠标左键，指定要放置的点）

指定第二个点或［退出（E）/放弃（U）]〈退出〉:↵（如要复制多个，可以继续指定要放置的点）

12.3.3　MIRROR（镜像）命令

镜像复制对象，复制产生的对象与原对象关于镜像轴线对称，原来的对象可以删除或保留，常用于对称图形的场合。

如图 12 - 12 欲把左下角的圆镜像一个到右下角，利用快捷方式激活该命令（图标见图 10 - 6）。具体操作如下：

命令：MIRROR（或在命令行输入 MI）；按 Enter 键

选择对象：找到 1 个（选取左下角的圆）

选择对象：按 Enter 键

指定镜像线的第一点：（选取中心线一个端点）

指定镜像线的第二点：（选取中心线另一个端点）

要删除源对象吗?［是（Y）/否（N）]〈N〉：按 Enter 键

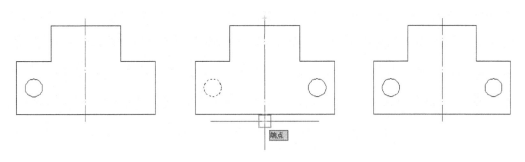

图 12 - 12　镜像对象

12.3.4　OFFSET（偏移）命令

生成与对象等距的相似图形。新生成的等距线与原对象颜色、线型、图层均相同。通常用该命令绘制平行线。

如图 12 - 13 欲从左图得到右图。先把左图中的元素变为一条多段线，即变成一个元素，这样可以提高作图速度。具体操作如下：

命令：PEDIT（或在命令行输入 PE）；按 Enter 键

选择多段线或［多条（M）]：M（选择多条曲线）

选择对象：指定对角点：找到 16 个（用框选的方式选择曲线）

选择对象：按 Enter 键

是否将直线、圆弧和样条曲线转换为多段线?［是（Y）/否（N）]?〈Y〉：按 Enter 键

输入选项［闭合（C）/打开（O）/合并（J）/宽度（W）/拟合（F）/样条曲线（S）/非曲线化（D）/线型生成（L）/反转（R）/放弃（U）]：J（合并多条曲线）

合并类型 = 延伸

输入模糊距离或［合并类型（J）］〈0.0〉：按 Enter 键（多段线已增加 15 条线段）

输入选项［闭合（C）/打开（O）/合并（J）/宽度（W）/拟合（F）/样条曲线（S）/非曲线化（D）/线型生成（L）/反转（R）/放弃（U）］：按 Enter 键

之后再对曲线时行偏移，利用快捷方式激活该命令（图标见图 10 - 6）。具体操作如下：

● 命令：OFFSET（或在命令行输入 O）；按 Enter 键

当前设置：删除源 = 否　图层 = 源　OFFSETGAPTYPE = 0

指定偏移距离或［通过（T）/删除（E）/图层（L）］〈5.0〉：（输入要偏移的距离，缺省的是上次输入的值）

选择要偏移的对象，或［退出（E）/放弃（U）]〈退出〉：（选择要上一步合并的多段线）

指定要偏移的那一侧上的点，或［退出（E）/多个（M）/放弃（U）]〈退出〉：（在多段线内侧单击鼠标）

选择要偏移的对象，或［退出（E）/放弃（U）]〈退出〉：按 Enter 键

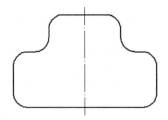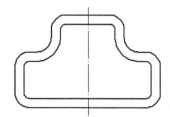

图 12 - 13　偏移对象

12.3.5　ARRAY（阵列）命令

阵列是 AutoCAD 复制的一种形式，在进行有规律的多重复制时，阵列往往比单纯的复制更有优势。在 AutoCAD 中，阵列分为最基本的两种：矩形阵列和环形阵列。

矩形阵列——进行按多行和多列的复制，并能控制行和列的数目以及行/列的间距。如图 12 - 14 所示要得到右图所示的图形，可以利用矩形阵列实现。

利用快捷方式激活该命令：

● 命令：ARRAY（或在命令行输入 AR）；按 Enter 键

打开如图 12 - 15 所示的"阵列"对话框，单击【选择对象】按钮，退出对话框

选择对象：（选择圆和其中心线）指定对角点：找到 3 个

选择对象：按 Enter 键

重新进入【阵列】对话框，输入行数、数和行距、列距，如图 12 - 15 所示。单击 确定 按钮。得到图 12 - 14 右图图形。

环形阵列，即指定环形的中心，用来确定此环形（就是一个圆）的半径。围绕此中

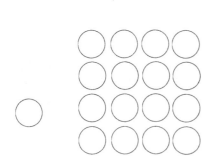

图 12 – 14　矩形阵列对象

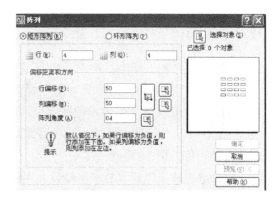

图 12 – 15　【阵列】对话框（矩形）

心进行圆周上的等距复制。它能控制复制对象的数目并决定是否旋转副本。如图 12 – 16
所示要得到左图所示的图形，可以利用环阵列实现。

打开如图 12 – 15 所示的"阵列"对话框，单击【选择对象】按钮，退出对话框，命
令行提示：

命令：ARRAY，按 Enter 键

选择对象：（选择圆和其中心线）指定对角点：找到 3 个

选择对象：按 Enter 键

重新进入"阵列"对话框，单击【中心点】选项后面的按钮，选取两条中心线的交
点为中心点，返回到"阵列"对话框，如图 12 – 17 所示。单击 确定 按钮。得到图
12 – 16 右图图形。

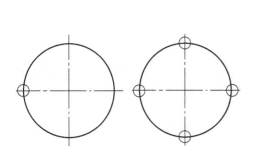

图 12 – 16　环形阵列对象

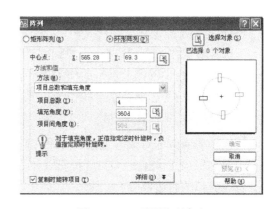

图 12 – 17　环形阵列命令

12.3.6　SCALE（缩放）命令

缩放命令可以改变用户所选择的一个或多个对象的大小，即在 X、Y 和 Z 方向等比例
放大或缩小对象。激活缩放命令有两种方式：

● 利用快捷方式激活该命令

● 命令行输入：SC，按 Enter 键

12.3.7　STRETCH（拉伸）命令

将拉伸交叉窗口所包围的对象，通过该命令可以实现如图 12 – 18 所示的图形的改变。

● 命令：STRETCH（或在命令行输入 S）；按 Enter 键

以交叉窗口或交叉多边形选择要拉伸的对象…

选择对象：（以交叉窗口的方式选择上下两条线）指定对角点：找到 2 个

选择对象：按 Enter 键

指定基点或［位移（D）]〈位移〉：指定 1 点为基点

指定第二个点或〈使用第一个点作为位移〉：指定第二个点

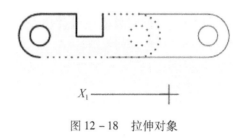

图 12 – 18　拉伸对象

12.3.8　TRIM（修剪）命令

修剪（即部分删除）对象，如要由图 12 – 19 左图实现右图，则可采用修剪命令。

命令：TRIM；按 Enter 键

当前设置：投影 = UCS，边 = 无

选择剪切边 ...

选择对象或〈全部选择〉：找到 1 个（选择圆作为边界，如图 12 – 20 所示）

选择对象：（选择上水平线作为边界，如图 12 – 20 所示）找到 1 个，总计 2 个

选择对象：（选择下水平线作为边界，如图 12 – 20 所示）找到 1 个，总计 3 个

选择对象：（按 Enter 键）

选择要修剪的对象，或按住 Shift 键选择要延伸的对象，或

［栏选（F）/窗交（C）/投影（P）/边（E）/删除（R）/放弃（U）]：（选择上水平线要剪掉的右边部分）

选择要修剪的对象，或按住 Shift 键选择要延伸的对象，或

［栏选（F）/窗交（C）/投影（P）/边（E）/删除（R）/放弃（U）]：（选择下水平线要剪掉的右边部分）

选择要修剪的对象，或按住 Shift 键选择要延伸的对象，或

［栏选（F）/窗交（C）/投影（P）/边（E）/删除（R）/放弃（U）]：（选择圆上要剪掉的部分）

选择要修剪的对象，或按住 Shift 键选择要延伸的对象，或

［栏选（F）/窗交（C）/投影（P）/边（E）/删除（R）/放弃（U）]：按 Enter 键

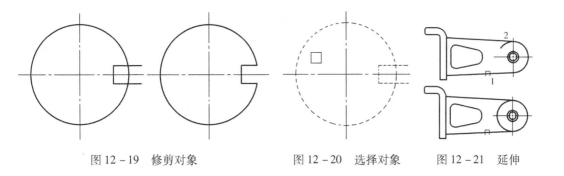

图 12 – 19　修剪对象　　　　图 12 – 20　选择对象　　　图 12 – 21　延伸

12.3.9　EXTEND（延伸）命令

延伸（EXTEND）命令用于将指定的对象延伸到指定的边界上。通常能用延伸（EX-TEND）命令延伸的对象有圆弧、椭圆弧、直线、非封闭的 2D 和 3D 多段线、射线等。

如要由图 12 – 21 上图实现下图，则可采用延伸命令。

● 利用快捷方式激活该命令（图标见图 10 – 6）：

● 命令行输入：EXTEND（或在命令行输入 EX）；按 Enter 键

当前设置：投影 = UCS，边 = 无

选择边界的边...

选择对象或〈全部选择〉：（选择直线 1 作为延伸的边界）找到 1 个

选择对象：按 Enter 键

选择要延伸的对象，或按住 Shift 键选择要修剪的对象，或

［栏选（F）/窗交（C）/投影（P）/边（E）/放弃（U）］：（选择曲线 2 作为要延伸的对象）

选择要延伸的对象，或按住 Shift 键选择要修剪的对象，或

［栏选（F）/窗交（C）/投影（P）/边（E）/放弃（U）］：按 Enter 键

12.3.10　CHAMFER（倒角）命令

用"倒角"工具可以在图形上形成倒角。

● 利用快捷方式激活该命令

● 命令：CHAMFER（或在命令行输入 CHA）；按 Enter 键

（"修剪"模式）当前倒角距离 1 = 0.0，距离 2 = 0.0

选择第一条直线或［放弃（U）/多段线（P）/距离（D）/角度（A）/修剪（T）/方式（E）/多个（M）］：（此时可以对倒角进行距离、角度或模式等的设置，或是在当前倒角距离下选择要倒角的直线）

选择第二条直线，或按住 Shift 键选择要应用角点的直线：（当选择第一条直线时，再选择需倒角的第二条直线）

12.3.11　FILLET（圆角）命令

用"圆角"工具可以在图形上形成圆角。

● 利用快捷方式激活该命令

● 命令：FILLET（或在命令行输入 F）；按 Enter 键

当前设置：模式 = 修剪，半径 = 8.0（反映出当前圆角的模式和半径）

选择第一个对象或［放弃（U）/多段线（P）/半径（R）/修剪（T）/多个（M）］：（选择要倒角的边或是对倒角模式或半径进行修改）

选择第二个对象：（或按住 Shift 键选择要应用角点的对象）

12.3.12 BREAK（打断）命令

打断命令可以把对象上指定两点之间的部分删除，当指定的两点相同时，则对象分解为两个部分，如图 12 – 22 所示。这些对象包括直线、圆弧、圆、多段线、椭圆、样条曲线和圆环等。

● 利用快捷方式激活该命令

● 命令：BR，按 Enter 键

图 12 – 22

12.4 绘制平面图形例一

以图 12 – 23 为例，介绍平面图形的绘制技巧。

12.4.1 设置绘图环境

根据图形的尺寸，可以采用 A4 图幅，以 1∶1 的比例绘图，按第 10 章步骤设置绘图环境，最后把文件另存为"例 1. dwg"。按下"极轴"、"对象捕捉"、"对象追踪"按钮，"对象捕捉"设置为"交点"、"圆心"、"中点"和"垂足"。

12.4.2 画定位基准线

将图层"05"设为当前图层，用直线（LINE）命令画线。

● 命令：LINE（或在命令行输入 L）；按 Enter 键

指定第一点：（鼠标定点点 A）

指定下一点或［放弃（U）］：（鼠标定点点 B）

指定下一点或［放弃（U）］：按 Enter 键

按 Enter 键，重复"直线"命令。

指定第一点：（鼠标定点点 C）

指定下一点或［放弃（U）］：（鼠标定点点 D）

指定下一点或［放弃（U）］：按 Enter 键

结果如图 12 – 24 所示。

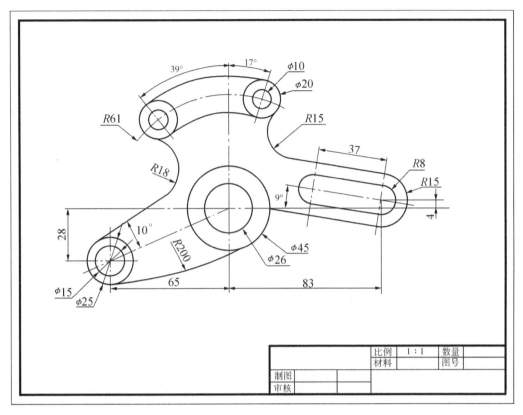

图 12 - 23 平面图形

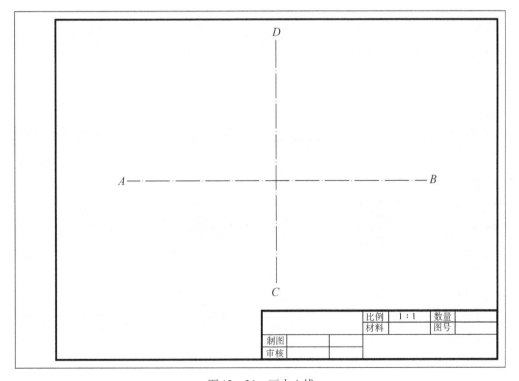

图 12 - 24 画中心线

12.4.3 画轮廓线

12.4.3.1 画中心圆

将图层"01"设为当前图层,用圆(CIRCLE)命令画中心圆。利用快捷方式激活该命令(图标见图 10－5)。

激活该命令

● 命令:CIRCLE(或在命令行输入 C);按 Enter 键

指定圆的圆心或 [三点(3P)/两点(2P)/切点、切点、半径(T)]:(捕捉两中心线的交点为圆心)

指定圆的半径或 [直径(D)]〈22.5〉:12.5;按 Enter 键

同样绘出直径为 45 的圆,如图 12－25 所示。

12.4.3.2 画直径为 10 和 20 的圆及直径为 20 的圆的相切圆

(1)画构造线

将图层"05"设为当前图层,用构造线(XLINE)命令画线。

命令行输入:XL,按 Enter 键

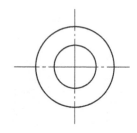

图 12－25　绘圆

指定点或 [水平(H)/垂直(V)/角度(A)/二等分(B)/偏移(O)]:A(输入斜线的角度)

输入构造线的角度(0)或 [参照(R)]:73,按 Enter 键

指定通过点:(选择两条中心线的交点)

指定通过点:按 Enter 键

按回车键,重复"构造线"命令。

命令:XLINE 指定点或 [水平(H)/垂直(V)/角度(A)/二等分(B)/偏移(O)]:A

输入构造线的角度(0)或 [参照(R)]:129,按 Enter 键

指定通过点:(选择两条中心线的交点)

指定通过点:按 Enter 键

如图 12－26 所示。

(2)画两个直径为 10 的圆的圆心所在的圆

● 命令:CIRCLE(或在命令行输入 C);按 Enter 键

指定圆的圆心或 [三点(3P)/两点(2P)/切点、切点、半径(T)]:(捕捉两中心线的交点)

指定圆的半径或 [直径(D)]〈22.5〉:61,按 Enter 键

结果如图 12－26 所示。

(3)画圆

将图层"01"设为当前图层,用圆(CIRCLE)命令画两直径为 10 的圆和它们的同心圆。

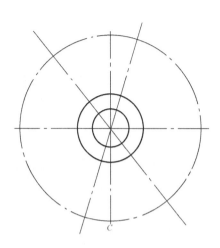

图 12 - 26　画构造线和直径为 122 的圆

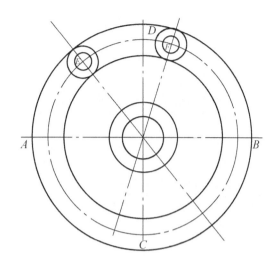

图 12 - 27　画直径为 10 和 20 的圆及直径为
20 的圆的相切圆

● 命令：CIRCLE（或在命令行输入 C）；按 Enter 键

指定圆的圆心或［三点（3P）/两点（2P）/切点、切点、半径（T）］：（捕捉点 E）

指定圆的半径或［直径（D）］〈22.5〉：5，按 Enter 键

如图 12 - 27 所示，按回车键重复画圆的命令：

命令：CIRCLE，按 Enter 键

指定圆的圆心或［三点（3P）/两点（2P）/切点、切点、半径（T）］：（捕捉点 F）

指定圆的半径或［直径（D）］〈22.5〉：5，按 Enter 键

如图 12 - 27 所示，按回车键重复画圆的命令：

指定圆的圆心或［三点（3P）/两点（2P）/切点、切点、半径（T）］：（捕捉点 E）

指定圆的半径或［直径（D）］〈22.5〉：10，按 Enter 键

如图 12 - 27 所示，按回车键重复画圆的命令：

命令：CIRCLE

指定圆的圆心或［三点（3P）/两点（2P）/切点、切点、半径（T）］：（捕捉点 F）

指定圆的半径或［直径（D）］〈22.5〉：10，按 Enter 键

如图 12 - 27 所示，按回车键重复画圆的命令：

指定圆的圆心或［三点（3P）/两点（2P）/切点、切点、半径（T）］：（捕捉两中心线的交点）

指定圆的半径或［直径（D）］〈22.5〉：71，按 Enter 键

如图 12 - 27 所示，重复画圆的命令：

指定圆的圆心或［三点（3P）/两点（2P）/切点、切点、半径（T）］：（捕捉两中心线的交点）

指定圆的半径或［直径（D）］〈22.5〉：51，按 Enter 键

结果如图 12 – 27 所示。

（4）修剪多余线条

用 TRIM 命令修剪图 12 – 27 中多余的线条：

● 命令：TRIM（或在命令行输入 TR）；按 Enter 键

当前设置：投影 = UCS，边 = 无

选择剪切边...

选择对象或〈全部选择〉：找到 1 个（选择直径为 10 的圆，如图 12 – 28 所示）

选择对象：找到 1 个，总计 2 个（选择直径为 10 的圆，如图 12 – 28 所示）

选择对象：找到 2 个，总计 3 个（选择直径为 25 的圆，如图 12 – 28 所示）

选择对象：按 Enter 键

选择要修剪的对象，或按住 Shift 键选择要延伸的对象，或

［栏选（F）/窗交（C）/投影（P）/边（E）/删除（R）/放弃（U）］：（选择直径为 51 的圆要被剪掉的部分）

选择要修剪的对象，或按住 Shift 键选择要延伸的对象，或

［栏选（F）/窗交（C）/投影（P）/边（E）/删除（R）/放弃（U）］：（选择直径为 51 的圆要被剪掉的部分）

选择要修剪的对象，或按住 Shift 键选择要延伸的对象，或

［栏选（F）/窗交（C）/投影（P）/边（E）/删除（R）/放弃（U）］：（选择半径为 61 的圆要被剪掉的部分）

选择要修剪的对象，或按住 Shift 键选择要延伸的对象，或

［栏选（F）/窗交（C）/投影（P）/边（E）/删除（R）/放弃（U）］：（以直径 10 的圆为边界选择其中一条构造线要被剪掉的上部分）

选择要修剪的对象，或按住 Shift 键选择要延伸的对象，或

［栏选（F）/窗交（C）/投影（P）/边（E）/删除（R）/放弃（U）］：（以直径 10 的圆为边界选择其中另外一条构造线要被剪掉的上部分）

选择要修剪的对象，或按住 Shift 键选择要延伸的对象，或

［栏选（F）/窗交（C）/投影（P）/边（E）/删除（R）/放弃（U）］：（以直径为 25 的圆为边界选择其中一条构造线要被剪掉的下部分）

选择要修剪的对象，或按住 Shift 键选择要延伸的对象，或

［栏选（F）/窗交（C）/投影（P）/边（E）/删除（R）/放弃（U）］：（以直径为 25 的圆为边界选择其中一条构造线要被剪掉的下部分）

选择要修剪的对象，或按住 Shift 键选择要延伸的对象，或

［栏选（F）/窗交（C）/投影（P）/边（E）/删除（R）/放弃（U）］：按 Enter 键

完成后如图 12 – 29 所示。

12.4.3.3　画直径为 15 和 25 的圆

（1）确定两圆的圆心

● 命令：OFFSET（或在命令行输入 O）；按 Enter 键

当前设置：删除源 = 否　图层 = 源　OFFSETGAPTYPE = 0

指定偏移距离或［通过（T）/删除（E）/图层（L）］〈5.0〉：65，按 Enter 键

选择要偏移的对象，或［退出（E）/放弃（U）］〈退出〉：（选择中心线 CD）

指定要偏移的那一侧上的点，或［退出（E）/多个（M）/放弃（U）］〈退出〉：（在 CD 左侧单击鼠标）

选择要偏移的对象，或［退出（E）/放弃（U）］〈退出〉：按 Enter 键

命令：OFFSET，按 Enter 键

当前设置：删除源 = 否　图层 = 源　OFFSETGAPTYPE = 0

指定偏移距离或［通过（T）/删除（E）/图层（L）］〈5.0〉：28，按 Enter 键

选择要偏移的对象，或［退出（E）/放弃（U）］〈退出〉：（选择中心线 AB）

指定要偏移的那一侧上的点，或［退出（E）/多个（M）/放弃（U）］〈退出〉：（在 AB 下侧单击鼠标）

选择要偏移的对象，或［退出（E）/放弃（U）］〈退出〉：按 Enter 键

结果如图 12 - 30 所示。

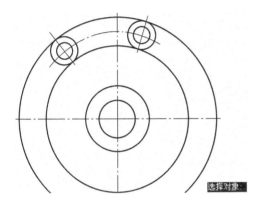

图 12 - 28　修剪多余线条

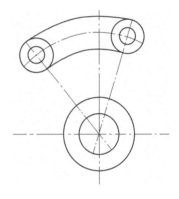

图 12 - 29　修剪完成后的图形

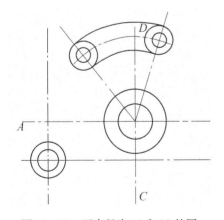

图 12 - 30　画直径为 15 和 25 的圆

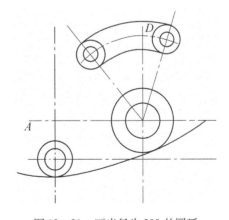

图 12 - 31　画半径为 200 的圆弧

（2）画圆

● 命令：CIRCLE（或在命令行输入 C）；按 Enter 键

指定圆的圆心或［三点（3P）/两点（2P）/切点、切点、半径（T）］：（捕捉点 M）

指定圆的半径或［直径（D）］〈22.5〉：7.5，按 Enter 键

如图 12 - 30 所示，按回车键重复画圆的命令：

指定圆的圆心或［三点（3P）/两点（2P）/切点、切点、半径（T）］：（捕捉点 M）

指定圆的半径或［直径（D）］〈22.5〉：12.5，按 Enter 键

如图 12 - 30 所示，按回车键重复画圆的命令：

指定圆的圆心或［三点（3P）/两点（2P）/切点、切点、半径（T）］：T（以切点、切点、半径的方式画圆）

指定对象与圆的第一个切点：（鼠标移动到直径为 45 的圆右下半部分，出现切点的符号，如图 12 - 30 所示）

指定对象与圆的第二个切点：（鼠标移动到直径为 25 的圆右下半部分，出现切点的符号）

指定圆的半径〈120.0〉：200，按 Enter 键

结果如图 12 - 31 所示。

（3）修剪半径为 200 的圆

● 命令：TRIM（或在命令行输入 TR）；按 Enter 键

当前设置：投影 = UCS，边 = 无

选择剪切边 …

选择对象或〈全部选择〉：找到 1 个（选择左侧直径为 25 的圆）

选择对象：找到 1 个，总计 2 个（选择右侧直径为 45 的圆），如图 12 - 32 所示

选择对象：按 Enter 键

选择要修剪的对象，或按住 Shift 键选择要延伸的对象，或

［栏选（F）/窗交（C）/投影（P）/边（E）/删除（R）/放弃（U）］：（选择半径为 200 的圆要被剪掉的上半部分）

选择要修剪的对象，或按住 Shift 键选择要延伸的对象，或

［栏选（F）/窗交（C）/投影（P）/边（E）/删除（R）/放弃（U）］：（由中心线 AB 偏移得到的中心线的右部分）

选择要修剪的对象，或按住 Shift 键选择要延伸的对象，或

［栏选（F）/窗交（C）/投影（P）/边（E）/删除（R）/放弃（U）］：（由中心线 AB 偏移得到的中心线的左部分）

选择要修剪的对象，或按住 Shift 键选择要延伸的对象，或

［栏选（F）/窗交（C）/投影（P）/边（E）/删除（R）/放弃（U）］：（由中心线 CD 偏移得到的中心线的上部分）

选择要修剪的对象，或按住 Shift 键选择要延伸的对象，或

［栏选（F）/窗交（C）/投影（P）/边（E）/删除（R）/放弃（U）］：（由中心线

CD 偏移得到的中心线的下部分）

选择要修剪的对象，或按住 Shift 键选择要延伸的对象，或

［栏选（F）/窗交（C）/投影（P）/边（E）/删除（R）/放弃（U）］：按 Enter 键

如图 12 – 33 图所示。

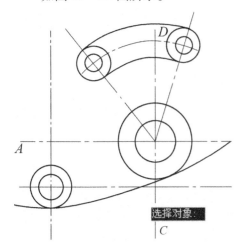

图 12 – 32 选择修剪边界

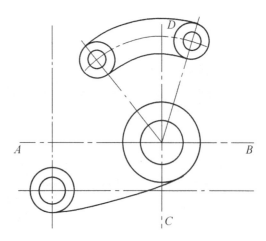

图 12 – 33 修剪半径为 200 的圆弧

（4）画直径为 25 的圆的切线

将图层"05"设为当前图层。

● 命令行输入：L（LINE），按 Enter 键

指定第一点：（鼠标捕捉点 *M*）

指定下一点或［放弃（U）］：（鼠标捕捉点 *N*）

指定下一点或［放弃（U）］：按 Enter 键

如图 12 – 34 所示。将图层"01"设为当前图层。

命令：XL（XLINE），按 Enter 键

指定点或［水平（H）/垂直（V）/角度（A）/二等分（B）/偏移（O）］：A（输入斜线的角度）

输入构造线的角度（0）或［参照（R）］：R（以参照的方式输入构造线的相对角度）

选择直线对象：（选择直线 *MN*）

输入构造线的角度〈0〉：10（输入相对角度）

指定通过点：（捕捉 *M* 点）

指定通过点：（按 Enter 键）

如图 12 – 34 所示，再偏移构造线得到直径为 25 的圆的切线。

命令：O（OFFSET），按 Enter 键

当前设置：删除源 = 否 图层 = 源 OFFSETGAPTYPE = 0

指定偏移距离或［通过（T）/删除（E）/图层（L）］〈28.0〉：12.5（输入偏移距离）

选择要偏移的对象，或［退出（E）/放弃（U）］〈退出〉：（选择刚绘制的构造线）

指定要偏移的那一侧上的点，或［退出（E）/多个（M）/放弃（U）］〈退出〉：（在构造线的上部分单击鼠标左键）

选择要偏移的对象，或［退出（E）/放弃（U）］〈退出〉：按 Enter 键

如图 12－34 所示，得到圆的切线。

（5）编辑多余线条

删除过点 M 的构造线，激活删除命令：

● 命令行输入：Erase（或在命令行输入 E）；按 Enter 键

选择对象：找到 1 个（选择过点 M 的构造线）

选择对象：按 Enter 键

修剪作为切线的构造线。

● 命令：TRIM（或在命令行输入 TR）；按 Enter 键

当前设置：投影＝UCS，边＝无

选择剪切边…

选择对象或〈全部选择〉：找到 1 个（选择直径为 25 的圆作为参照对象）

选择对象：按 Enter 键

选择要修剪的对象，或按住 Shift 键选择要延伸的对象，或

［栏选（F）/窗交（C）/投影（P）/边（E）/删除（R）/放弃（U）］：（选择构造线要被剪掉的部分）

选择要修剪的对象，或按住 Shift 键选择要延伸的对象，或

［栏选（F）/窗交（C）/投影（P）/边（E）/删除（R）/放弃（U）］：按 Enter 键

结果如图 12－35 所示。

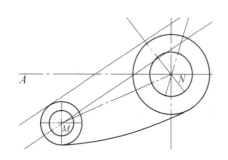

图 12－34　画直径为 25 的圆的切线

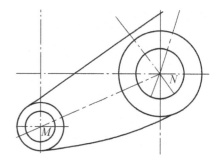

图 12－35　删除过 M 点的构造线

（6）绘半径为 17 的圆弧

● 命令：FILLET（或在命令行输入 F）；按 Enter 键

当前设置：模式 ＝ 修剪，半径 ＝ 15.0

选择第一个对象或［放弃（U）/多段线（P）/半径（R）/修剪（T）/多个（M）］：r

指定圆角半径〈15.0〉：17（按 Enter 键）

选择第一个对象或［放弃（U）/多段线（P）/半径（R）/修剪（T）/多个（M）］：

（选择直径为 20 的圆）

选择第二个对象，或按 Shift 键选择要应用角点的对象：（选择切线）

结果如图 12 – 36 所示。

12.4.3.4　绘制右倾斜部分的图形

（1）偏移中心线

● 命令：OFFSET（或在命令行输入 O）；按 Enter 键

当前设置：删除源 = 否　图层 = 源　OFFSETGAP-TYPE = 0

指定偏移距离或［通过（T）/删除（E）/图层（L）］〈4.0〉：83，按 Enter 键

选择要偏移的对象，或［退出（E）/放弃（U）］〈退出〉：（选择中心线 AB）

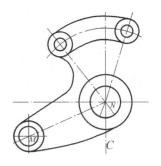

图 12 – 36　绘半径为 17 的圆弧

指定要偏移的那一侧上的点，或［退出（E）/多个（M）/放弃（U）］〈退出〉：（在 AB 右侧单击鼠标左键）

选择要偏移的对象，或［退出（E）/放弃（U）］〈退出〉：按 Enter 键

按回车键，重复"偏移命令"：

当前设置：删除源 = 否　图层 = 源　OFFSETGAPTYPE = 0

指定偏移距离或［通过（T）/删除（E）/图层（L）］〈4.0〉：4，按 Enter 键

选择要偏移的对象，或［退出（E）/放弃（U）］〈退出〉：（选择中心线 CD）

指定要偏移的那一侧上的点，或［退出（E）/多个（M）/放弃（U）］〈退出〉：（在 CD 上侧单击鼠标左键）

选择要偏移的对象，或［退出（E）/放弃（U）］〈退出〉：按 Enter 键

结果如图 12 – 37 所示。

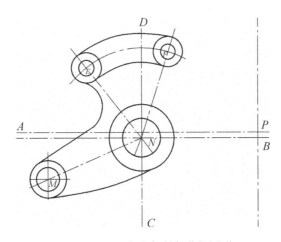

图 12 – 37　绘制右倾斜部分的图形

（2）旋转中心线

旋转上一步得到的中心线，以得到倾斜槽形孔的中心线。

调用该命令的方式如下：

● 命令：ROTATE（或在命令行输入 RO）；按 Enter 键

UCS 当前的正角方向： ANGDIR = 逆时针 ANGBASE = 0

选择对象：找到 1 个（选择过点 P 的一条中心线）

选择对象：找到 1 个，总计 2 个（选择过点 P 的另一条中心线）

选择对象：按 Enter 键

指定基点：（选择点 P 为旋转基点）

指定旋转角度，或［复制（C）/参照（R）］〈0〉：－9，按 Enter 键（输入旋转角度）

结果如图 12－38 所示。

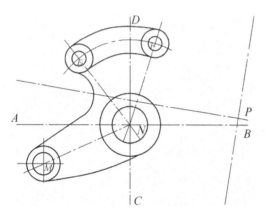

图 12－38 旋转中心线

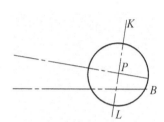

图 12－39 绘制半径为 8 的圆

（3）绘制半径为 8 的圆

将当前图层设为"01 层"，过点 P 绘制半径为 8 的圆。

● 命令：CIRCLE（或在命令行输入 C）；按 Enter 键

指定圆的圆心或［三点（3P）/两点（2P）/切点、切点、半径（T）］：（鼠标捕捉点 P）

指定圆的半径或［直径（D）］：8，按 Enter 键

结果如图 12－39 所示。

（4）修剪中心线

用 BREAK 命令打断半径为 8 的圆的一条中心线。

● 命令：BREAK（或在命令行输入 BR）；按 Enter 键

选择对象：（在点 K 附近单击鼠标左键，缺省作为打断的第一点）

指定第二个打断点 或［第一点（F）］：（远离点 K 在其上方单击鼠标左键）

按回车键重复"打断"命令。

选择对象：（在点 L 附近单击鼠标左键，缺省作为打断的第一点）

指定第二个打断点 或［第一点（F）］：（远离点 L 在其下方单击鼠标左键）

结果如图 12－40 所示。

（5）绘制另外一个半径为 8 的圆

● 命令：OFFSET（或在命令行输入 O）；按 Enter 键

当前设置：删除源＝否　图层＝源　OFFSETGAPTYPE＝0

指定偏移距离或［通过（T）/删除（E）/图层（L）］〈83.0〉：37，按 Enter 键

选择要偏移的对象，或［退出（E）/放弃（U）］〈退出〉：（选取中心线 *KL*）

指定要偏移的那一侧上的点，或［退出（E）/多个（M）/放弃（U）］〈退出〉：（在 *KL* 要偏移的一侧单击鼠标左键）

选择要偏移的对象，或［退出（E）/放弃（U）］〈退出〉：按 Enter 键

命令：C（CIRCLE），按 Enter 键

指定圆的圆心或［三点（3P）/两点（2P）/切点、切点、半径（T）］：（鼠标捕捉点 *O*）

指定圆的半径或［直径（D）］〈8.0〉：按 Enter 键（系统会把上一步所绘圆的半径设为缺省值）

结果如图 12 – 40 所示。

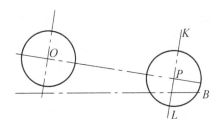

图 12 – 40　绘制另一半径为 8 的圆

（6）绘制两圆的切线

● 命令：LINE（或在命令行输入 L）；按 Enter 键

指定第一点：tan（捕捉切点）

到（鼠标移动到第一个圆的附近，当出现"递延切点"的标志时，单击鼠标左键，如图 12 – 41 所示）

指定下一点或［放弃（U）］：tan（捕捉切点）

到（鼠标移动到第二个圆的附近，当出现"递延切点"的标志时，单击鼠标左键）

指定下一点或［放弃（U）］：（按 Enter 键）

重复绘制第二条切线，如图 12 – 42 所示。

（7）修剪两圆

●命令：TRIM（或在命令行输入 TR）；按 Enter 键

命令：TR

当前设置：投影＝UCS，边＝无

选择剪切边…

选择对象或〈全部选择〉：找到 1 个（选取一条切线为参照对象）

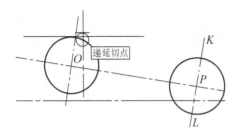

图 12-41　捕捉切点

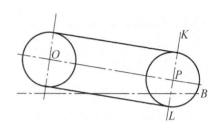

图 12-42　绘制切线

选择对象：找到 1 个，总计 2 个（选取另外一条切线为参照对象）

选择对象：按 Enter 键

选择要修剪的对象，或按住 Shift 键选择要延伸的对象，或

［栏选（F）/窗交（C）/投影（P）/边（E）/删除（R）/放弃（U）］：（在圆上要被修剪的部位单击鼠标左键）

选择要修剪的对象，或按住 Shift 键选择要延伸的对象，或

［栏选（F）/窗交（C）/投影（P）/边（E）/删除（R）/放弃（U）］：（在圆上要被修剪的部位单击鼠标左键）

选择要修剪的对象，或按住 Shift 键选择要延伸的对象，或

［栏选（F）/窗交（C）/投影（P）/边（E）/删除（R）/放弃（U）］：按 Enter 键

结果如图 12-43 所示。

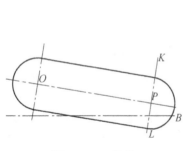

图 12-43　修剪

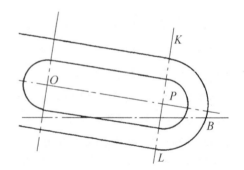

图 12-44　绘制外围轮廓

（8）偏移槽形孔得到外围轮廓

● 命令：OFFSET（或在命令行输入 O）；按 Enter 键

当前设置：删除源 = 否　图层 = 源　OFFSETGAPTYPE = 0

指定偏移距离或［通过（T）/删除（E）/图层（L）］〈11.0〉：6，按 Enter 键

选择要偏移的对象，或［退出（E）/放弃（U）］〈退出〉：（选择第 7 步得到的上面切线）

指定要偏移的那一侧上的点，或［退出（E）/多个（M）/放弃（U）］〈退出〉：（在切线右上部单击鼠标左键）

选择要偏移的对象，或［退出（E）/放弃（U）］〈退出〉：（选择第 7 步得到的下面切线）

指定要偏移的那一侧上的点，或［退出（E）/多个（M）/放弃（U）］〈退出〉：（在切线左下部单击鼠标左键）

选择要偏移的对象，或［退出（E）/放弃（U）］〈退出〉：（选择第 7 步得到圆弧 *KL*）

指定要偏移的那一侧上的点，或［退出（E）/多个（M）/放弃（U）］〈退出〉：（在圆弧外侧单击鼠标左键）

选择要偏移的对象，或［退出（E）/放弃（U）］〈退出〉：按 Enter 键

结果如图 12 -44 所示。

（9）绘制半径为 15 的连接弧

● 命令：FILLET（或在命令行输入 F）；按 Enter 键

当前设置：模式 = 修剪，半径 = 17.0

选择第一个对象或［放弃（U）/多段线（P）/半径（R）/修剪（T）/多个（M）］：r

指定圆角半径〈17.0〉：15，按 Enter 键

选择第一个对象或［放弃（U）/多段线（P）/半径（R）/修剪（T）/多个（M）］：（选取切线的偏移线）

选择第二个对象，或按住 Shift 键选择要应用角点的对象：（选取直径为 20 的圆）

结果如图 12 -45 所示。

（10）延伸切线

采用延伸命令修改下边切线的偏移线，调用命令如下：

● 命令：EXTEND（或在命令行输入 EX）；按 Enter 键

当前设置：投影 = UCS，边 = 无

选择边界的边 ...

选择对象或〈全部选择〉：找到 1 个（选取直径为 45 的圆）

选择对象：按 Enter 键

选择要延伸的对象，或按住 Shift 键选择要修剪的对象，或

［栏选（F）/窗交（C）/投影（P）/边（E）/放弃（U）］：（选取需要被延伸的线）

选择要延伸的对象，或按住 Shift 键选择要修剪的对象，或

［栏选（F）/窗交（C）/投影（P）/边（E）/放弃（U）］：按 Enter 键

结果如图 12 -45 所示。

12.4.3.5 修饰图形

按照尺寸完成图形后，需要对一些不合要求的线型、中心线的长度按照国标的要求进行修饰，以得到合格的图形。上图在修饰后如图 12 -46 所示。

12.4.4 标注尺寸

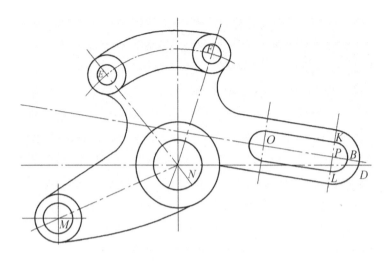

图 12-45 绘制半径为 15 的连接弧

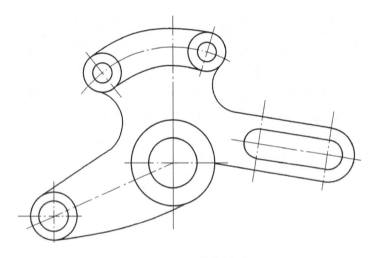

图 12-46 修饰图形

12.4.4.1 尺寸标注样式的设置

尺寸标注是绘图设计工作中的一项重要内容，AutoCAD 2008 包含了一套完整的尺寸标注命令和实用程序，用户使用它们可以完成图纸要求的尺寸标注。要正确标注尺寸，应根据国标的要求设置各尺寸要素的大小、标注的型式。

标注样式（Dimension Style）用于控制标注的格式和外观，AutoCAD 中的标注均与一定的标注样式相关联。

通过标注样式，用户可进行如下定义：

① 尺寸线、尺寸界线、箭头和圆心标记的格式和位置。

② 标注文字的外观、位置。

③ AutoCAD 放置文字和尺寸线的管理规则。

④ 全局标注比例。

⑤ 主单位、换算单位和角度标注单位的格式和精度。

⑥ 公差值的格式和精度。

在 AutoCAD 中用户可通过"标注样式管理器（Dimension Style Manger）"来创建新的标注样式或对标注样式进行修改和管理。命令调用可以采用以下几种方式：

● 单击下拉菜单"格式（O）"→"标注样式（D）"；

● 单击"样式"工具栏中的 ⊿ 按钮；

● 命令行输入：DIMSTYLE，按 Enter 键

打开"标注样式管理器"对话框，如图 12 - 47 所示。

（1）建立机械总样式

现建立一个标注机械图的尺寸标注样式。单击【新建】按钮，打开"创建新标注样式"对话框，在"新样式名"下侧输入"机械"，如图 12 - 48 所示。

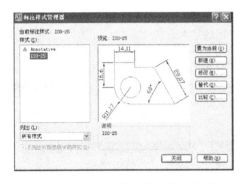

图 12 - 47　"标注样式管理器"对话框

图 12 - 48　"创建新标注样式"对话框

单击 继续 按钮，打开"新建标注样式：机械"对话框，如图 12 - 49 所示。

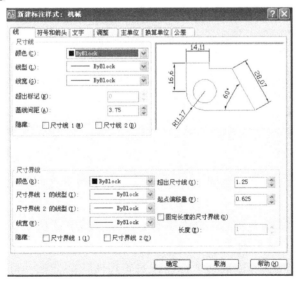

图 12 - 49　"新建标注样式：机械"对话框

尺寸标注，通常都是由图 12 - 50 所示的几种基本元素所构成的。

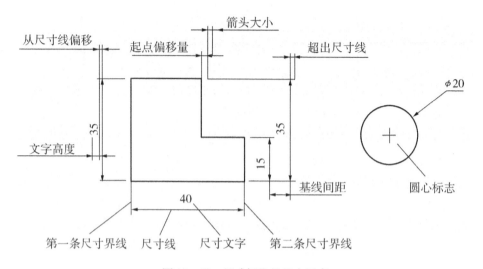

图 12 - 50　尺寸标注的基本元素

单击【线】选项，各项修改如图 12 - 51 所示（画圈的地方表示要修改的地方），各参数的含义如图 12 - 50 所示。单击【符号和箭头】选项，修改如图 12 - 52 所示，各参数含义如图 12 - 50。

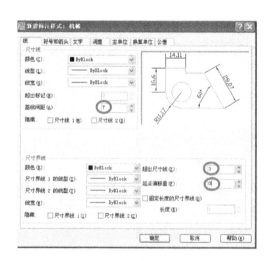

图 12 - 51　【线】选项

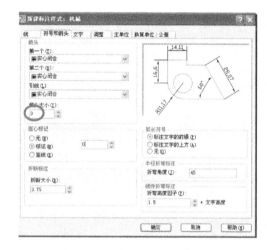

图 12 - 52　【符号和箭头】选项

单击【文字】选项，修改如图 12 - 53 所示，各参数含义如图 12 - 50。单击【调整】选项，修改如图 12 - 54 所示，各参数含义如图 12 - 50。

单击【主单位】选项，各参数修改如图 12 - 55，其中"精度"栏的修改可根据具体图纸标注的尺寸的特点去修改。

单击 确定 按钮，返回到"标注样式管理器"对话框，可以看到新增加一个名为"机械"的样式。如图 12 - 56 所示。

（2）角度标注子样式

在机械制图尺寸标注时，对角度、半径、直径、引线标注时，它们的型式有些差别，

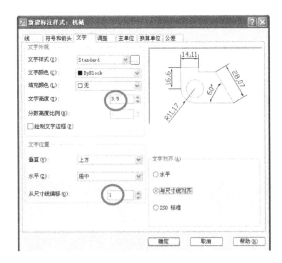

图 12 - 53　【文字】选项

图 12 - 54　【调整】选项

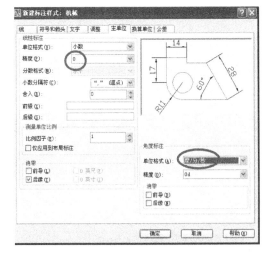

图 12 - 55　【主单位】选项

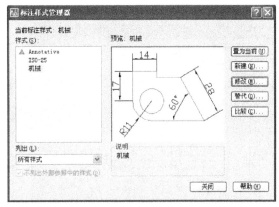

图 12 - 56　"标注样式管理器"对话框

因此需针对每一个子类型设置参数。

选择"机械"样式，单击 新建(N)... 按钮，打开"创建新标注样式"对话框，在对话框中【用于】右侧的下拉列表内选择"角度标注"，如图 12 - 57 所示。

单击 继续 按钮，打开"新建标注样式：机械：角度"对话框。角度标注子类型继承了父类型（机械）的所有设置，这样它的参数大部分无须调整。制图国标规定角度标注的文字是水平书写的，所以要调整有关"文字"的参数，单击【文字】选项，各参数修改如图 12 - 58 所示。

单击 确定 按钮，返回到"标注样式管理器"对话框，可以看到在"机械"样式下新增加了一个"角度"子样。如图 12 - 59 所示。

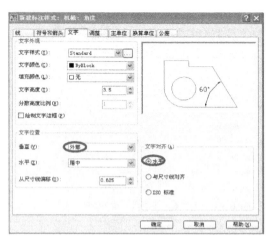

图 12 – 58 "新建标注样式：机械：线性"
对话框——【文字】选项

图 12 – 57 "创建新标注样式"对话框

（3）半径标注子样式

选择"机械"样式，单击 新建(N)... 按钮，打开"创建新标注样式"对话框，在对话框中【用于】右侧的下拉列表内选择"半径标注"，如图 12 – 60 所示。

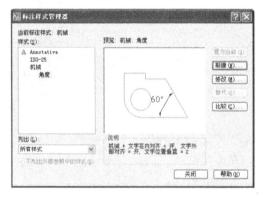

图 12 – 59 "标注样式管理器"对话框

图 12 – 60 "创建新标注样式"对话框

制图中半径的标注有几种形式，如图 12 – 61 所示。

采用图 12 – 61a、b 两种形式，则用尺寸标注的总体样式就能实现，若采用图 12 – 61c 的样式，则需另外设置半径标注的子样式，此处我们采用图 12 – 61c 所示的样式。

单击 继续 按钮，打开"新建标注样式：机械：半径"对话框。半径标注子类型也继承了父类型（机械）的所有设置，这样它的参数大部分无须调整。只需对【符号和箭头】选项、【文字】选项、【调整】选项作出修改，分别如图 12 – 62、12 – 63 和12 – 64 所示。

（4）直径标注的子样式

制图中常见的直径标注有图 12 – 65 几种形式。

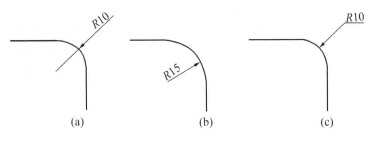

图 12 – 61　半径标注的形式

图 12 – 62　"新建标注样式：机械：半径"
对话框——【符号和箭头】选项

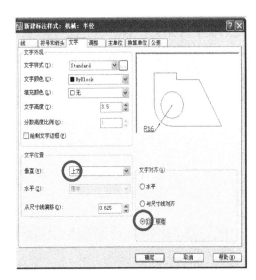

图 12 – 63　"新建标注样式：机械：半径"
对话框——【文字】选项

图 12 – 64　"新建标注样式：机械：半径"对话框——【调整】选项

　　选择"机械"样式，单击 新建(N)... 按钮，打开"创建新标注样式"对话框，在

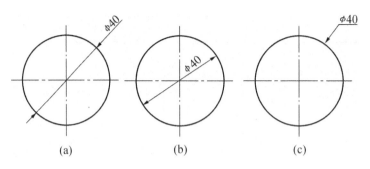

图 12 - 65　直径标注的形式

对话框中【用于】右侧的下拉列表内选择"直径标注"，如图 12 - 66 所示。

单击 继续 按钮，打开"新建标注样式：机械：直径"对话框。直径标注子类型也继承了父类型（机械）的所有设置，这样它的参数大部分无须调整。当我们采用图 12 -65a、b 所示的标注形式时，需设置【调整】选项，如图 12 - 67 所示。

图 12 - 66　"创建新标注样式"对话框

图 12 - 67　"新建标注样式：机械：直径"对话框——【调整】选项

当我们采用图 12 -65c 所示的标注形式时，需设置【文字】和【调整】选项，如图 12 -68 和图 12 -69 所示。

12.4.4.2　尺寸标注

AutoCAD 提供了众多的尺寸标注命令，使用户可以对长度、半径、直径等进行标注，尺寸标注工具栏如图 12 -70 所示。

（1）长度型尺寸标注

长度型尺寸标注是指在两个点之间的一组标注，这些点可以是端点、交点、圆弧端点或者是用户能识别的任意两个点。

它包括了众多的类型，常用的有水平标注、垂直标注、连续标注、基线标注等。

① 水平标注和垂直标注

图 12 – 68　"新建标注样式：机械：直径"
对话框——【文字】选项

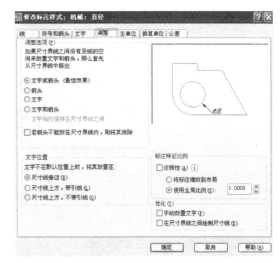

图 12 – 69　"新建标注样式：机械：直径"
对话框——【调整】选项

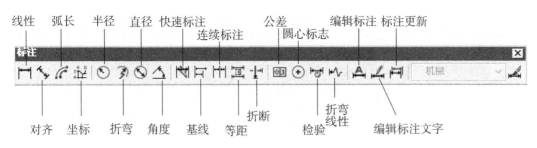

图 12 – 70　尺寸标注工具栏

该命令使用户标注水平、垂直和旋转尺寸命令激活如下：

● 单击"标注"工具栏中的按钮。

命令：_ dimlinear

指定第一条延伸线原点或〈选择对象〉：（选择点 A）

指定第二条延伸线原点：（选择点 M）

指定尺寸线位置或

[多行文字（M）/文字（T）/角度（A）/水平（H）/垂直（V）/旋转（R）]：（在尺寸数字放置的位置单击鼠标左键）

标注文字 = 28

结果如图 12 – 71 所示。

该命令的几个选项意义如下："多行文字（M）"显示为文字编辑器，可用它来编辑标注文字，要添加前缀或后缀，可在生成的测量值前后输入前缀或后缀；"文字（T）"自定义标注文字；"角度（A）"用于改变尺寸文本的角度；"水平（H）"用来标注水平尺寸；"垂直（H）"用来标注垂直尺寸；"旋转（R）"用来按指定的角度旋转尺寸线。

② 连续尺寸标注

用户可以方便迅速地标注同一列（行）上的尺寸。使用方法是先使用线性标注定义一组标注，然后用连续标注命令来把一串连续尺寸排成一行。

如图 12 - 71 先利用"线性"标注标注出水平尺寸"65"，再激活"连续标注"，命令调用如下：

● 单击"标注"工具栏中的 ┣┿┫按钮。

命令：_ dimcontinue

指定第二条延伸线原点或［放弃（U）/选择（S）］〈选择〉：（在点 M 处单击鼠标左键）

标注文字 = 83

指定第二条延伸线原点或［放弃（U）/选择（S）］〈选择〉：按 Enter 键

选择连续标注：按 Enter 键

如图 12 - 71 所示。

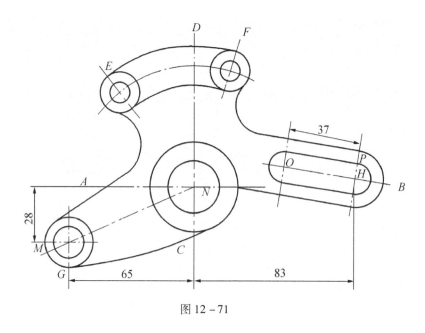

图 12 - 71

③ 对齐标注

该命令可以标注一条与两个尺寸界线的起点平行的尺寸线。如果按回车键选取要标注尺寸的对象，标出的尺寸线就与该对象平行。命令调用如下：

● 单击"标注"工具栏中的 ↖按钮；

命令：_ dimaligned

指定第一条延伸线原点或〈选择对象〉：（选择点 O）

指定第二条延伸线原点：（选择点 P）

指定尺寸线位置或

［多行文字（M）/文字（T）/角度（A）］：（在尺寸数字放置的位置单击鼠标左键）

标注文字 = 37

结果如图 12 – 71 所示。

"多行文字（M）"、"文字（T）"、"角度（A）"的意义与"线性标注"一致。

④ 基线标注

所谓基线是指任何尺寸标注的尺寸界线，用户可以利用基线标注来标出一个零件的各个特征。使用方法是先使用线性标注定义一组标注，然后用基线标注命令来把一串连续尺寸排成一行。

如图 12 – 72 先利用"线性"标注标注出水平尺寸"30"，再激活"基线标注"，命令调用如下：

● 单击"标注"工具栏中的 按钮；

命令：_ dimbaseline

指定第二条延伸线原点或［放弃（U）/选择（S）］〈选择〉：（选择点 3）

标注文字 = 70

指定第二条延伸线原点或［放弃（U）/选择（S）］〈选择〉：（选择点 4）

标注文字 = 95

指定第二条延伸线原点或［放弃（U）/选择（S）］〈选择〉：（选择点 5）

标注文字 = 135

指定第二条延伸线原点或［放弃（U）/选择（S）］〈选择〉：按 Enter 键

选择基准标注。

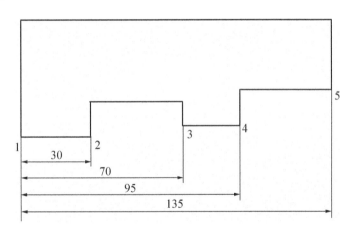

图 12 – 72

（2）标注半径和直径

① 半径标注

命令调用如下：

● 单击"标注"工具栏中的 按钮；

命令：_ dimradius

选择圆弧或圆：（选择弧 1）

标注文字 = 15

指定尺寸线位置或［多行文字（M）/文字（T）/角度（A）］：按 Enter 键

如图 12 - 73 所示。

（2）直径标注

命令调用如下：

●单击"标注"工具栏中的 按钮。

命令：＿dimdiameter

选择圆弧或圆：（选择圆 2）

标注文字 ＝ 10

指定尺寸线位置或［多行文字（M）/文字（T）/角度（A）］：

结果如图 12 - 73 所示。

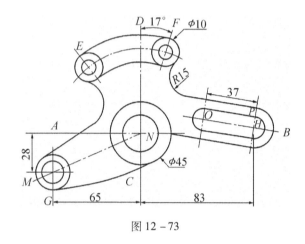

图 12 - 73

（3）标注角度

该命令用于测量两个对象之间的夹角，用户可以通过选取两个对象或指定 3 个点来计算夹角。命令调用如下：

●单击"标注"工具栏中的 按钮。

命令：＿dimangular

选择圆弧、圆、直线或〈指定顶点〉：（选择直线 NF）

选择第二条直线：（选择直线 ND）

指定标注弧线位置或［多行文字（M）/文字（T）/角度（A）/象限点（Q）］：（在尺寸数字放置的位置单击鼠标左键）

标注文字 ＝ 17d

如图 12 - 73 所示。用上面所述的几种标注方法，标注出所有的尺寸，如图 12 - 23 所示。

（4）引线注释图形

用引线来指示一个特征，然后给出关于它的信息。与尺寸标注命令不同，引线并不测量距离。一条引线由一个箭头、一条直线段或一个样条及一条被称为平均线的水平线组成。注释文本一般在引线末端给出。

12.5　绘制平面图形实例二

绘制图 12 - 74 所示的平面图形。

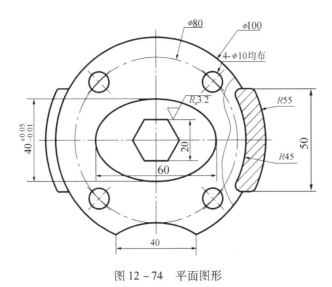

图 12 - 74　平面图形

12.5.1　设置绘图环境

根据图形的尺寸，可以采用 A4 图幅，以 1∶1 的比例绘图，按第 11 章步聚设置绘图环境，最后把文件另存为"图 2. dwg"。按下"极轴"、"对象捕捉"、"对象追踪"按钮，"对象捕捉"设置为捕捉"交点"、"圆心"、"中点"和"垂足"。

12.5.2　画定位基准线

将图层"05"设为当前图层，用直线（LINE）命令画线。

激活该命令：

●命令：LINE（或在命令行输入 L）；按 Enter 键

指定第一点：（鼠标定点 A）

指定下一点或［放弃（U）］：120，按 Enter 键

指定下一点或［放弃（U）］：按 Enter 键

按回车键，重复"直线"命令。

指定第一点：（鼠标定点 C）

指定下一点或［放弃（U）］：110，按 Enter 键

指定下一点或［放弃（U）］：按 Enter 键

结果如图 12 - 75 所示。

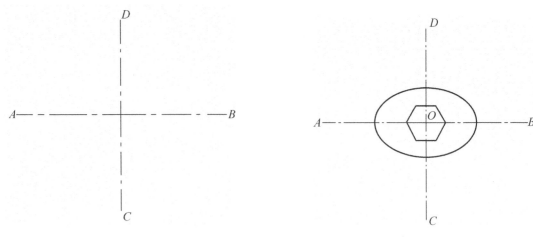

图 12 – 75　画中心线　　　　　　　　　图 12 – 76　画正六边形和椭圆

12.5.3　画轮廓

12.5.3.1　绘制中心的正六边形和椭圆

将图层"01"置为当前层，激活"多边形"命令绘制正六边形。

● 命令：POLYGON（或在命令行输入 POL），按 Enter 键

POLYGON 输入边的数目〈4〉：6，按 Enter 键（输入多边形的边的数目）

指定正多边形的中心点或 ［边（E）］：（鼠标捕捉中心线 AB 和 CD 的交点 O）

输入选项 ［内接于圆（I）/外切于圆（C）］〈I〉：C（以正六边形外切于某一个圆的方式绘正六边形）

指定圆的半径：20，按 Enter 键

如图 12 – 76 所示。

激活"椭圆"的命令：

● 命令行输入：ELLIPSE（或在命令行输入 EL）；按 Enter 键

指定椭圆的轴端点或 ［圆弧（A）/中心点（C）］：C（以指定椭圆中心点的方式画椭圆）

指定椭圆的中心点：（鼠标捕捉到点 O，单击鼠标左键）

指定轴的端点：30 ，按 Enter 键（移动鼠标，当显示极轴角度是 0° 时，输入椭圆长半轴的长度）

指定另一条半轴长度或 ［旋转（R）］：20

结果如图 12 – 76 所示。

2. 绘制直径为 100 的圆和四个均匀分布的小圆

激活命令：

● 命令行输入：CIRCLE（或在命令行输入 C）；按 Enter 键

指定圆的圆心或 ［三点（3P）/两点（2P）/切点、切点、半径（T）］：（选择点 O）

指定圆的半径或 ［直径（D）］：50，按 Enter 键

如图 12 - 77 所示。将图层"05"置为当前图层。

● 命令行输入：CIRCLE（或在命令行输入 C）；按 Enter 键

指定圆的圆心或 ［三点（3P）/两点（2P）/切点、切点、半径（T）］：（选择点 O）

指定圆的半径或 ［直径（D）］〈50.0〉：40，按 Enter 键

● 命令行输入：LINE（或在命令行输入 L）；按 Enter 键

指定第一点：（选择点 O）

指定下一点或 ［放弃（U）］：（移动鼠标，当极轴出现 45°时在适当的位置单击鼠标左键）

指定下一点或 ［放弃（U）］：按 Enter 键

● 命令行输入：CIRCLE（或在命令行输入 C）；按 Enter 键

指定圆的圆心或 ［三点（3P）/两点（2P）/切点、切点、半径（T）］：（选择点 E）

指定圆的半径或 ［直径（D）］〈40.0〉：5，按 Enter 键

如图 12 - 77 所示。

● 命令行输入：LINE（或在命令行输入 L）；按 Enter 键

指定第一点：（选择点 E）

指定下一点或 ［放弃（U）］：（移动鼠标，当极轴显示 315°时，在适当的位置单击左键）

指定下一点或 ［放弃（U）］：按 Enter 键

得到直线 EF，如图 12 - 78 所示。

● 命令行输入：MOVE（或在命令行输入 M）；按 Enter 键

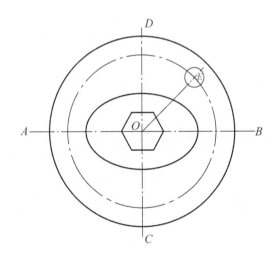

图 12 - 77　画直径 100 和 80 的圆

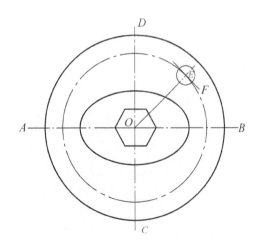

图 12 - 78　画直线 EF

选择对象：找到 1 个（选择直线 EF）

选择对象：按 Enter 键

指定基点或［位移（D）］〈位移〉：（鼠标捕捉直线 *EF* 的中点，单击鼠标左键）
指定第二个点或〈使用第一个点作为位移〉：（鼠标捕捉点 *E*，单击鼠标左键）
如图 12 - 79 所示。

● 命令：BREAK（或在命令行输入 BR）；按 Enter 键

选择对象：（在 *OE* 线上要打断的位置单击鼠标左键）
指定第二个打断点或［第一点（F）］：（在 *O* 点下方单击鼠标左键）
如图 12 - 80 所示。

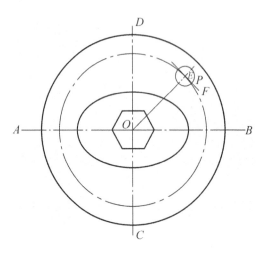

图 12 - 79　捕捉 *EF* 中点 *P*

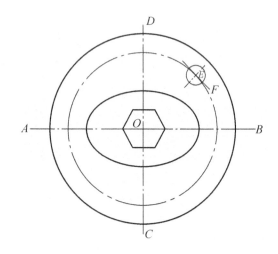

图 12 - 80　打断 *OE*

● 命令行输入：AR，按 Enter 键

打开"阵列"对话框，选择【环形阵列】，单击【对象】按钮，返回到绘图界面，选择直径为 10 的小圆和它的两条中心线，则又回到"阵列"对话框，单击【中心点】按钮，返回到绘图界面，选择 *O* 点为旋转中心点，"项目总数"后输入"4"，"填充角度"输入"360"，按 确定 。各选项如图 12 - 81 所示，得到均匀分布的四个小圆，如图 12 - 82 所示。

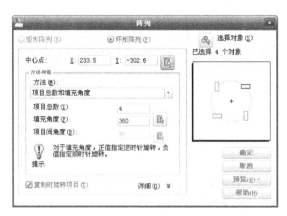

图 12 - 81　"阵列"对话框

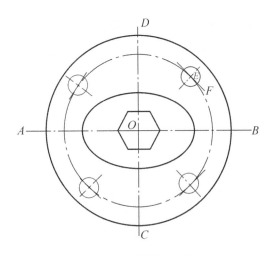

图 12 - 82　阵列 φ10 的圆

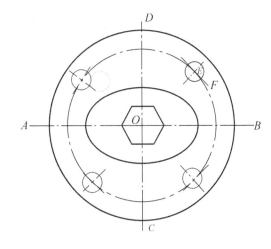

图 12 - 83　阵列 4 个 φ10 的圆的结果

单击"标准"工具栏中的"匹配" 按钮：

命令：_ matchprop

选择源对象：(任选一条属于"01"图层的线)

当前活动设置：颜色 图层 线型 线型比例 线宽 厚度 打印样式 标注 文字 填充图案 多段线 视口 表格材质 阴影显示 多重引线

选择目标对象或 [设置 (S)]：(选择直径为 10 的圆)

选择目标对象或 [设置 (S)]：(选择直径为 10 的圆)

选择目标对象或 [设置 (S)]：(选择直径为 10 的圆)

选择目标对象或 [设置 (S)]：(选择直径为 10 的圆)

选择目标对象或 [设置 (S)]：按 Enter 键

结果如图 12 - 83 所示。

12.5.3.3　绘制两边的凸耳

将"01"层置为当前图层。

● 命令行输入：C，按 Enter 键

指定圆的圆心或 [三点 (3P) /两点 (2P) /切点、切点、半径 (T)]：(选择点 O)

指定圆的半径或 [直径 (D)]：55，按 Enter 键

按回车键，重复画圆命令。

指定圆的圆心或 [三点 (3P) /两点 (2P) /切点、切点、半径 (T)]：(选择点 O)

指定圆的半径或 [直径 (D)]〈55.0〉：45，按 Enter 键

● 命令行输入：O，按 Enter 键

当前设置：删除源 = 否　图层 = 源　OFFSETGAPTYPE = 0

指定偏移距离或 [通过 (T) /删除 (E) /图层 (L)]〈通过〉：25，按 Enter 键

选择要偏移的对象，或 [退出 (E) /放弃 (U)]〈退出〉：(选择中心线 AB)

指定要偏移的那一侧上的点，或 [退出 (E) /多个 (M) /放弃 (U)]〈退出〉：(在

直线 AB 的上侧单击鼠标左键)

选择要偏移的对象，或 [退出（E）/放弃（U）]〈退出〉:（选择中心线 AB)

指定要偏移的那一侧上的点，或 [退出（E）/多个（M）/放弃（U）]〈退出〉:（在直线 AB 的下侧单击鼠标左键)

选择要偏移的对象，或 [退出（E）/放弃（U）]〈退出〉: 按 Enter 键

单击"标准"工具栏中的"匹配" 按钮:

命令: _ matchprop

选择源对象:（任选一条属于"01"图层的线)

当前活动设置: 颜色 图层 线型 线型比例 线宽 厚度 打印样式 标注 文字 填充图案 多段线 视口 表格材质 阴影显示 多重引线

选择目标对象或 [设置（S）]:（依次选择由 AB 线偏移得到的线)

选择目标对象或 [设置（S）]:（依次选择由 AB 线偏移得到的线)

选择目标对象或 [设置（S）]: 按 Enter 键

结果如图 12-84 所示。

利用"修剪"命令修剪多余的线条，得到图 12-85 所示的图。

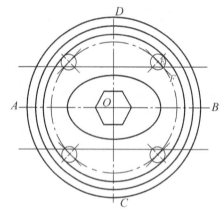

图 12-84　画 $\phi110$、$\phi90$ 的圆和凸耳

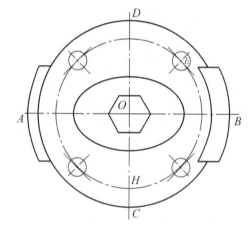

图 12-85　修剪

利用"样条曲线"命令绘制局部剖视图和视图的分界线。

● 命令行输入: SPL, 按 Enter 键

指定第一个点或 [对象（O）]:（在点 1 附近单击鼠标左键)

指定下一点:（在点 2 附近单击鼠标左键)

指定下一点或 [闭合（C）/拟合公差（F）]〈起点切向〉:（在点 3 附近单击鼠标左键)

指定下一点或 [闭合（C）/拟合公差（F）]〈起点切向〉:（在点 4 附近单击鼠标左键)

指定下一点或 [闭合（C）/拟合公差（F）]〈起点切向〉:（在点 5 附近单击鼠标左键)

指定起点切向：按 Enter 键

指定端点切向：按 Enter 键

结果如图 12 - 86 所示。

利用"修剪"命令剪掉样条曲线多余的部分，结果如图 12 - 87 所示。

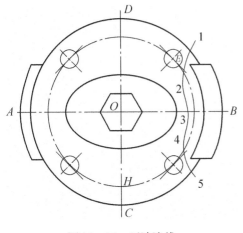

图 12 - 86　画波浪线

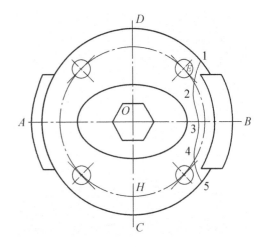

图 12 - 87　修剪波浪线

激活"圆角"命令，对左右凸耳进行倒圆角，结果如图 12 - 88 所示。

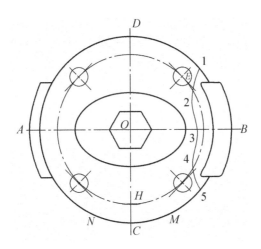

图 12 - 88　画圆角

12.5.3.4　画圆弧

利用"偏移"命令得到中心线 CD 左右的两条中心线，结果如图 12 - 89 所示。

利用"圆弧"命令，绘制下部分的圆弧。命令调用如下：

● 命令行输入：ARC（或在命令行输入 A）；按 Enter 键

指定圆弧的起点或［圆心（C）］：（捕捉点 M）

指定圆弧的第二个点或［圆心（C）/端点（E）］：（捕捉点 H）

指定圆弧的端点：（捕捉点 N）

结果如图 12 - 90 所示。

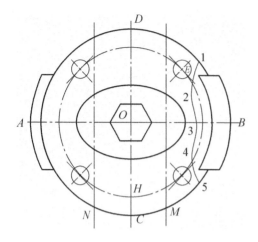

图 12 - 89　画两条间距 40 的直线

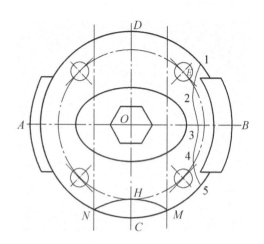

图 12 - 90　画圆弧

删除过点 M 的点划线和过 N 点的点划线，命令调用如下：

● 命令：ERASE（或在命令行输入 E）；按 Enter 键

选择对象：找到 1 个（选择过点 M 的点画线）

选择对象：找到 1 个，总计 2 个（选择过点 N 的点画线）

选择对象：按 Enter 键

如图 12 - 91 所示。利用"修剪"命令，剪掉弧 NC 和弧 CM，如图 12 - 92 所示。

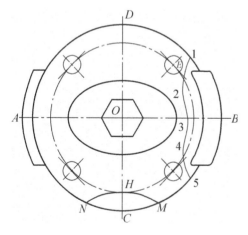

图 12 - 91　删除过点 M 和点 N 的点画线

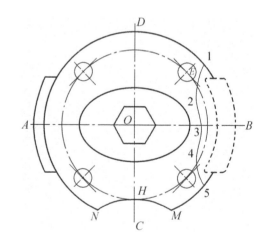

图 12 - 92　剪去弧 NC 和弧 CM

12.5.3.5　填充

绘制剖面线，激活"图案填充"命令：

● 命令行输入：H，按 Enter 键

打开"图案填充"对话框，如图 12 - 93 所示。单击"图案"右侧的按钮，选择

"ANSI31"填充样例，单击【添加拾取点】按钮，返回到绘图界面，命令行提示如下：

命令：H（HATCH），按 Enter 键

拾取内部点或［选择对象（S）/删除边界（B）］：（拾取图 12 - 92 所示的面域）

拾取内部点或［选择对象（S）/删除边界（B）］：（返回到"图案填充"对话框）

在如图 12 - 94 所示窗口单击　确定　按钮，得到图 12 - 95。

图 12 - 93　"图案填充和渐变色"对话框

图 12 - 94　"图案填充和渐变色"对话框

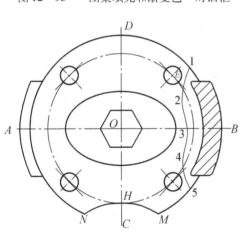

图 12 - 95　填充剖面线

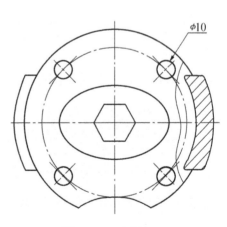

图 12 - 96　标注 $\phi10$

12.5.4　尺寸标注

用"直径标注"命令标注直径为 $\phi10$ 的小圆，如图 12 - 96 所示。双击"$\phi10$"，打开"特性"对话框，拖动下拉滑块到【文字替代】处，输入"4 - 〈〉均布"，如图 12 - 97 所示。单击 ✖ 按钮，修改后的尺寸标注如图 12 - 98 所示，其余的尺寸标注参见 12.4.4 节。

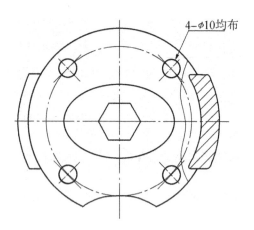

图 12-98　修改后的尺寸标注

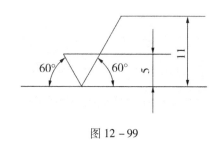

图 12-99

图 12-97　"特性对话框"

12.5.5　标注表面粗糙度

12.5.5.1　绘表面粗糙度符号

按照图 12-99 所示尺寸在图中合适位置绘制出表面粗糙度符号。

●命令行输入：ATT，按 Enter 键

打开"属性定义"对话框，需输入的位置如图 12-100 所示，单击 确定 按钮，返回到绘图界面，根据命令行的提示把"RA"标记放到表面粗糙度符号合适的位置，如图 12-101 所示。

图 12-100　"属性定义"对话框

图 12-101　标注粗糙度

12.5.5.2　把表面粗糙度符号生成块

● 命令行输入：BLOCK（或在命令行输入 B）；按 Enter 键

打开"块定义"对话框，如图 12 - 102 所示，输入块的名称"粗糙度"，单击 ⊠ **拾取点**(K)按钮，返回绘图界面，选取图 12 - 103 所示的橘黄色方框作为插入基点，回到块定义对话框，单击【选择对象】按钮，返回到绘图界面，选择 1 和 2 生成的表面粗糙度符号和标记粗糙度，按回车键，又返回到"块定义"对话框，单击 确定 按钮，又打开"编辑属性"对话框，如图 12 - 104 所示，单击 确定 按钮，生成带属性的块。

图 12 - 102　"块定义"对话框

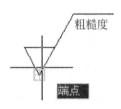

图 12 - 103　标注粗糙度

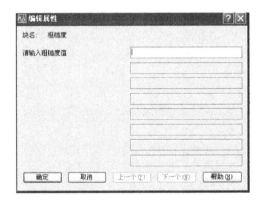

图 12 - 104　"编辑属性"对话框

图 12 - 105　"插入"对话框

12.5.5.3　插入带属性的块

● 命令：INSERT（或在命令行输入 I）；按 Enter 键

打开"插入"对话框，分别勾选"插入点"、"比例"、"旋转"下的"在屏幕上指定"选项，如图 12 - 105 所示，单击 Enter 按钮，在图 12 - 106 所示的位置处插入块。

命令：I（INSERT），按 Enter 键

指定插入点或［基点（B）/比例（S）/X/Y/Z/旋转（R）］：（选择图 12 - 105 所示

点为插入点）

指定旋转角度〈0〉：按 Enter 键

请输入粗糙度的值：Ra3.2，按 Enter 键

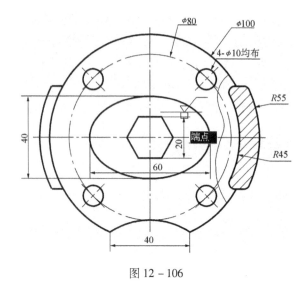

图 12 – 106

附录

附录1　标准公差数值（GB/T 1800.3—1998）

基本尺寸（mm）		标准公差等级																	
大于	至	IT1	IT2	IT3	IT4	IT5	IT6	IT7	IT8	IT9	IT10	IT11	IT12	IT13	IT14	IT15	IT6	IT17	IT18
		μm											mm						
—	3	0.8	1.2	2	3	4	6	10	14	25	40	60	0.1	0.14	0.25	0.4	0.6	1	1.4
3	6	1	1.5	2.5	4	5	8	12	18	30	48	75	0.12	0.18	0.3	0.48	0.75	1.2	1.8
6	10	1	1.5	2.5	4	6	9	15	22	36	58	90	0.15	0.22	0.36	0.58	0.9	1.5	2.2
10	18	1.2	2	3	5	8	11	18	27	43	70	110	0.18	0.27	0.43	0.7	1.1	1.8	2.7
18	30	1.5	2.5	4	6	9	13	21	33	52	84	130	0.21	0.33	0.52	0.84	1.3	2.1	3.3
30	50	1.5	2.5	4	7	11	16	25	39	62	100	160	0.25	0.39	0.62	1	1.6	2.5	3.9
50	80	2	3	5	8	13	19	30	46	74	120	190	0.3	0.46	0.74	1.2	1.9	3	4.6
80	120	2.5	4	6	10	15	22	35	54	87	140	220	0.35	0.54	0.87	1.4	2.2	3.5	5.4
120	180	3.5	5	8	12	18	25	40	63	100	160	250	0.4	0.63	1	1.6	2.5	4	6.3
180	250	4.5	7	10	14	20	29	46	72	115	185	290	0.46	0.72	1.15	1.85	2.9	4.6	7.2
250	315	6	8	12	16	23	32	52	81	130	210	320	0.52	0.81	1.3	2.1	3.2	5.2	8.1
315	400	7	9	13	18	25	36	57	89	140	230	360	0.57	0.89	1.4	2.3	3.6	5.7	8.9
400	500	8	10	15	20	27	40	63	97	155	250	400	0.63	0.97	1.55	2.5	4	6.3	9.7
500	630	9	11	16	22	32	44	70	110	175	280	440	0.7	1.1	1.75	2.8	4.4	7	11
630	800	10	13	18	25	36	50	80	125	200	320	500	0.8	1.25	2	3.2	5	8	12.5
800	1 000	11	15	21	28	40	56	90	140	230	360	560	0.9	1.4	2.3	3.6	5.6	9	14
1 000	1 250	13	18	24	33	47	66	105	165	260	420	660	1.05	1.65	2.6	4.2	6.6	10.5	16.5
1 250	1 600	15	21	29	39	55	78	125	195	210	500	780	1.25	1.95	3.1	5	7.8	12.5	19.5
1 600	2 000	18	25	35	46	65	92	150	230	370	600	920	1.5	2.3	3.7	6	9.2	15	23
2 000	2 500	22	30	41	55	78	110	175	280	440	700	1 100	1.75	2.8	4.4	7	11	17.5	28
2 500	3 150	26	36	50	68	96	135	210	330	540	860	1 350	2.1	3.3	5.4	8.6	13.5	21	33

注：

1. 基本尺寸大于 500 mm 的 IT1 至 IT5 的标准公差数值为试行的。

2. 基本尺寸小于或等于1mm 时，无 IT14 至 IT18

附录2　轴的基本偏差数值（此表为分页表）

基本尺寸 (mm)		基本偏差数值										
		上偏差 es										
		所有标准公差等级										
大于	至	a	b	c	cd	d	e	ef	f	fg	g	h	js
—	3	− 270	− 140	− 60	− 34	− 20	− 14	− 10	− 6	− 4	− 2	0	
3	6	− 270	− 140	− 70	− 46	− 30	− 20	− 14	− 10	− 6	− 4	0	
6	10	− 280	− 150	− 80	− 56	− 40	− 25	− 18	− 13	− 8	− 5	0	
10	14	− 290	− 150	− 95		− 50	− 32		− 16		− 6	0	
14	18												
18	24	− 300	− 160	− 110		− 65	− 40		− 20		− 7	0	
24	30												
30	40	− 310	− 170	− 120		− 80	− 50		− 25		− 9	0	
40	50	− 320	− 180	− 130									
50	65	− 340	− 190	− 140		− 100	− 60		− 30		− 10	0	
65	80	− 350	− 200	− 150									
80	100	− 380	− 220	− 170		− 120	− 72		− 36		− 12	0	
100	120	− 410	− 240	− 180									
120	140	− 460	− 260	− 200		− 145	− 85		− 43		− 14	0	
140	160	− 520	− 280	− 210									
160	180	− 580	− 310	− 230									
180	200	− 660	− 340	− 240		− 170	− 100		− 50		− 15	0	
200	225	− 740	− 380	− 260									
225	250	− 820	− 420	− 280									
250	280	− 920	− 480	− 300		− 190	− 110		− 56		− 17	0	
280	315	− 1 050	− 540	− 330									
315	355	− 1 050	− 540	− 330		− 210	− 125		− 62		− 18	0	
355	400	− 1 200	− 600	− 400									
400	450	− 1 500	− 760	− 440		− 230	− 135		− 68		− 20	0	
450	500	− 1 650	− 840	− 480									
500	550					− 260	− 145		− 76		− 22	0	
550	630												
630	710					− 290	− 160		− 80		− 24	0	
710	800												

偏差$=-\dfrac{ITn}{2}$，式中 ITn 是 ITn 值数

μm

基本偏差数值

下偏差 ei

5,6	7	8	4~7	≤3 / >7	m	n	p	r	s	t	u	v	x	y	z	za	zb	zc
j	j	j	k	k	\multicolumn{14}{所有标准公差等级}													
-2	-4	-6	0	0	+2	+4	+6	+10	+14		+18		+20		+26	+32	+40	+60
-2	-4		+1	0	+4	+8	+12	+15	+19		+23		+28		+35	+42	+50	+80
-2	-5		+1	0	+6	+10	+15	+19	+23		+28		+34		+42	+52	+67	+97
-3	-6		+1	0	+7	+12	+18	+23	+28		+33		+40		+50	+64	+90	+130
												+39	+45		+50	+77	+108	+150
-4	-8		+2	0	+8	+15	+22	+28	+35		+41	+47	+54	+63	+73	+98	+136	+188
										+41	+48	+55	+64	+75	+88	+118	+160	+218
-5	-10		+2	0	+9	+17	+26	+34	+43	+48	+60	+68	+80	+94	+112	+148	+200	+274
										+54	+70	+81	+97	+114	+136	+180	+242	+325
-7	-12		+2	0	+11	+20	+32	+41	+58	+66	+87	+102	+122	+144	+172	+226	+300	+405
								+43	+59	+75	+102	+120	+146	+174	+210	+274	+360	+480
-9	-15		+3	0	+13	+23	+37	+51	+71	+91	+124	146	+178	+214	+258	+335	+445	+585
								+54	+79	+104	+144	+172	+210	+254	+310	400	+525	+690
-11	-18		+3	0	+15	+27	+43	+63	+92	+122	+170	+202	+248	+300	+365	+470	+620	+800
								+65	+100	+134	+190	+228	+280	+340	+415	+535	+700	+900
								+68	+108	+146	+210	+252	+310	+380	+465	+600	+780	+1 000
-13	-21		+4	0	+17	+31	+50	+77	+122	+156	+236	+284	+350	+425	+520	+670	+880	1 150
								+80	+130	+180	+258	+310	+385	+470	+575	+740	+960	1 250
								+84	+140	+196	+284	+340	+425	+520	+640	+820	+1 050	1 350
-16	-25		+4	0	+20	+34	+56	+94	+158	+218	+315	+385	+475	+580	+710	+920	+1 200	+1 550
								+98	+170	+240	+350	+425	+525	+650	+790	+1 000	+1 300	+1 700
-18	-28		+4	0	+21	+37	+62	+108	190	+268	+390	+475	+590	+730	+900	+1 150	+1 500	+1 900
								+114	+208	+294	+425	+530	+660	+820	+1 000	+1 300	+1 650	+2 100
-20	-32		+5	0	+23	+40	+68	+126	+232	+330	+490	+595	+740	+920	+1 100	+1 450	+1 850	+2 400
								+132	+252	+360	+540	+660	+820	+1 000	+1 250	+1 600	+2 100	+2 600
			0	0	+26	+44	+78	+150	+280	+400	+600							
								+155	+310	+450	+660							
			0	0	+30	+50	+88	+175	+340	+500	+740							
								+185	+380	+550	+840							

基本尺寸 (mm)		基本偏差数值											
		上偏差 es											
		所有标准公差等级											
大于	至	a	b	c	cd	d	e	ef	f	fg	g	h	js
800	900					−320	−170		−86		−26	0	
900	1 000												
1 000	1 120					−350	−195		−98		−28	0	
1 120	1 250												
1 250	1 400					−390	−220		−110		−30	0	偏差 $=-\dfrac{\text{IT}n}{2}$，式中 ITn 是 ITn 值数
1 400	1 600												
1 600	1 800					−430	−240		−120		−32	0	
1 800	2 000												
2 000	2 240					−480	−260		−130		−34	0	
2 240	2 500												
2 500	2 800					−520	−290		−145		38	0	
2 800	3 150												

注：

1. 基本尺寸小于或等于 1mm 时，基本偏差 a 和 b 均不采用。

2. 公差带 js7 至 js11，若 ITn 值数是奇数，则取偏差 $=\pm\dfrac{\text{IT}n-1}{2}$。

基本偏差数值

下偏差 ei

5，6	7	8	4～7	≤3 >7	所有标准公差等级														
j			k		m	n	p	r	s	t	u	v	x	y	z	za	zb	zc
			0	0	+34	+56	+100	+210	+430	+620	+940							
								+220	+470	+680	+1 050							
			0	0	+40	+66	+120	+250	+520	+780	+1 150							
								+260	+580	+840	+1 300							
			0	0	+48	+78	+140	+300	+640	+960	+1 450							
								330	+720	+1 050	+1 600							
			0	0	+58	+92	+170	+370	+820	+1 200	+1 850							
								+400	+920	+1 350	+2 000							
			0	0	+68	+110	+195	+440	+1 000	+1 500	+2 300							
								+460	+1 100	+1 650	+2 500							
			0	0	+76	+135	+240	+550	+1 250	+1 900	+2 900							
								+580	+1 400	+2 100	+3 200							

附录 3　孔的基本偏差数值

基本偏差数值

基本尺寸(mm) 大于	至	下偏差 EI（所有标准公差等级）												上偏差 ES									
		A	B	C	CD	D	E	EF	F	FG	G	H	JS	J IT6	J IT7	J IT8	K ≤IT8	K >IT8	M ≤IT8	M >IT8	N ≤IT8	N >IT8
—	3	+270	+140	+60	+34	+20	+14	+10	+6	+4	+2	0		+2	+4	+6	0	0	-2	-2	-4	-4
3	6	+270	+140	+70	+46	+30	+20	+14	+10	+6	+4	0		+5	+6	+10	$-1+\Delta$	0	$-4+\Delta$	-4	$-8+\Delta$	0
6	10	+280	+150	+80	+56	+40	+25	+18	+13	+8	+5	0		+6	+8	+12	$-1+\Delta$	0	$-5+\Delta$	-6	$-10+\Delta$	0
10	14	+290	+150	+95		+50	+32		+16		+6	0		+6	+10	+15	$-1+\Delta$	0	$-7+\Delta$	-7	$-12+\Delta$	0
14	18	+290	+150	+95		+50	+32		+16		+6	0		+6	+10	+15	$-1+\Delta$	0	$-7+\Delta$	-7	$-12+\Delta$	0
18	24	+300	+160	+110		+65	+40		+20		+7	0		+8	+12	+20	$-2+\Delta$	0	$-8+\Delta$	-8	$-15+\Delta$	0
24	30	+300	+160	+110		+65	+40		+20		+7	0		+8	+12	+20	$-2+\Delta$	0	$-8+\Delta$	-8	$-15+\Delta$	0
30	40	+310	+170	+120		+80	+60		+25		+8	0		+10	+14	+24	$-2+\Delta$	0	$-9+\Delta$	-9	$-17+\Delta$	0
40	50	+320	+180	+130		+80	+60		+25		+8	0		+10	+14	+24	$-2+\Delta$	0	$-9+\Delta$	-9	$-17+\Delta$	0
50	65	+340	+190	+140		+100	+60		+30		+10	0		+13	+18	+28	$-2+\Delta$	0	$-11+\Delta$	-11	$-20+\Delta$	0
65	80	360	+200	+160		+100	+60		+30		+10	0		+13	+18	+28	$-2+\Delta$	0	$-11+\Delta$	-11	$-20+\Delta$	0
80	100	+380	+220	+170		+120	+72		+36		+12	0		+16	+22	+34	$-3+\Delta$	0	$-13+\Delta$	-13	$-23+\Delta$	0
100	120	+410	+240	+180		+120	+72		+36		+12	0		+16	+22	+34	$-3+\Delta$	0	$-13+\Delta$	-13	$-23+\Delta$	0
120	140	+460	+260	+200		+146	+86		+43		+14	0		+18	+26	+41	$-3+\Delta$	0	$-16+\Delta$	-15	$-27+\Delta$	0
140	160	+520	+280	+210		+146	+86		+43		+14	0		+18	+26	+41	$-3+\Delta$	0	$-16+\Delta$	-15	$-27+\Delta$	0
160	180	+580	+310	+230		+146	+86		+43		+14	0		+18	+26	+41	$-3+\Delta$	0	$-16+\Delta$	-15	$-27+\Delta$	0

JS 列：偏差 $=\pm\dfrac{ITn}{2}$，式中 ITn 是 IT 值数

P 至 ZC（≤IT7）列：在大于 IT7 的相应数值上增加一个 Δ 值

续上表

基本偏差数值

基本尺寸 mm		下偏差 EI — 所有标准公差等级										上偏差 ES										
														J			K		M		N		P 至 ZC
大于	至	A	B	C	CD	D	E	ER	F	FG	G	H	JS	IT6	IT7	IT8	≤IT8	>IT8	≤IT8	>IT8	≤IT8	>IT8	≤IT7
180	200	+660	+340	+240		+170	+100		+50		+16	0	偏差 $=\pm\dfrac{IT_n}{2}$，式中 IT_n 是 IT 值数	+22	+30	+47	−4+Δ		−17+Δ	−17	−31+Δ	0	在大于 IT7 的相应数值上增加一个 Δ 值
200	225	+740	+380	+260																			
226	250	+820	+420	+280																			
260	280	+920	+480	+300		+190	+110		+55		+17	0		+25	+36	+55	−4+Δ		−20+Δ	−20	−34+Δ	0	
280	315	+1060	+540	+330																			
316	366	+1200	+600	+360		+210	+126		+62		+18	0		+29	+39	+60	−4+Δ		−21+Δ	−21	−37+Δ	0	
366	400	+1350	+680	+400																			
400	450	+1500	+750	+440		+230	+135		+68		+20	0		+88	+48	+66	−5+Δ		−23+Δ	−23	−40+Δ	0	
450	500	+1650	+840	+480																			
500	560					+260	+146		+76		+22	0					0		−26	−44			
560	630																						
630	710					+290	+160		+80		+24	0					0		−30	−50			
710	800																						
800	900					+320	+170		+86		+26	0					0		−34	−55			
900	1000																						
1000	1120					+350	+195		+98		+28	0					0		−40	−65			
1120	1250																						

续上表

基本尺寸 mm		基本偏差数值																					
		下偏差 EI												上偏差 ES									
		所有标准公差等级												J			K		M		N		P至ZC
大于	至	A	B	C	CD	D	E	ER	F	FG	G	H	JS	IT6	IT7	IT8	≤IT8	>IT8	≤IT8	>IT8	≤IT8	>IT8	≤IT7
1 250	1 400					+390	+220		+110		+30	0					0		-48	-78			
1 400	1 600																						
1 600	1 800					+430	240		+120		+32	0					0		-58	-92			
1 800	2 000																						
2 000	2 240					+480	+260		+130		+34	0					0		-68	-110			
2 240	2 500																						
2 500	2 800					+520	+290		+145		+38	0					0		-76	-135			
2 800	3 150																						

JS 偏差 $=\pm\dfrac{ITn}{2}$，式中 ITn 是 IT 值。

N >IT8 和 P至ZC ≤IT7：在大于 IT7 的相应数值上增加一个 Δ 值。

注：

1. 基本尺寸小于或等于 1mm 时，基本偏差 A 和 B 及大于 IT8 的 N 均不采用。

2. 公差带 JS7 至 JS11，若 ITn 值数是奇数，则取偏差 $=\pm\dfrac{ITn-1}{2}$。

3. 对小于或等于 IT8 的 K、M、N 和小于或等于 IT7 的 P 至 ZC，所需 Δ 值 从表内右侧选取。

   例如：18～30mm 段的 K7，Δ=8μm，所以 ES = -2+8＝6μm

   18～30mm 段的 S6，Δ=4μm，所以 ES = -35+4 = -31μm

4. 特殊情况：250～315mm 段的 M6，ES = -9μm（代替 -11μm）。

附录4 普通螺纹（GB/T 193—2003）

直径与螺距标准组合系列 mm

公称直径 D、d			螺距 P										
第1系列	第2系列	第3系列	粗牙	细牙									
				3	2	1.5	1.25	1	0.75	0.5	0.35	0.25	0.2
1			0.25										0.2
	1.1		0.25										0.2
1.2			0.25										0.2
	1.4		0.3										0.2
1.6			0.35										0.2
	1.8		0.35										0.2
2			0.4									0.25	
	2.2		0.45									0.25	
2.5			0.45								0.35		
3			0.5								0.35		
	3.5		0.6								0.35		
4			0.7							0.5			
	4.5		0.75							0.5			
5			0.8							0.5			
		5.5								0.5			
6			1						0.75				
	7		1						0.75				
8			1.25					1	0.75				
		9	1.25					1	0.75				
10			1.5				1.25	1	0.75				
		11	1.5			1.5		1	0.75				
12			1.75				1.25	1					
	14		2			1.5	1.25	1					
		15				1.5		1					
16			2			1.5		1					
		17				1.5		1					
	18		2.5		2	1.5		1					
20			2.5		2	1.5		1					

续上表

公称直径 D、d			螺 距 P										
第1系列	第2系列	第3系列	粗牙	细 牙									
				3	2	1.5	1.25	1	0.75	0.5	0.35	0.25	0.2
	22		2.5		2	1.5		1					
24			3		2	1.5		1					
		25			2	1.5		1					
		26				1.5							
	27		3		2	1.5		1					
		28			2	1.5		1					
30			3.5	(3)	2	1.5		1					
		32			2	1.5							
		33	3.5	(3)	2	1.5							
		35[b]				1.5							
36			4	3	2	1.5							
		38				1.5							
		39	4	3	2	1.5							

附录5　普通螺纹的基本尺寸（GB/T 196—2003）

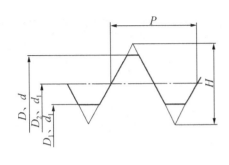

内、外螺纹中径，小径和螺距的关系：

$$D_2 = D - 2 \times \frac{3}{8}H = D - 0.649\,5P$$

$$d_2 = d - 2 \times \frac{3}{8}H = d - 0.649\,5P$$

$$D_1 = D - 2 \times \frac{5}{8}H = D - 1.082\,5P$$

$$d_1 = d - 2 \times \frac{5}{8}H = d - 1.082\,5P$$

其中：$H = \dfrac{\sqrt{3}}{2}P = 0.866\,025\,404\,P$

标注示例：

M10 – 6g　公称直径为10mm、螺距为1.5mm的粗牙右旋普通外螺纹，中径及大径公差带均为6g，中等旋合长度。

M24 × 1.5LH – 6H　公称直径为24mm、螺距为1.5mm的细牙左旋普通内螺纹，中径及小径公差带均为6H，中等旋合长度

普通螺纹的基本尺寸

公称直径 （大径） D、d	螺距 P	中径 D_2、d_2	小径 D_1、d_1
3	0.5	2.675	2.459
	0.35	2.773	2.621
3.5	0.6	3.110	2.850
	0.35	3.272	3.121
4	0.7	3.545	3.242
	0.5	3.675	3.459
4.5	0.75	4.013	3.688
	0.5	4.175	3.959
5	0.8	4.480	4.134
	0.5	4.675	4.459
5.5	0.5	5.175	4.959
6	1	5.350	4.917
	0.75	5.513	5.188
7	1	6.350	5.917
	0.75	6.513	6.188

公称直径 （大径） D、d	螺距 P	中径 D_2、d_2	小径 D_1、d_1
8	1. 25	7. 188	6. 647
	1	7. 350	6. 917
	0. 75	7. 513	7. 188
9	1. 25	8. 188	7. 647
	1	8. 350	7. 917
	0. 75	8. 513	8. 188
10	1. 5	9. 026	8. 376
	1. 25	9. 188	8. 647
	1	9. 350	8. 917
	0. 75	9. 513	9. 188
11	1. 5	10. 026	9. 376
	1	10. 350	9. 917
	0. 75	10. 513	10. 188
12	1. 75	10. 863	10. 106
	1. 5	11. 026	10. 376
	1. 25	11. 188	10. 647
	1	11. 350	10. 917
14	2	12. 701	11. 835
	1. 5	13. 026	12. 376
	1. 25	13. 188	12. 647
	1	13. 350	12. 917
15	1. 5	14. 026	13. 376
	1	14. 350	13. 917
16	2	14. 701	13. 835
	1. 5	15. 026	14. 376
	1	15. 350	14. 917
17	1. 5	16. 026	15. 376
	1	16. 350	15. 917
18	2. 5	16. 376	15. 294
	2	16. 701	15. 835
	1. 5	17. 026	16. 376
	1	17. 350	16. 917

公称直径 （大径） D、d	螺距 P	中径 D_2、d_2	小径 D_1、d_1
20	2.5	18.376	17.294
	2	18.701	17.835
	1.5	19.026	18.376
	1	19.350	18.917
22	2.5	20.376	19.294
	2	20.701	19.835
	1.5	21.026	20.376
	1	21.350	20.917
24	3	22.051	20.752
	2	22.701	21.835
	1.5	23.026	22.376
	1	23.350	22.917
25	2	23.701	22.835
	1.5	24.026	23.376
	1	24.350	23.917
26	1.5	25.026	24.376
27	3	25.051	23.752
	2	25.701	24.835
	1.5	26.026	25.376
	1	26.350	25.917
28	2	26.701	25.835
	1.5	27.026	26.376
	1	27.350	26.917

附录6 六角头螺栓（A 级和 B 级，摘自 GB/T 5782—2000）

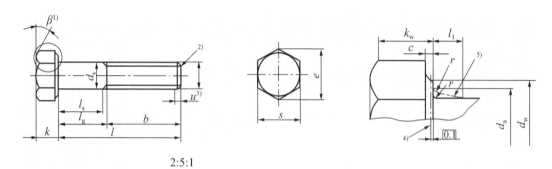

2:5:1

1）$\beta = 15° \sim 30°$。

2）末端应倒角，对螺纹规格 ≤ M4 可为辗制末端（GB/T 2）。

3）不完整螺纹 $u \leqslant 2P$。

4）d_w 的仲裁基准。

5）圆滑过渡。

优选的螺纹规格 mm

螺纹规格 d			M1.6	M2	M2.5	M3	M4	M5	M6	M8	M10
$P^{1)}$			0.35	0.4	0.45	0.5	0.7	0.8	1	1.25	1.5
$b_{参考}$		2）	9	10	11	12	14	16	18	22	26
		3）	15	16	17	18	20	22	24	28	32
		4）	28	29	30	31	33	35	37	41	45
c		max	0.25	0.25	0.25	0.40	0.40	0.50	0.50	0.60	0.60
		min	0.10	0.10	0.10	0.15	0.15	0.15	0.15	0.15	0.15
d_a		max	2	2.6	3.1	3.6	4.7	5.7	6.8	9.2	11.2
d_s	公称 = max		1.60	2.00	2.50	3.00	4.00	5.00	6.00	8.00	10.00
	min	产品等级 A	1.46	1.86	2.36	2.86	3.82	4.82	5.82	7.78	9.78
		产品等级 B	1.35	1.75	2.25	2.75	3.70	4.70	5.70	7.64	9.64
d_w	min	产品等级 A	2.27	3.07	4.07	4.57	5.88	6.88	8.88	11.63	14.63
		产品等级 B	2.3	2.95	3.95	4.45	5.74	6.74	8.74	11.47	14.47
e	min	产品等级 A	3.41	4.32	5.45	6.01	7.66	8.79	11.05	14.38	17.77
		产品等级 B	3.28	4.18	5.31	5.88	7.50	8.63	10.89	14.20	17.59

续上表

螺纹规格 d				M1.6	M2	M2.5	M3	M4	M5	M6	M8	M10
l_1			max	0.6	0.8	1	1	1.2	1.2	1.4	2	2
k			公称	1.1	1.4	1.7	2	2.8	3.5	4	5.3	6.4
	产品等级	A	max	1.225	1.525	1.825	2.125	2.925	3.65	4.15	5.45	6.58
			min	0.975	1.275	1.575	1.875	2.675	3.35	3.85	5.15	6.22
		B	max	1.3	1.6	1.9	2.2	3.0	3.26	4.24	5.54	6.69
			min	0.9	1.2	1.5	1.8	2.6	2.35	3.76	5.06	6.11
$k_w^{5)}$	min	产品等级	A	0.68	0.89	1.10	1.31	1.87	2.35	2.70	3.61	4.35
			B	0.63	0.84	1.05	1.26	1.82	2.28	2.63	3.54	4.28
r			min	0.1	0.1	0.1	0.1	0.2	0.2	0.25	0.4	0.4
s	公称 = max			3.20	4.00	5.00	5.50	7.00	8.00	10.00	13.00	16.00
	min	产品等级	A	3.02	3.82	4.82	5.32	6.78	7.78	9.78	12.73	15.73
			B	2.90	3.70	4.70	5.20	6.64	7.64	9.64	12.57	15.57

l					l_s 和 $l_g^{6)}$																	
公称	产品等级 A		产品等级 B		l_s	l_g	l_s	l_g	l_s	l_g	l_s	l_g	l_s	l_g	l_s	l_g	l_s	l_g	l_s	l_g	l_s	l_g
	min	max	min	max	min	max	min	max	min	max	min	max	min	max	min	max	min	max	min	max	min	max
12	11.65	12.35	—	—	1.2	3																
16	15.65	16.35	—	—	5.2	7	4	6	2.75	5			阶梯实线以上的规格									
20	19.58	20.42	18.95	21.05			8	10	6.75	9	5.5	8	推荐采用GB/T 5783									
25	24.58	25.42	23.95	26.05					11.75	14	10.5	13	7.5	11	5	9						
30	29.58	30.42	28.95	31.05							15.5	18	12.5	16	10	14	7	12				
35	34.5	35.5	33.75	36.05									17.5	21	15	19	12	17				
40	39.5	40.5	38.75	41.25									22.5	26	20	24	17	22	11.57	18		
45	44.5	45.5	43.75	46.25											25	29	22	27	16.75	23	11.5	18
50	49.5	50.6	48.75	51.25											30	34	27	32	21.75	28	16.5	24
55	54.4	55.6	53.5	56.5													32	37	26.75	33	21.5	29
60	59.4	60.6	58.5	61.5													37	42	31.75	38	26.5	34
65	64.4	65.6	63.5	66.5															36.75	43	31.5	39
70	69.4	70.6	68.5	71.5															41.75	48	36.5	44
80	79.4	80.7	78.5	81.5															51.75	58	46.5	54
90	89.3	90.7	88.25	91.75																	56.5	64
100	99.3	100.7	98.25	101.76																	66.5	74
110	109.3	110.7	108.25	111.75																		
120	119.3	120.7	118.25	121.75																		

螺纹规格 d			M12	M16	M20	M24	M30	M36	M42	M48	M56	M64
$P^{1)}$			1.75	2	2.5	3	3.5	4	4.5	5	5.5	6
$b_{参考}$		2)	30	38	46	54	66	—	—	—	—	—
		3)	36	44	52	60	72	84	96	108	—	—
		4)	49	57	65	73	85	97	109	121	137	153
c		max	0.60	0.8	0.8	0.8	0.8	0.8	1.0	1.0	1.0	1.0
		min	0.15	0.2	0.2	0.2	0.2	0.2	0.3	0.3	0.3	0.3
d_a		max	13.7	17.7	22.4	26.4	33.4	39.4	45.6	52.6	63	71
d_s	公称=max		12.00	16.00	20.00	24.00	30.00	36.00	42.00	48.00	56.00	64.00
	min 产品等级	A	11.73	15.73	19.67	23.67	—	—	—	—	—	—
		B	11.57	15.57	19.48	23.48	29.48	35.38	41.38	47.38	55.25	63.26
d_w	min 产品等级	A	16.63	22.49	28.19	33.61	—	—	—	—	—	—
		B	16.47	22	27.7	33.25	42.75	51.11	59.95	69.45	78.66	88.16
e	min 产品等级	A	20.03	26.75	33.53	39.98	—	—	—	—	—	—
		B	19.85	26.17	32.95	39.55	50.85	60.79	71.3	82.6	93.56	104.86
l_f		max	3	3	4	4	6	6	8	10	12	13
k	公称		7.5	10	12.5	15	18.7	22.5	26	30	35	40
	产品等级 A	max	7.68	10.18	12.715	15.215	—	—	—	—	—	—
		min	7.32	9.82	12.285	14.785	—	—	—	—	—	—
	产品等级 B	max	7.79	10.29	12.85	15.35	19.12	22.92	26.42	30.42	35.5	40.5
		min	7.21	9.71	12.15	14.65	18.28	22.08	25.58	29.58	34.5	39.5
$k_a^{5)}$ min	产品等级	A	5.12	6.87	8.6	10.35	—	—	—	—	—	—
		B	5.05	6.8	8.51	10.26	12.8	15.46	17.91	20.71	24.15	27.65
r		min	0.6	0.6	0.8	0.8	1	1	1.2	1.6	2	2
s	公称=max		18.00	24.00	30.00	36.00	46	55.0	65.0	75.0	85.0	95.0
	min 产品等级	A	17.73	23.67	29.67	35.38	—	—	—	—	—	—
		B	17.57	23.16	29.16	35.00	45	53.8	63.1	73.1	82.8	92.8

l 公称	产品等级 A		B		M12		M16		M20		M24		M30		M36		M42		M48		M56		M64	
	min	max	min	max	l_s	l_g	l_s	l_g	l_s	l_g	l_s	l_g	l_s	l_g	l_s	l_g	l_s	l_g	l_s	l_g	l_s	l_g	l_s	l_g
50	49.5	50.5	—	—	11.25	20																		
55	54.4	55.6	53.5	56.5	16.25	25																		
60	59.4	60.6	58.5	61.5	21.25	30																		
65	64.4	65.6	63.5	66.5	26.25	35	17	27																
70	69.4	70.6	68.5	71.5	31.25	40	22	32																
80	79.4	80.6	78.5	81.5	41.25	50	32	42	21.5	34														
90	89.3	90.7	88.25	91.75	51.25	60	42	52	31.5	44	21	36												
100	99.3	100.7	98.25	101.75	61.25	70	52	62	41.5	54	31	46												
110	109.3	110.7	108.25	111.75	71.25	80	62	72	51.5	64	41	56	26.5	44										
120	119.3	120.7	118.25	121.75	81.25	90	72	82	61.5	74	51	66	36.5	54										
130	129.2	130.8	128	132			76	86	65.5	78	55	70	40.5	58										
140	139.2	140.8	138	142			86	96	75.5	88	65	80	50.5	68	36	56								
150	149.2	150.8	148	152			96	106	85.5	98	75	90	60.5	78	46	66								
160	—	—	158	162			106	116	95.5	108	85	100	70.5	88	56	76	41.5	64						
180	—	—	178	182					115.5	128	105	120	90.5	108	76	96	61.5	84	47	72				
200	—	—	197.7	202.3					135.5	148	125	140	110.5	128	96	116	81.5	104	67	92				
220	—	—	217.7	222.3							132	147	117.5	135	103	123	88.5	111	74	99	55.5	83		
240	—	—	237.7	242.3							152	167	137.5	155	123	143	108.5	131	94	119	75.5	103		
260	—	—	257.4	262.6									157.5	175	143	163	128.5	151	114	139	95.5	123	77	107
280	—	—	277.4	282.6									177.5	195	163	183	148.5	171	134	159	115.5	143	97	127
300	—	—	297.4	302.6									197.5	215	183	203	168.5	191	154	179	135.5	163	117	147
320	—	—	317.15	322.85											203	223	188.5	211	174	199	155.5	183	137	167
340	—	—	337.15	342.85											223	243	208.5	231	194	219	175.5	203	157	187
360	—	—	357.15	362.85											243	263	228.5	251	214	239	195.5	223	177	207
380	—	—	377.15	382.85													248.5	271	234	259	215.5	243	197	227
400	—	—	397.15	402.85													268.5	291	254	279*	235.5	263	217	247
420	—	—	416.85	423.15													288.5	311	274	299	255.5	283	237	267
440	—	—	436.85	443.15													308.5	331	294	319	275.5	303	257	287
460	—	—	456.85	463.15															314	339	295.5	323	277	307
480	—	—	476.85	483.15															334	359	315.5	343	297	327
500	—	—	496.85	503.15																	335.5	363	317	347

螺纹规格 d: M12, M16, M20, M24, M30, M36, M42, M48, M56, M64; l_s 和 l_g[6)]

注：

1. 商品长度规格由 l_s 和 l_g 确定。

2. 阶梯虚线以上的为 A 级产品；以下的为 B 级产品。

1）P——螺距。

2）$l_{公称} \leqslant 125$ mm。

3）$125\text{mm} < l_{公称} \leqslant 200$ mm。

4）$l_{公称} > 200$ mm。

5）$k_{wmin} = 0.7\ k_{max}$。

6）$l_{gmax} = l_{公称} - b$；

$l_{gmin} = l_{gmax} - 5P$。

附录 7　双头螺柱（GB 899—88）

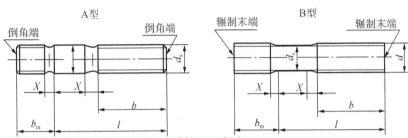

d_s 约等于螺纹中径（仅适用于 B 型）；末端按 GB2 规定。

螺纹规格 d		M2	M2.5	M3	M4	M5	M6	M8	M10	M10	(M14)	M16
b_m	公称	3	3.5	4.5	6	8	10	12	15	18	21	24
	min	2.40	2.90	3.90	5.40	7.25	9.25	11.10	14.10	17.10	19.95	22.95
	max	3.60	4.10	5.10	6.60	8.75	10.76	12.90	15.90	18.90	22.05	25.05
d_s	max	2	2.5	3	4	5	6	8	10	12	14	16
	min	1.75	2.25	2.75	3.7	4.7	5.7	7.64	9.64	11.57	13.57	15.57
x	max	2.5P										

l 公称	min	max	b M2	M2.5	M3	M4	M5	M6	M8	M10	M10	(M14)	M16
12	11.10	12.90	6										
(14)	13.10	14.90		8									
16	15.10	16.90	10										
(18)	17.10	18.90			6		10						
20	18.95	21.05		11		8		10	12				
(22)	20.95	23.05											
25	23.95	26.05			12					14			
(28)	26.95	29.05						14	16		16		
30	28.95	30.05					16						
(32)	30.75	33.25				14						18	20
35	33.75	36.25								16	20		
(38)	36.75	39.25											
40	38.75	41.25				16						25	
45	43.75	46.25						18					
50	48.75	51.25											30
(55)	53.5	56.5											
60	58.5	61.5						22					
(65)	63.5	66.5											
70	68.5	71.5							22	26	30	34	
(75)	73.5	76.5											
80	78.5	81.5											
(85)	83.25	86.75											
90	88.25	91.75											38
(95)	93.25	96.75											
100	98.25	101.75											
110	108.25	111.75											
120	118.25	121.75											
130	128	132.00								32			
140	138	142.00											
150	148	150.00								36	40		
160	158	162.00											
170	168	172.00											44
180	178	182.00											
190	187.7	192.30											
200	197.7	202.30											

续上表

螺纹规格	d	(M18)	(M20)	(M22)	(M24)	(M27)	(M30)	(M33)	(M36)	(M39)	(M42)	(M48)
b_m	公称	27	30	3	36	40	45	49	54	58	63	72
	min	25.95	28.95	32.75	34.75	38.75	43.75	47.75	53.5	56.5	61.5	70.5
	max	28.05	31.05	34.25	37.25	41.25	46.25	50.25	55.5	59.5	64.5	73.5
d_s	max	18	20	22	24	27	30	33	36	39	42	48
	min	17.57	19.48	21.48	23.48	26.48	29.48	32.38	35.38	38.38	41.38	47.38
x	max	\multicolumn{11}{c}{2.5P}

l 公称	min	max	\multicolumn{11}{c}{b}
35	33.75	36.25	22	25									
(38)	36.75	39.25	22	25									
40	38.75	41.25			30								
45	43.75	46.25	35		30	30							
50	48.75	51.25	35	35		30							
(55)	53.5	56.5		35	40		35						
60	58.5	61.5			40	45	35	40					
(65)	63.5	66.5				45		40	45	45			
70	68.5	71.5	42				50		45	45	50	50	
(75)	73.5	76.5	42	46			50	50	60		50	50	
80	78.5	81.5		46	50			50	60	60			60
(85)	83.25	86.75			50	54				60	65	70	60
90	88.25	91.75				54	60	66	72		65	70	80
(95)	93.25	96.75					60	66	72	78	84	90	120
100	98.25	101.75											
110	108.25	111.75											
120	118.25	121.75											
130	128	132.00	48	52	56	60	66	72	78	84	90	96	108
140	138	142.00											
150	148	152.00											
160	158	162.00											
170	168	172.00											
180	178	182.00											
190	187.7	192.30											
200	197.7	202.30											
210	207.7	212.30						85	91	97	103	109	121
220	217.7	222.30											
230	227.7	232.30											
240	237.7	242.30											
250	247.7	252.30											
260	257.4	262.60											
280	277.4	282.30											
300	297.4	302.60											

注：① 尽可能不采用括号内的规格。
② P——粗牙螺距。
③ 折线之间为通用规格范围。
④ 当 $b-b_m \leqslant 5mm$ 时，旋螺母一端应制成倒圆端，或在端面中心制出凹点。
⑤ 允许采用细牙螺纹和过渡配合螺纹。

附录8　螺钉（GB/T 65—2000）

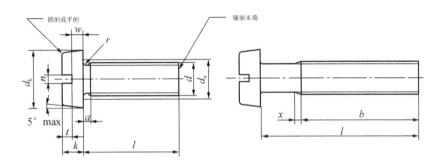

螺钉尺寸　　　　　　　　　　　　　　　　　　　　　　　　mm

螺纹规格 d		M1.6	M2	M2.5	M3	(M3.5)[1]	M4	M5	M6	M8	M10
$P^{2)}$		0.35	0.4	0.45	0.5	0.6	0.7	0.8	1	1.25	1.5
a	max	0.7	0.8	0.9	1	1.2	1.4	1.6	2	2.5	3
b	min	25	25	25	25	38	38	38	38	38	38
d_k	公称 = max	3.00	3.80	4.50	5.50	6.00	7.00	8.50	10.00	13.00	16.00
	min	2.86	3.62	4.32	5.32	5.82	6.78	8.28	9.78	12.73	15.73
d_s	max	2	2.6	3.1	3.6	4.1	4.7	5.7	6.8	9.2	11.2
k	公称 = max	1.10	1.40	1.80	2.00	2.40	2.60	3.30	3.9	5.0	6.0
	min	0.96	1.26	1.66	1.86	2.26	2.46	3.12	3.6	4.7	5.7
n	公称	0.4	0.5	0.6	0.8	1	1.2	1.2	1.6	2	2.5
	max	0.60	0.70	0.80	1.00	1.20	1.51	1.51	1.91	2.31	2.81
	min	0.46	0.56	0.66	0.86	1.06	1.26	1.66	2.06	2.56	
r	min	0.1	0.1	0.1	0.1	0.1	0.2	0.2	0.25	0.4	0.4
t	min	0.45	0.6	0.7	0.85	1	1.1	1.3	1.6	2	2.4
w	min	0.4	0.5	0.7	0.75	1	1.1	1.3	1.6	2	2.4
x	max	0.9	1	1.1	1.25	1.5	1.75	2	2.5	3.2	3.8

续上表

螺纹规格d			M1.6	M2	M2.5	M3	(M3.5)[1]	M4	M5	M6	M8	M10
$l^{1)3)}$			每1000件钢螺钉的质量（ρ=7.85kg/dm³）≈kg									
公称	min	max										
2	1.8	2.2	0.07									
3	2.8	3.2	0.082	0.16	0272							
4	3.76	4.24	0.094	0.179	0.302	0.515						
5	4.76	5.24	0.105	0.198	0.332	0.56	0.786	1.09				
6	5.76	6.24	0.117	0.217	0.362	0.604	0.845	1.17	2.06			
8	7.71	8.29	0.14	0.254	0.422	0.692	0.966	1.33	2.3	3.56		
10	9.71	10.29	0.163	0.291	0.482	0.78	1.08	1.47	2.55	3.92	7.85	
12	11.65	12.35	0.186	0.329	0.542	0.868	1.2	1.63	2.8	4.27	8.49	14.6
(14)	13.65	14.35	0.209	0.365	0.602	0.956	1.32	1.79	3.05	4.62	9.13	15.6
16	15.65	16.35	0.232	0.402	0.662	1.04	1.44	1.95	3.3	4.98	9.77	16.6
20	19.58	20.42		0.478	0.782	1.22	1.68	2.25	3.78	5.69	11	18.6
25	24.58	25.42			0.932	1.44	1.98	2.64	4.4	6.56	12.6	21.1
30	29.58	30.42				1.66	2.28	3.02	5.02	7.45	14.2	23.6
35	34.5	35.5					2.57	3.41	5.62	8.25	15.8	26.1
40	39.5	40.5						3.8	6.25	9.2	17.4	28.6
45	44.5	45.5							6.88	10	18.9	31.1
50	49.5	50.5							7.5	10.9	20.6	33.6
(55)	54.05	55.95								11.8	22.1	36.1
60	59.05	60.95								12.7	23.7	38.6
(65)	64.05	65.95									25.2	41.1
70	69.05	70.95									26.8	43.6
(75)	74.05	75.95									28.3	46.1
80	79.05	80.95									29.8	48.6

注：阶梯实线间为商品长度规格。

1）尽可能不采用括号内的规格。

2）P——螺距。

3）公称长度在阶梯虚线以上的螺钉，制出全螺纹（b = l − a）。

附录9 螺母（GB/T 6170—2000）

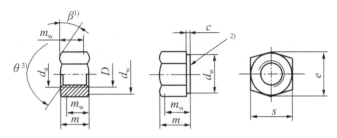

1）$\beta = 15° \sim 30°$。

2）垫圈面型，应在订单中注明。

3）$\theta = 90° \sim 120°$。

优选的螺纹规格

mm

螺纹规格 d		M1.6	M2	M2.5	M3	M4	M5	M6	M8	M10	M12
$P^{1)}$		0.35	0.4	0.45	0.5	0.7	0.8	1	1.25	1.5	1.75
c	max	0.2	0.2	0.3	0.40	0.40	0.50	0.50	0.60	0.60	0.60
	min	0.1	0.1	0.1	0.15	0.15	0.15	0.15	0.15	0.15	0.15
d_a	max	1.84	2.3	2.9	3.45	4.6	5.75	6.75	8.75	10.8	13
	min	1.60	2.0	2.5	3.00	4.0	5.00	6.00	8.00	10.0	12
d_w	min	2.4	3.1	4.1	4.6	5.9	6.9	8.9	11.6	14.6	16.6
e	min	3.41	4.32	5.45	6.01	7.66	8.79	11.05	14.38	17.77	20.03
m	max	1.30	1.60	2.00	2.40	3.2	4.7	5.2	6.80	8.40	10.80
	min	1.05	1.35	1.75	2.15	2.9	4.4	4.9	6.44	8.04	10.37
m_w	min	0.8	1.1	1.4	1.7	2.3	3.5	3.9	5.2	6.4	8.3
s	公称 = max	3.20	4.00	5.00	5.50	7.00	8.00	10.00	13.00	16.00	18.00
	min	3.02	3.82	4.82	5.32	6.78	7.78	9.78	12.73	15.73	17.73
螺纹规格 d		M16	M20	M24	M30	M36	M42	M48	M56	M64	
$P^{1)}$		2	2.5	3	3.5	4	4.5	5	5.5	6	
c	max	0.8	0.8	0.8	0.8	0.8	1.0	1.0	1.0	1.0	
	min	0.2	0.2	0.2	0.2	0.2	0.3	0.3	0.3	0.3	
d_a	max	17.3	21.6	25.9	32.4	38.9	45.4	51.8	60.5	69.1	
	min	16.0	20.0	24.0	30.0	36.0	42.0	48.0	56.0	64.0	
d_w	min	22.5	27.7	33.3	42.8	51.1	60	69.5	78.7	88.2	
e	min	26.75	32.95	39.55	50.85	60.79	71.3	82.6	93.56	104.86	
m	max	14.8	18.0	21.5	25.6	31.0	34.0	38.0	45.0	51.0	
	min	14.1	16.9	20.2	24.3	29.4	32.4	36.4	43.4	49.1	
m_w	min	11.3	13.5	16.2	19.4	23.5	25.9	29.1	34.7	39.3	
s	公称 = max	24.00	30.00	36	46	55.0	65.0	75.0	85.0	95.0	
	min	23.67	29.16	35	45	53.8	61.1	73.1	82.8	92.8	

注：1）P——螺距。

附录 10 垫圈（GB/T 97.5—2002）

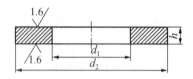

表1 N 型垫圈（标准系列）尺寸 mm

公称规格	内 径 d_1		外 径 d_2		厚 度 h		
（螺纹大径 d）	公称（min）	max	公称（max）	min	公称	max	min
2.2	1.9	2	5	4.82	1	1.06	0.94
2.9	2.5	2.6	7	6.64	1	1.06	0.94
3.5	3	3.1	8	7.64	1	1.06	0.94
4.2	3.55	3.67	9	8.64	1	1.06	0.94
4.8	4	4.12	10	9.64	1	1.06	0.94
5.5	4.7	4.82	12	11.57	1.6	1.68	1.52
6.3	5.4	5.52	14	13.57	1.6	1.68	1.52
8	7.15	7.3	16	15.57	1.6	1.68	1.52
9.5	8.8	8.95	20	19.48	2	2.09	1.91

表2 L 型垫圈（大系列）尺寸 mm

公称规格	内 径 d_1		外 径 d_2		厚 度 h		
（螺纹大径 d）	公称（min）	max	公称（max）	min	公称	max	min
2.2	1.9	2	7	6.64	1	1.06	0.94
2.9	2.5	2.6	9	8.64	1	1.06	0.94
3.5	3	3.1	11	10.57	1	1.06	0.94
4.2	3.55	3.67	12	11.57	1	1.06	0.94
4.8	4	4.12	15	14.57	1.6	1.68	1.52
5.5	4.7	4.82	15	14.57	1.6	1.68	1.52
6.3	5.4	5.52	18	17.57	1.6	1.68	1.52
8	7.15	7.3	24	23.48	2	2.09	1.91
9.5	8.8	8.95	30	29.48	2.5	2.59	2.41

附录11　常用的热处理和表面处理名词解释

名称	代号	说　明	目　的
退火	5111	将钢件加热到临界温度以上，保温一段时间，然后以一定速度缓慢冷却	用于消除铸、锻、焊零件的内应力，以利切削加工，细化晶粒，改善组织，增加韧性
正火	5121	将钢件加热到临界温度以上，保温一段时间，然后在空气中冷却	用于处理低碳和中碳结构钢及渗碳零件，细化晶粒，增加强度和韧性，减少内应力，改善切削性能
淬火	5131	将钢件加热到临界温度以上，保温一段时间，然后急速冷却	提高钢件强度及耐磨性。但淬火后会引起内应力，使钢变脆，所以淬火后必须回火
回火	5141	将淬火后的钢件重新加热到临界温度以下某一温度，保温一段时间后，然后冷却到室温	降低淬火后的内应力和脆性，提高钢的塑性和冲击韧性
调质	5151	淬火后在450～600℃进行高温回火	提高韧性及强度。重要的齿轮、轴及丝杠等零件需调质
表面淬火	5210	用火焰或高频电流将钢件表面迅速加热到临界温度以上，急速冷却	提高钢件表面的强度及耐磨性，而芯部又保持一定的韧性，使钢件既耐磨又能承受冲击，常用来处理齿轮等
渗碳	5310	将钢件在渗碳剂中加热，停留一段时间，使碳渗入钢的表面后，再淬火和低温回火	提高钢件表面的硬度、耐磨性、抗拉强度等。主要适用于低碳、中碳（C < 0.40%）结构钢的中小型零件
渗氮	5330	将零件放入氨气中加热，使氮原子渗入零件的表面，获得含氮强化层	提高钢件表面的硬度、耐磨性、疲劳强度和抗蚀能力。适用于合金钢、碳钢、铸铁件，如机床主轴、丝杠、重要液压元件中的零件
时效处理	时效	机件精加工前，加热到100～150℃，保温5～20h，空气冷却；铸件可天然时效处理，露天放1年以上	消除内应力，稳定机件形状和尺寸，常用于处理精密机件，如精密轴承、精密丝杠等

名称	代号	说　明	目　的
发蓝发黑	发蓝或发黑	将零件置于氧化性介质内加热氧化，使表面形成一层氧化铁保护膜	防腐蚀、美化，常用于螺纹连接件
镀镍	镀镍	用电解方法，在钢件表面镀一层镍	防腐蚀，美化
镀铬	镀铬	用电解方法，在钢件表面镀一层铬	提高钢件表面的硬度、耐磨性和耐蚀能力，也用于修复零件上磨损了的表面
硬度	HBS（布氏硬度） HRC（洛氏硬度） HV（维氏硬度）	材料抵抗硬物压入其表面的能力，依测定方法不同而有布氏、洛氏、维氏硬度等几种	用于检验材料经热处理后的硬度。HBS 用于退火、正火、调质的零件及铸件；HRC 用于经淬火、回火及表面渗碳、渗氮等处理的零件；HV 用于薄层硬化零件

参考文献

[1] 胡建生. 机械制图. 北京：机械工业出版社，2012.

[2] 张惠云等. 机械制图. 北京：机械工业出版社，2012.

[3] 钱克强. 机械制图. 北京：高等教育出版社，2011.

[4] 李淑君等. 机械制图. 北京：机械工业出版社，2011.

[5] 李仁杰等. 机械制图. 北京：清华大学出版社，2010.

[6] 王平. 机械制图. 广州：华南理工大学出版社，2008.

[7] 田凌. 机械制图. 北京：清华大学出版社，2007.

[8] 刘朝儒，吴志军. 机械制图. 北京：高等教育出版社，2006.

[9] 丁一，何玉林，等. 工程图学基础. 北京：高等教育出版社，2008.

[10] 汪勇，张玲玲. 机械制图. 成都：西南交通大学出版社，2011.

[11] 刘小年，杨月英，等. 机械制图. 北京：高等教育出版社，2009.

[12] 郭纪林. 机械制图. 北京：清华大学出版社，2006.

[13] 陈锦昌等. 计算机工程制图. 广州：华南理工大学出版社，2006.

[14] 冯开平等. 画法几何与机械制图. 广州：华南理工大学出版社，2005.

[15] 刘林. AutoCAD2008 中文版高级应用教程. 广州：华南理工大学出版社，2002.

[16] 何方文，刘就女，等. 计算机辅助设计 AutoCAD 教程. 广州：华南理工大学出版社，1998.

[17] 中华人民共和国国家标准. 机械制图. 北京：中国国家标准出版社，2004.

[18] 大连理工大学工程画教研室. 机械制图. 北京：高等教育出版社，2007.

[19] 全国技术产品文件标准化技术委员会. 技术产品文件标准汇编：机械制图卷. 北京：中国标准出版社，2007.

[20] 全国技术产品文件标准化技术委员会. 技术产品文件标准汇编：技术制图卷. 北京：中国标准出版社，2007.